材料腐蚀丛书

材料土壤腐蚀

李晓刚　刘智勇　杜翠薇　著

科学出版社
北京

内 容 简 介

土壤腐蚀是国际公认的最复杂的电化学腐蚀系统,具有危害严重、难以控制和机理复杂的特点。本书汇总了作者研究团队四十年来取得的土壤腐蚀研究的重要成果和认识,旨在推动和延续对土壤腐蚀的基础研究,为土壤腐蚀防护工程提供最新的理论基础。本书首先在介绍材料腐蚀与防护学科和土壤发生分类学说的基础上,重点讨论了土壤腐蚀电化学,介绍了整个土壤腐蚀理论研究的基础;然后系统讨论了土壤腐蚀演化的环境影响因素、土壤腐蚀演化的材料组织结构影响因素、土壤缝隙腐蚀及其影响因素、土壤应力腐蚀及其影响因素、土壤杂散电流腐蚀及其影响因素;最后讨论了土壤腐蚀野外试验与评价、土壤腐蚀室内试验与评价、土壤腐蚀室内外相关性和土壤腐蚀大数据监测与评估等内容,以及在此基础上形成的新版土壤腐蚀试验标准。其中,前两部分内容是土壤腐蚀理论研究的主体,与工程应用密不可分;第三部分则是土壤腐蚀研究成果工程应用的转化途径和方法。

本书适合土壤腐蚀相关领域的科研和工程技术人员、研究生以及其他相关人员阅读和参考。

审图号: GS (2020) 7327 号

图书在版编目 (CIP) 数据

材料土壤腐蚀/李晓刚, 刘智勇, 杜翠薇著. —北京: 科学出版社, 2021.5

(材料腐蚀丛书)

ISBN 978-7-03-068212-3

Ⅰ. ①材… Ⅱ. ①李… ②刘… ③杜… Ⅲ. ①土壤腐蚀-研究 Ⅳ. ①TG172.4

中国版本图书馆 CIP 数据核字 (2021) 第 038806 号

责任编辑: 张淑晓　付林林 / 责任校对: 彭珍珍
责任印制: 吴兆东 / 封面设计: 东方人华

斜 学 出 版 社 出版

北京东黄城根北街 16 号
邮政编码: 100717
http://www.sciencep.com

北京中科印刷有限公司 印刷

科学出版社发行　各地新华书店经销

*

2021 年 5 月第 一 版　开本: 720×1000　1/16
2022 年 2 月第二次印刷　印张: 19 1/2
字数: 385 000

定价: 138.00 元

(如有印装质量问题, 我社负责调换)

《材料腐蚀丛书》序

材料是人类社会可接受的、能经济地制造有用器件(或物品)的物质。腐蚀是材料受环境介质的化学作用(包括电化学作用)而破坏的现象。腐蚀不仅在金属材料中发生,也存在于陶瓷、高分子材料、复合材料、功能材料等各种材料中。腐蚀是"静悄悄"地发生在所有的服役材料中的一种不可避免的过程,因此,认识材料腐蚀过程的基本规律和机理非常重要。

材料腐蚀学是一门认识材料腐蚀过程的基本规律和机理的学科,其理论研究与材料科学、化学、电化学、物理学、表面科学、力学、生物学、环境科学和医学等学科密切相关;其研究手段包括各种现代电化学测试分析设备、先进的材料微观分析设备、现代物理学的物相表征技术和先进的环境因素测量装备等;其防护技术应用范围涉及各种工业领域,以及大气、土壤、水环境甚至太空环境等自然环境。

对材料腐蚀过程的机理和规律的探索是材料腐蚀学科的灵魂。多学科理论的交叉,即材料科学、化学、电化学、物理学、表面科学和环境科学等学科的进一步发展与渗透促进了材料腐蚀学科基础理论的发展。其另外一个特点是理论研究与工程实际应用的结合,工程实际应用的需求是其理论研究发展的最大推动力。

由统计与调查结果发现,各工业发达国家的材料腐蚀年损失是国民经济总产值的 2%～4%,我国 2000 年的材料腐蚀总损失是 5000 亿元人民币。利用材料的环境腐蚀数据和腐蚀规律与机理的研究成果,在设计中指导材料的科学使用,并采取相应的防护措施,有利于节约材料、节省能源消耗。若减少腐蚀经济损失的 25%～30%,可对我国产生每年约 1000 亿元人民币的效益。同时,避免和减少腐蚀事故的发生,可延长设备与构件的使用寿命,有很好的社会效益和经济效益。特别是近 20 年来我国冶金、化工、能源、交通、造纸等工业的发展,带来了对自然环境的污染,不仅导致生态环境的破坏,还使材料的腐蚀速率迅速增加,设备、构件、建筑物等的使用寿命大大缩短。我国局部地区雨水 pH 已降低到 3.2,导致普碳钢的腐蚀速率增大 5～10 倍,混凝土建筑物的腐蚀破坏也大大加速。只有充分认识材料在不同污染自然环境中的腐蚀规律,才能为国家制订材料保护政策和环境污染控制标准提供依据和对策。

因此,发展材料腐蚀与防护学科是国家经济建设和国防建设、科技进步和经济与社会可持续发展的迫切需要。持续深入开展本学科的基础性研究工作,有利于提高我国的材料与基础设施的整体水平,促进我国材料腐蚀基础理论体系和防护技术工程体系的形成与发展,对国家建设、科技进步、技术创新,以及学科的进一步发展具有重要意义。

1949 年后,我国的材料腐蚀理论研究和防护技术受到高度重视并迅速发展。随着经济的高速增长和工业体系的日渐完备,目前,我国有关腐蚀学科理论和各种防护技术的研究成果不但完全可以解决自身出现的各种材料腐蚀问题,而且已经成为世界上该学科的重要组成部分,焕发出朝气蓬勃的活力。我国正逐渐由材料腐蚀研究与防护技术大国向材料腐蚀研究与防护技术强国转变。

值此科学出版社推出《材料腐蚀丛书》之际,本人很高兴以此序抒发感想并表示祝愿与感谢之意:祝愿这套丛书能充分反映我国在材料腐蚀学科基础性研究成果方面的进展与水平;感谢我国材料腐蚀学科研究者的辛勤劳动;感谢科学出版社对材料腐蚀学科的支持。相信随着我国经济水平的日益提高,我国材料腐蚀理论研究和防护技术的发展一定会再上一个新台阶!

曹楚南

中国科学院院士、浙江大学教授

2009 年 8 月 28 日

前　言

　　油气输送管道是国民经济建设中极为重要的基础设施，有着"地下生命线"的称谓。我国目前已建设数十万公里的油气输送管道，并且仍以每年新增数千公里的速度持续快速发展，加上城市内部的各种地下管道，其数量更加庞大，这些管道在国民经济建设中发挥着极其重要的能源输送作用。随着我国经济发展和城市化进程的加快，各种地下设施与基本建设规模迅速扩大，埋地材料的数量和质量已经成为衡量一个国家发达程度的标志。

　　然而，随着各种埋地管道和地下设施的不断兴建，涉及管线和设施安全的土壤腐蚀问题日益突出。在埋地管道长期运行过程中，如果防腐层存在破损或者老化变质，管道将直接或逐渐受到土壤介质的侵蚀作用，从而导致腐蚀乃至穿孔事故的发生。因此，开展管道沿线土壤腐蚀机理、作用规律、腐蚀寿命预测方法研究及土壤腐蚀性评价，对于保障埋地管道的安全运行，避免管道失效事故的发生，具有重要的工程实用价值。但是，由于土壤是由固相、液相、气相构成的复杂系统，腐蚀影响因素种类繁杂，包括土壤自身的演化因素，尤其是土壤物理因素、化学因素、生物学因素，甚至是人为因素等，各因素之间交互作用，并且具有时空变异特性，从而导致人们很难对其腐蚀演化行为进行有效研究。学界公认：土壤腐蚀是最复杂的电化学腐蚀系统。

　　长期以来，对于土壤腐蚀的研究成果主要集中在以下几个方面：一是埋地材料在土壤中的腐蚀机理与演化规律研究，主要是通过精心设计试验，改进监测、检测方法，总结埋地管道在一定土壤环境条件中的腐蚀规律，进一步探讨具体类型土壤中的管道腐蚀破坏的产生机理，包括对潜在的腐蚀可能性进行预测；二是埋地管道在土壤中的腐蚀行为预测，主要是通过探索土壤环境各种影响因素与管道腐蚀严重程度之间的因果关系，建立土壤腐蚀预测模型，采用工程数学中的数理统计分析、模糊数学、灰色系统理论，及其与计算机交叉的学科中的模式识别技术、人工神经网络等数据处理及分析技术，对具体土壤中具体材料的腐蚀行为进行预测；三是土壤腐蚀性评价，针对土壤的特殊复杂性，筛选土壤环境的典型腐蚀介质或主要影响因素，建立土壤腐蚀性评价模型，并试图通过对代表性材料，如碳钢的野外自然埋藏腐蚀数据的处理和分析，对土壤的腐蚀性进行分级评价。

　　还有研究者另辟蹊径，主要考虑到土壤腐蚀现场试验周期过长、试验工作量过大、取得的试验数据偏少等特点，试图通过设计相关性较高的室内模拟试验或室内模拟加速试验，达到可以快速、准确地阐明土壤腐蚀机理，总结土壤腐蚀规律，评价土壤腐蚀程度，预测土壤腐蚀行为的目的。这些探索对土壤腐蚀来讲，无疑具有十分重要的意义。

随着对以碳钢这种主要材料为代表的土壤腐蚀研究的逐步深入，人们对土壤环境的复杂性认识也在逐步加深，目前比较一致的看法是：依靠简单的模拟试验或者数学方法不可能获得较为合理的碳钢土壤腐蚀规律，少量试验数据的分析结果难以代表复杂的腐蚀规律，甚至可能掩盖了土壤腐蚀的真实作用机理，至少是局限了研究者的视野。可以这样说，研究方法的选择在某种程度上影响了可能取得的结果。对待复杂过程或者体系，必须采用最先进的以数学为代表的研究方法，包括大数据理论与技术、人工智能理论与技术，只有这样，才能把材料土壤腐蚀理论研究推向深入，更好地为地下装备安全、长寿命运行和新型耐蚀材料研发奠定坚实的理论基础。

本书研究者通过多年的土壤环境腐蚀研究，对土壤环境的复杂性深有体会，尤其是表征土壤理化性质的各种参数的离散性很大，且各参数之间的关系复杂多变。概括起来，土壤环境是一个复杂的非均质体系，其成分和性质受到时间-空间各种因素的繁杂影响，自然气候及人类的活动都可能影响土壤的属性改变。这些难题都使得土壤环境中的材料腐蚀行为研究需要探索一些新的思路。

最先进的以数学为代表的研究方法，如人工神经网络方法、随机森林算法等，以及大数据理论与技术、人工智能理论与技术的迅速发展，为材料的土壤腐蚀研究带来了新的希望，尤其是大数据技术对研究土壤中温湿度、盐分的空间分布、微生物活动、酸碱性变化和其他性质的变化，可以提供实时、连续、长期和无线大通量数据传输等，为进一步探讨分析材料土壤腐蚀性的基础问题提供了新的有力工具。作者深信，数学计算是基础科学发展的母体，没有汲取数学营养的学科，不能称之为"基础研究"。世界万物皆可算，牛顿和爱因斯坦是计算出宇宙真相的科学巨人，但是，他们的计算是经过几千年数据和经验积累的。材料在土壤中腐蚀机理与规律要达到定量认识的水平，也是需要经过至少千年的积累。作者也深信，这种计算其实是牛顿和爱因斯坦科学计算和认识的延续。

本书在介绍材料腐蚀与防护学科和土壤腐蚀分类学说的基础上，首先重点讨论了土壤腐蚀电化学，这部分是整个土壤腐蚀理论研究的基础；接下来讨论了土壤腐蚀演化的环境影响因素、土壤腐蚀演化的材料组织结构影响因素、土壤缝隙腐蚀及其影响因素、土壤应力腐蚀及其影响因素、土壤杂散电流腐蚀及其影响因素，以上内容是土壤腐蚀理论研究的主体，与工程应用密不可分；最后讨论了土壤腐蚀野外试验与评价、土壤腐蚀室内试验与评价、土壤腐蚀室内外相关性和土壤腐蚀大数据监测与评估等内容。以上内容是本研究团队在过去 40 年间取得的土壤腐蚀研究方向的最新成果介绍，目的是延续对土壤腐蚀的基础研究，为土壤腐蚀防护工程提供最新的理论基础。

目　录

第1章 材料腐蚀与防护学科概况

腐蚀是作为构件或设施主体的材料在服役时受环境介质作用而破坏的现象，大部分金属材料的腐蚀过程其实就是其原子失去电子的过程，因此，这些金属腐蚀常伴有电流发生。腐蚀、疲劳与磨损是所有结构、部件与装备的三大材料失效方式。腐蚀也是各类功能材料的重要失效方式之一。据发达国家的多次统计，每年因腐蚀造成的损失占国民经济总产值的 2%～5%，大于水灾、风灾、地震等自然灾害总和的 5 倍以上，其中损失比例较低时，就意味着该国或该地区腐蚀控制技术水平较高。美国国际腐蚀工程师协会(NACE)2014 年的调查结果显示，全球的腐蚀损失为 2.5 万亿美元。中国工程院同年的调查表明，我国当年的材料腐蚀总损失为 2.1 万亿人民币，人均约 1555 元/年。随着国家建设规模的发展，这一数据还在继续升高。因此，各国无不对材料腐蚀研究与防蚀技术的开发和利用给予高度重视；材料腐蚀与防护学科就是承载人类对材料腐蚀与防护业已积累的所有知识、技术与能力的载体，同时还承担了探索未知的材料腐蚀与防护知识与技术的使命。制造业与社会发展的工程需求构成了腐蚀学科持续繁荣与发展的强大动力；同时，物理、化学、力学、电学等基础学科的进步构成了材料腐蚀科学问题深入研究和防护高技术发展的科学支撑。

材料腐蚀与防护学科是一门应用科学,有关其所有研究都属于应用基础研究，因此，其目的主要在于以下三个方面：一是探索不同材料/环境体系下的腐蚀规律与机理，为结构和工程的选材与新材料开发、结构与工艺优化设计、失效分析、可靠性评价与寿命预测提供可靠的基础认知；二是指导发展防护新技术，有效控制材料腐蚀的过程，延长设备或构件服役寿命；三是指导发展腐蚀过程监检测理论与技术，以实现结构服役状况的正确把握与评价。

1.1　材料腐蚀与防护学科国际背景

18 世纪中叶～20 世纪初期，是人们对材料腐蚀的认识过程由经验性阶段到深入而系统学科研究阶段的过渡时期。随着西方工业革命的蓬勃发展，开始出现比较深入的材料腐蚀理论研究成果和现代防护技术的雏形。主要的研究成果如下：1748 年，罗蒙诺索夫从化学角度解释了金属的氧化现象。1788 年，Austin 注意到当铁在中性水溶液中腐蚀时，溶液有碱化的趋势，但是直到 1930 年才认识到铁在水溶液中的腐蚀是一种电化学过程，并确定了溶液中的 pH 和氧的作用。1780 年，Galvani 由青蛙解剖试验发现了生物电现象，但给予了错误的解释。1790 年，Keir 发现并比较完善地解释了铁在硝酸中的钝化现象。1800 年，Volta 建立了原电池原理的理论，并对他的朋友 Galvani 的青蛙解剖试验发现的生物电现象给予了正确的解释，即金属电极的电流造成了死青蛙的抽筋现象，受到拿破仑的嘉奖。1801 年，Wollaton 提出了腐蚀的电化学理论。1824 年，Davy 采用牺牲阳极(铁)法，成功地实施了海军铜船底的阴极保护，这是现代阴极保护技术的开端。1830 年，De La Rive 提出了金属腐蚀的微电池概念，这其实是近年来才开始逐渐广泛开展的腐蚀微区电化学理论研究的基础。1833 年，Faraday* 提出了法拉第电解定律，促进了腐蚀理论研究的发展。1840 年，Elkington 获得了第一个关于电镀银的专利，促进了电镀工艺的发展。1860 年，Baldwin 申请了世界上第一个关于缓蚀剂的专利，开创了从环境介质的角度入手发展防护技术的先例。1880 年，Hughes 阐明金属酸洗中析氢导致了氢脆，同一时期发现了金属材料的应力腐蚀开裂现象，这是早期腐蚀研究的重大贡献之一。1887 年，Arrbeius 提出了离子化理论，并用于腐蚀机理的探讨，取得良好的结果。1890 年，Edison 研究了通过外加电流对船实施阴极保护的可行性，并成功实施工程应用，进一步拓宽与发展了电化学保护技术。

由于腐蚀常是电流发生发展的过程，这种腐蚀电流也必须采用法拉第常数表征，加之法拉第及其学生们对腐蚀学科的贡献，因此，法拉第可以作为早期欧洲腐蚀研究先驱的代表，也可以被尊称为"腐蚀学之父"。随着工业化的发展，为了适应人类历史上从未有过的各种特殊工业环境下材料的需求，耐蚀材料开始在西方发达国家的各工业部门中得到发展，各种用于腐蚀防护的涂料和表面处理工艺也得到发展。这些先驱工作为腐蚀学科的发展奠定了坚实基础，将材料腐蚀的认识过程由经验性阶段推进到深入而系统的学科研究阶段。

腐蚀学科的基础理论框架是在 20 世纪前半叶确立的，以 1929 年 Evans 建立的腐蚀金属极化图、1933 年 Wagner 建立的氧化扩散理论和 1938 年 Pourbaix 建立的电位-pH 图等为重要基础内容。此后，针对多元与多层次的具体问题，以辐射方式多方向发展。由于材料与环境因素的复杂性，腐蚀研究与各基础学科相比，较多地体现出经验性特点，以阐明腐蚀规律和控制方法有效性为主要特征。

20 世纪初期至今，是材料腐蚀与防护学科体系建立和理论研究迅速发展、防护工程技术应用全面发展的时期。具有代表性的理论研究工作为：从 1900 年开始

---

　　* Michael Faraday(1791—1867)，英国物理学家、化学家。他是英国著名化学家戴维的学生和助手，他的发现奠定了麦克斯韦电磁学理论的基础。1831 年 10 月 17 日，法拉第首次发现电磁感应现象，并进而得到产生交流电的方法，由于他在电磁学方面做出了伟大贡献，被称为"电学之父"和"交流电之父"。

的 50 年内,不锈钢和各种耐蚀合金得到迅速发展。1903 年,Whitney 试验结果显示,铁在水中的腐蚀与电荷的流动有关,开始全面从试验角度认识和从化学理论角度研究腐蚀的电化学本质。

1906 年,美国材料与试验学会开始建立材料大气腐蚀试验网,并开展大规模的材料自然环境野外暴露试验和腐蚀数据积累,首次开展了材料在野外环境的腐蚀研究工作。1912 年,美国国家标准协会启动了历时 45 年的大规模材料土壤腐蚀试验和数据积累工作。1920 年,Tammann、Pilling 与 Bedworth 通过对金属 Ag、Fe、Pb 和 Ni 等氧化规律的试验研究,提出了氧化动力学的抛物线定律和氧化膜完整性的判据,奠定了金属氧化理论的试验基础。1922 年,Kuhr 认识到细菌在土壤腐蚀中的作用。1923 年,Vernon 提出大气腐蚀的"临界湿度概念"。1925 年,Moore 研究认为黄铜季裂是黄铜在含氨环境中的晶间型应力腐蚀。1926 年,McAdam 开始着手研究材料的腐蚀疲劳。1929 年,Evans 建立了腐蚀金属极化图,并推动了腐蚀电化学本质的定量化研究,这是腐蚀学科理论重要的奠基工作,是腐蚀学科研究的最重要奠基石之一。1932 年,Evans 和 Hoar 用试验证明了腐蚀发生时金属表面存在腐蚀电流,并指出阳极区和阴极区之间流过的电量与腐蚀失重存在定量关系。1933 年,Wagner 从理论上推导出金属高温氧化膜生长的经典抛物线理论,提出氧化的半导体理论。1938 年,Wagner 和 Traud 建立了电化学腐蚀的混合电位理论,奠定了近代腐蚀科学的动力学基础。同年,Pourbaix 计算和绘制了电位-pH 图,奠定了近代腐蚀科学的热力学理论基础,这一研究成果同样也成为腐蚀学科研究最重要的奠基石之一。1947 年,Brenner 和 Riddell 提出了化学镀镍技术,丰富了防护技术。1950 年,Unilig 提出了点蚀的自催化机理模型,推动了局部腐蚀理论的发展,他还建立了比较科学的腐蚀普查和经济估计方法,奠定了腐蚀损失科学调查的基础。1957 年,Stern 和 Geary 提出了线性化技术,推动了腐蚀电化学理论的发展。1968 年,Iverson 观察到了腐蚀的电化学噪声信号图像,并开始系统研究,发展了腐蚀电化学的动力学理论。20 世纪 60 年代,Brown首次将断裂力学理论引入材料腐蚀的研究中,开启了力学研究成果应用于材料腐蚀理论研究的先例,推动了材料腐蚀与防护学科的发展。1970 年,Epellboin 首次用电化学阻抗谱研究腐蚀过程,为腐蚀电化学研究提供了新的方法,加深了人们对材料腐蚀机理和本质的认识。此后,许多著名的材料腐蚀科学家和工程师,从理论和试验的角度研究了金属的点蚀、缝隙腐蚀、应力腐蚀、晶间腐蚀、冲刷腐蚀和微生物腐蚀等各种类型的局部腐蚀机理与规律,探索发生的原因并提出相关的腐蚀防护技术措施,同时也发展了很多材料腐蚀研究和测定方法。在这一时期,一系列重要而杰出的研究成果奠定了材料腐蚀与防护学科的基础理论体系,也发展了大量的腐蚀防护技术。正是工业和军事(尤其是石油工业和海军)的发展需求和各学科的发展促进了现代腐蚀科学理论的形成和发展,反之,如果没有腐蚀理论研究的进展和防护技术取得的成功，许多重要的工业是不可能发展到今天这个水平的。现代材料腐蚀与防护学科的框架领域包括：腐蚀电化学理论、局部腐蚀理论、微区电化学理论和高温电化学理论等领域；按温度环境分为高温腐蚀和常温腐蚀领域；按服役环境分为工业环境和自然环境(大气、土壤和水环境)；按照防护技术分为耐蚀材料、表面工程、电化学保护、缓蚀剂和检监测技术等领域。

近20年来，多学科交叉的深入、材料科学的迅猛发展、工业环境需求的进一步提高、各种物理环境(力、热、声、电、光)与化学环境的复杂耦合作用和现代测试技术的发展，对传统金属"腐蚀"的概念和腐蚀学科体系带来了挑战和深入发展的机遇。材料腐蚀学和防护技术得以迅速发展，学科体系进一步丰富，防护技术大量涌现，表现特点为：传统腐蚀理论迅速从金属材料扩展到无机非金属材料、高分子材料、复合材料等所有的材料；从结构材料扩展到功能材料，学科呈现高度分化和复杂化的趋势；理论研究特别是电化学理论研究日趋完善，并将重点转向局部腐蚀电化学理论研究上；多种基础学科交叉的成果进一步迅速渗透到材料腐蚀的理论研究中；多种现代测试技术用于腐蚀理论研究的表征，极大地推动了腐蚀理论研究；腐蚀防护技术规模日益扩大，不仅渗透到所有工业领域、民用领域和军事领域及以太空环境为代表的极端严酷环境领域，而且自身也已产业化，并且在向标准化、规范化和大规模化方向发展。

材料腐蚀与防护学科是一门融合多种学科的综合交叉学科，其理论研究与材料科学、化学、物理学、表面科学、力学、生物学、环境科学和医学等学科密切相关；其研究手段包括各种现代电化学测试分析设备(如微区电化学测量与分析系统)、先进的材料微观分析设备(如环境扫描电子显微镜和原子力显微镜)、现代物理学的物相表征技术(如激光拉曼光谱)和先进的环境因素测量装备(如色谱仪等)；其防护技术应用范围涉及各种工业领域的介质环境，大气、土壤、水环境甚至太空环境等自然环境。

近年来，国际上腐蚀研究的活跃区域还是在欧洲、美国、日本、澳大利亚、加拿大等发达国家和地区，其中，美国无论在腐蚀机理基础研究还是防护技术发展与应用方面，都是位列前茅的，特别是在核电腐蚀、海洋腐蚀和石油工业腐蚀，尤其是埋地管道腐蚀与防护技术等方面。欧洲在腐蚀机理基础研究方面尤其活跃和领先，在涂料基础研究及其防护技术上也有很大的优势。日本、澳大利亚在海洋腐蚀基础研究和防护技术上具有明显优势。加拿大在埋地管道腐蚀与防护技术等方面也具有明显的优势。国际腐蚀学科主要趋势是：①在材料上趋于多元化，由传统材料为主向传统与功能材料并重方向发展；②在环境上，逐渐向特殊、苛刻条件发展，并考虑光声力热电磁及生物物质影响；③现代物理理论与试验技术基础上的微观与深度方向的发展；④新的表征与腐蚀控制技术。环境保护、新能源、资源节约、生物技术、电子信息技术、空间技术、国防技术的发展是腐蚀工作者日益关注的新领域，构成了广大的新生长点。

1.2 材料腐蚀与防护学科国内概况

由于腐蚀学科具有应用基础研究和直接工程应用的特点，在我国，腐蚀研究和防护技术开发具有很好的前景。近年来腐蚀研究的进展大体上有三个方面：一是跟踪国际前沿热点，取得了大量基础性研究结果。这方面的工作体系与试验方法新颖。虽然尚未形成强势的基础研究方向，但体现在大量的基础研究课题与论文发表上，研究非常活跃且有很好的学科研究显示度，并通过这些工作培养了大量研究生。二是跟踪、理解性的研究取得较好成果，并开始提出原创性的研究思路和原创性防护技术。这方面的工作虽然体系方法重复国外已有的工作，但是系统性好、水平较高，对整体水平提升发挥了重要作用，缺点是创新性不强。基于这个基础，开始出现原创性的研究。三是各种防护技术与产品的引进消化，促进了技术进步，缩短了我国与先进国家的差别。同时，也出现了数量较多的新方法的探索和自主知识产权的防护技术及新的标准，这方面的工作表现得尚不成熟，但是成为广泛努力的一个重要方向。

1949 年后，我国的材料腐蚀理论研究和防护技术的发展，一直得到高度重视，以张文奇、师昌绪、肖纪美、石声泰、曹楚南、左景伊和李铁藩等为代表的一代学者奠定了我国腐蚀与防护学科的基础，他们不仅是一代研究宗师，也是腐蚀与防护学科的教育大师，奠定了我国腐蚀与防护学科教育体系的基础，为我国经济和国防建设做出了巨大贡献。改革开放以后，随着经济的高速增长和工业体系的日渐完备，腐蚀学科理论和各种防护技术得到快速发展，这一时期借助我国有关腐蚀学科理论研究和各种防护技术工程学科的发展不仅完全可以解决自己出现的各种材料腐蚀问题，而且我国的腐蚀科学研究理论体系正逐渐成为世界上该学科的重要组成部分，且焕发出朝气蓬勃的活力。

近年来，我国材料腐蚀与防护学科发展特点为：传统腐蚀理论迅速从金属材料扩展到陶瓷、高分子材料、复合材料等所有的材料，从结构材料扩展到功能材料，学科呈现高度分化的趋势；理论研究特别是电化学理论研究日趋完善，并将重点转向局部腐蚀电化学理论研究上；宏观大尺度、微米尺度、分子尺度等各个层次的腐蚀规律研究全面展开；多种基础学科交叉的成果进一步迅速渗透到材料腐蚀的理论研究中；多种现代测试技术用于腐蚀理论研究的表征，极大地推动了腐蚀理论研究；腐蚀防护技术规模日益扩大，不仅渗透到所有工业领域和民用领域及军事领域，而且自身也形成了包含有产业和服务业等的庞大行业，并且向标准化、规范化和大规模化方向发展。2010 年，国际上发表的腐蚀科学相关 SCI 论文数约为 1995 年的 3 倍，表明 1995～2010 年是腐蚀科学蓬勃发展的 15 年，2010 年国内发表的腐蚀科学相关 SCI 论文数约为 1995 年的 16 倍，表明我国腐蚀科学研究活跃，已经进入一个全新的发展阶段。

自 2011 年以来，我国制造业规模达到世界第一，质量也正在快速发展提升中，腐蚀与防护学科也得到迅速发展。在基础研究方法方面，在腐蚀电化学上，如微区腐蚀电化学、薄液膜电化学、各尺度尤其是微纳米尺度的腐蚀机理等研究取得了较多原创性成果，2015 年后我国腐蚀学科发表 SCI 论文数已经跃居世界第一位，并保持至今，这表明我国腐蚀与防护基础研究不仅已经成为国际腐蚀与防护研究的重要部分，而且也处于世界先进水平，总体并跑，少量研究领跑；在防护技术方面，我国各类传统和新型耐蚀材料、缓蚀剂、各类新型涂层与涂料和电化学保护新技术基本突破跟踪期，正在进入发展快车道的起点上，成为推动我国，乃至世界腐蚀与防护学科发展的重要推动力；在腐蚀与防护产业和企业发展方面，发展速度更加惊人！除了各类大中型企业更加重视发展腐蚀与防护技术外，超过万家的民营企业的腐蚀与防护技术应运而生，从业人员超过 300 万人，成为我国腐蚀与防护学科的重要生力军。同时，随着我国经济快速发展和经济活动范围的不断拓展，各种新设备不断出现，前所未有地开拓了材料的服役环境(如高原极端环境、严酷的海洋环境与深海开发、地球深层开采、核电极端环境、航空航天新环境、高铁设备面临的海洋大气和污染环境)。此外，日益严重的环境污染和中国制造的产品迅速在世界各地服役所面临的各种环境对我国腐蚀与防护学科，尤其是防护新技术提出了严峻的挑战。我国已经成为腐蚀与防护学科大国，但尚不是腐蚀与防护学科强国，一方面，我国在基础研究上尚未形成足以引领世界腐蚀与防护学科研究的强势研究方向或贡献较大的基础研究方向，领跑领域很少；另一方面，我国的腐蚀总损失高达 2 万～3 万亿元的水平居高不下，说明相关的防护技术综合水平仍然较低。这表明防护新技术、原创性技术很少，高品质长寿命耐蚀结构材料、腐蚀研究所需的高档测试设备都需要进口，有关腐蚀与防护方法、技术涉及的标准体系建设十分薄弱。

虽然我国已经在材料腐蚀研究与防护技术研发方面取得了不小的成就，但是基础研究属于跟踪研究，尚未形成在基础理论研究方面能够牵引国际研究发展的强势研究方向；高端研究设备需要进口，尚未形成为数较多的重要原创性研究方法；微纳米尺度的腐蚀机理研究尚处入门阶段，导致耐蚀材料服役寿命明显劣于国外产品；特殊极端和新型环境条件下腐蚀机理研究较少，例如人体环境腐蚀机理研究基本没有开展；防腐蚀技术整体水平较低等。

1.3　材料腐蚀与防护学科研究发展方向

　　未来我国材料使用的地域将由陆地向海洋、由浅表向深层，负荷由静载向动载，环境由大气向酸碱，应力由简单向复合变化。新一代高性能设备和构件需要能够在复杂应力、交变应力、动态载荷、多种腐蚀介质下安全服役。材料设计应针对各类不同的复杂环境，结合大气腐蚀、海洋腐蚀、特殊介质腐蚀、湿热环境对材料性能要求，提出新原理、新工艺、新技术，实现对强度、韧性、塑性、耐蚀性、抗蠕变性等综合性能的提高。

　　腐蚀与防护学科是材料科学、化学、电化学、物理学、表面科学和环境科学等多学科交叉渗透的学科，这些学科的进一步发展与渗透促进了材料腐蚀与防护学科基础理论的发展。但是，腐蚀与防护学科与这些学科有着明显的区别。腐蚀与防护学科关注的核心问题是设备或构件，也就是各种材料在环境中使用服役时是否安全、寿命多长的问题。这就必须从微纳米尺度到超大尺寸构件的尺度范围上探索材料与环境相互作用时的失效机理与规律、从微秒到年的时间尺度上认识材料与环境相互作用失效机理与演化规律和多重环境因素耦合作用下的材料失效机理与各因素影响规律等三个方面，研究其中包含的各种科学问题。不幸的是，解决这些科学问题的难度不亚于解决物理学或化学中科学问题的难度，它们挑战着目前人类的认知能力和测试水平，与物理学或化学不同，解决这些问题的标志不仅是人类社会接受由这些科学问题解决而产生的技术，而且这些技术必须产生经济效益，否则，并不算完全解决了腐蚀与防护学科中的科学问题。

　　到目前为止，对金属腐蚀行为与机理的试验研究与理论分析表明，对于金属的环境腐蚀失效过程，其产生机理、发展过程及与环境的交互作用相当复杂，属于复杂科学问题，表现为：控制变量及影响因素众多；各变量与腐蚀速率之间具有较强的动态耦合变化过程；腐蚀过程呈现随机性、非线性、多变性及突变性。尽管这样，也没有阻挡人们对其过程进行探索和认识的步伐。总体上看，人们对这种复杂过程的认识目前还主要处在试验研究和数据积累阶段，这个阶段的特征是发展各种试验方法、观测腐蚀过程的行为与机理和加强动态、原位检测技术的研究。

　　随着环境腐蚀理论研究工作的深入，从时间尺度上看，目前建立的与时间相关的腐蚀模型具有一定的局限性，例如大气和土壤腐蚀模型主要采用对长时间实际暴露腐蚀数据进行拟合，点蚀生长模型主要采用实验室试验数据进行拟合，应力腐蚀裂纹扩展速度的测试精度不高和测试方法各有利弊，总之，模型的建立主要依据经验公式。但是由于获得的腐蚀数据是不连续、非原位检测的结果，建立的腐蚀模型无法动态、连续描述材料表面随时间发生的变化过程。因此，有关理论模型的研究仅处于起步阶段，尚需要几代人不断坚持和长期研究才能逐渐取得令人满意的结果，其中非线性非稳态过程研究是关键。

随着宏观腐蚀电化学的不断发展与成熟，与之相对应的微区腐蚀电化学将是腐蚀学科发展的一个重要方面。借助于宏观腐蚀电化学的研究方法与成果，利用微区腐蚀电化学的测试方法，对金属局部腐蚀机理、涂层缺陷处腐蚀机理和金属相结构腐蚀电化学进行系统研究，将获得系统的创新性研究成果，极大地推进对腐蚀规律的认识。从空间尺度的角度看，过去，腐蚀电化学过程的研究只停留在宏观尺寸水平；如今，由于纳米表征技术和计算科学的发展，人们开始从原子的层面上研究溶解和钝化过程中电子和离子的转移反应机理。近几年来扫描电子显微镜、电化学毛细管探针显微镜的发展，以及与其他材料微结构分析技术(如拉曼光谱仪、开尔文扫描探针、原子力显微镜、扫描隧道显微镜等)的结合，使得腐蚀科学研究者们得到了更多的信息，而这些信息是应用传统的电化学测试方法所不能得到的。同时，空间放射性示踪原子分析与腐蚀电化学方法相结合的研究也是从原子层面认识腐蚀机理的另一途径。这种微纳米腐蚀电化学方法与其他表征方法的结合将会极大地促进腐蚀科学和电化学基础研究的共同发展。

在腐蚀机理的研究方面，从原子层面上研究各种化学成分对腐蚀起源影响才刚开始。例如在原子层面上，离子在点蚀或腐蚀开裂过程中所起到的作用尚不清楚；对材料中重要缺陷的跨尺度层次构建还较为简单；关于缺陷分布对腐蚀的影响研究，还处于起步阶段。在材料断裂力学的研究方面，对微米尺寸缺陷的认识已经取得了长足的进步，但在腐蚀科学研究过程中，对这类缺陷影响的认识尚处于初始阶段。然而，成像技术的快速发展为在纳米层次上研究缺陷带来了更多的机遇。同时，需要在纳米层次上研究腐蚀过程中水的吸附、钝化、溶解及阴极反应速率等，因为纳米材料具有量子尺寸效应，表面原子增多，相邻的原子数减少，且缺陷和应力的影响很大。由于尺度相近，纳米层次的研究有助于对浓度梯度、双电层、欧姆电场等与腐蚀相关的基础理论研究的进行。因此，纳米材料的应用可能需要在纳米和超纳米层次上对表面和电化学现象有新的研究和理解，这会对纳米电化学的发展产生重大影响。另外，扫描隧道显微镜、原子力显微镜及第一性原理建模方法等的发展，进一步促进了腐蚀科学在纳米层次上的研究与发展。

局部腐蚀机理研究是未来关注的焦点之一。其中对闭塞环境中(凹坑处、缝隙处、开裂处、镀层起泡或剥落处)各种各样的化学/电化学反应的认识是关键，基于对这些化学/电化学反应过程的认识，可以进一步理解水溶液中的局部腐蚀过程。虽然对点蚀坑和缝隙内的化学成分、电化学反应有了较多的认识，但对膜的离子传输、腐蚀产物的沉淀等与局部腐蚀密切相关过程的认识仍具有一定的局限性。同时，需要认识在浓溶液的导电、传输等物理化学性能，如活度系数和 pH 等。局部腐蚀的尺寸和腐蚀介质浓度梯度的突变，以及目前用于微区探针技术的局限性，使得现有的模型并不完善。

应力与应变对腐蚀起始和进程的影响也是未来一个重要的研究方向。材料受到拉应力所产生的弹性应变和塑性应变对材料的腐蚀溶解产生重大影响，拉应力的影响是多方面的，目前已经认识到拉应力不仅可以通过裂纹加剧晶间腐蚀，还可以使裂缝内的腐蚀电流增大。目前，人们对这一影响的热力学或动力学机理的认识有限，还有待进一步的研究。基于原子层次上对应力或应变在室温条件下对溶液中腐蚀反应作用的认识，科研工作者们已经建立了关于应力腐蚀开裂、氢脆的微米尺寸描述的机理模型。然而这类模型具有一定的局限性，仅可应用于特定条件下的应力腐蚀开裂或氢脆，仍旧缺少对这类现象的原子层次上的深度研究。另外，目前关于应力对应力腐蚀开裂中阳极溶解的作用机理的认识大多是定性描述(如预存通道机理、活性通道腐蚀机理)，还没有形成定量描述的理论。这样不同条件下的作用机理就很难界定，例如，受机械和电化学机理混合控制应力致晶间腐蚀开裂(IGSCC)和受纯粹电化学机理控制的晶间腐蚀(IGC)之间的区分就很困难。

随着对环境腐蚀连续变化过程的深入研究，利用计算机仿真技术，结合实验室试验和现场试验数据，可以建立并不断完善关于腐蚀过程的理论模型，这是金属环境腐蚀研究的一个重要方向。在不远的将来，试验研究和数据积累、腐蚀模型的建立和计算机仿真实现连续腐蚀变化过程的模拟等，将成为人们认识和控制金属腐蚀过程的相互依赖、相互补充、有机结合的三个重要方面。例如，Tidblad 和 Graedel 在 Eriksson、Persson、Leygraf 等利用计算机初步建立了锌、铜和镍在 SO_2，铜在$(NH_4)_2SO_4$大气环境中初期腐蚀过程的理论模型，提出了六区域模型，模型将大气腐蚀的焦点集中在薄液层的特性研究上。Córdoba-Torres、Nogueira 和 Fairén 等采用元胞自动机，将金属阳极作为一定网格内的相互关联的元胞进行考虑，用概率因素代替了电化学反应中的反应速率常数作为元胞自动机的演化规则，模拟了金属阳极溶解的发生、发展过程。研究表明，在模拟过程中出现的元胞孤岛现象，符合阳极溶解中的实际介观形貌；概率性的演化规则可以满足模拟电极反应的要求。Pidaparti 等对航天材料中铝合金的点蚀问题进行了模拟，模拟同样采用了概率型元胞自动机，并确定了一套点蚀发生、发展的演化规则。Pidaparti 则独辟蹊径对铝合金表面的形貌进行了模拟，采用 255 位的灰度值来表示基体表面的腐蚀特征。Vautrin-Ul 和 Taleb 等根据腐蚀过程中的电化学和扩散机理建立了一种概率型元胞自动机，这种元胞自动机通过演化规则中的概率事件表示了实际电化学反应，通过设置演化规则中的不同参数，模拟了不同控制步骤下腐蚀坑的发展过程。他们详细分析了模拟过程的数据，研究了模拟过程中腐蚀"孤岛"的产生与不同演化规则参数之间的关系，并模拟了实际溶液中电化学反应与法拉第定律之间产生偏差的原因。Saunier 等模拟了扩散控制的腐蚀过程中，腐蚀产物膜在金属/溶液界面的生长过程。综上所述，元胞自动机已经在多个腐蚀问题的模拟中得到了成功的应用。对于腐蚀问题来说，其本质上就是一系列的电化学反应和扩散过程，而这两个过程都是可以通过设置元胞自动机中的演化规则来实现模拟的。我国在这方面也有很好的研究，总体与国际研究水平无差距。

1.4　材料腐蚀与防护学科应用技术发展方向

材料腐蚀应用技术标准化。材料腐蚀与防护学科是一门工程应用学科，材料腐蚀应用技术都是建立在材料腐蚀与防护学科之上的。目前，不仅一系列标准化、规范化的材料腐蚀与防护技术的观测、分析 、表征、测试与评价研究方法和试验技术已经建立，而且大批相关标准与规范方法与技术正在发展过程中；材料腐蚀学还是一门依赖于基础数据的学科，无论是材料腐蚀基础理论和机理研究，还是发展防护技术和建立试验技术与方法，必须不断积累材料在各种环境中的腐蚀数据，这些数据才是构成本学科所有理论、技术和方法的基础。材料腐蚀数据必须采用标准化与规范化的方法采集获得，只有这样，这些数据才具有科学性与实用性。 因此，材料腐蚀应用技术标准化是其首要的发展方向。

材料腐蚀应用技术环境友好化。在"绿色制造"的新概念渗入各行各业的形势下，绿色表面工程技术的研究和应用得到了广泛重视。表面工程包括表面处理、表面加工、表面涂层、表面改性及薄膜技术等内容正朝着低污染、无公害的方向发展，在日益增多的绿色壁垒、国际规则的限制下，涂料出口门槛提高。为满足社会和公众对涂料安全与健康的需求，促进涂料工业良性发展，我国涂料工业制定了"水性涂料、UV 固化涂料、粉末涂料、无溶剂涂料占涂料产量的 80%，各种涂料中无 VOC 排放"的环保目标，"产品绿色化"是涂料工业发展的重要思路。当今世界涂料市场东盛西衰，而我国涂料消费总量已居全球第一，中国涂料市场已成为全球各大涂料企业争夺的主战场。目前，外国产品几乎占据了我国中高端涂料市场，现在还出现了向低端应用领域渗透的趋势，为了避免被外企挤压生存空间，我国涂料工业必须向高性能、高附加值、高效率、低能耗和低污染方向前进。镀锌广泛应用于航空、机械、电力等领域，对镀锌层进行钝化处理是必要的表面处理技术。由于传统的铬酸盐钝化液含有高毒性的六价铬，对人体和生态环境存在较大危害，许多国家都严格限制铬酸盐的使用及排放。如欧盟的 RoHS 指令，已将六价铬列入电器电子产品中不得含有的 6 种有害物质之一。因此，世界各国都在积极探寻和研究低铬或无铬钝化工艺以替代铬酸盐钝化来对镀锌层进行表面处理。目前，镀锌层表面无铬钝化技术总体分为：无机物钝化、有机物钝化和无机/有机物复合型钝化。具体包括：钼酸盐、钨酸盐、硅酸盐、稀土金属盐、钛盐及有机类物质(如单宁酸、植酸、硅烷)等的钝化工艺。其中，稀土金属盐钝化、有机硅烷钝化及无机/有机物复合型钝化研究是近几年无铬钝化技术领域的研究热点。

材料腐蚀应用技术极端化。随着自然环境的日益变化、人类向极端自然环境的进军和各种人造极端工业环境的出现，如太空、深海、湿热海洋气候和高寒等环境中各种大型构件的不断增加和服役条件的恶劣，各种强酸、强碱、多盐、高温高压的新型工业环境及各种微生物环境的出现，利用已经获得的数据、规律和机理研究成果，进一步加深对这些过程的腐蚀机理与规律的认识，同时建立以上环境与实际服役环境吻合度较高的加速腐蚀试验方法体系，对在环境中实际服役构件进行腐蚀安全评定和对其腐蚀日历寿命进行准确评估，也将是腐蚀与防护学科一个需要长期坚持的方向。

耐蚀材料多元化。随着材料从传统结构材料到功能材料，从金属材料向陶瓷材料、高分子材料和复合材料方向的发展，特别是生物医用材料的大量出现，在目前金属环境腐蚀研究成果与方法的基础上，对功能材料、高分子材料和复合材料的腐蚀失效开展系统的数据积累、规律与机理研究及计算机模拟与仿真将是一个重要的发展方向。人类社会实际已经进入复合材料时代，但由于材料腐蚀失效研究的滞后性，对功能材料、陶瓷材料、高分子材料和复合材料，特别是生物医用材料在各种环境中的腐蚀失效机理与规律及与环境因素之间的关系研究十分缺乏。可以预见，这将是未来腐蚀与防护学科发展的一个不可或缺的重要方向。

材料腐蚀应用技术大数据化。现在的社会是一个高速发展的社会，科技发达，信息流通，人们之间的交流越来越密切，生活也越来越方便，大数据就是这个高科技时代的产物。随着云时代的来临，大数据也吸引了越来越多的关注。大数据包括大量非结构化和半结构化数据，大数据分析常和云计算联系到一起，因为实时的大型数据集分析需要像 MapReduce 一样的框架来向数十、数百甚至数千台的计算机分配工作。在现今的社会，大数据的应用越来越彰显其优势，在制造业领域，各种利用大数据进行发展的领域正在协助企业不断地发展新业务，创新运营模式。

材料腐蚀应用技术智能化。智能化是指事物在网络、大数据、物联网和人工智能等技术的支持下，所具有的能动地满足人的各种需求的属性。例如，无人驾驶汽车就是一种智能化的事物，它将传感器物联网、移动互联网、大数据分析等技术融为一体，从而能动地满足人们的出行需求。智能化是现代人类文明发展的趋势，材料防护技术智能化也是必然发展的方向。

1.5　结　　语

在加强应用基础研究的同时，不断培植我国具有影响力的原创性研究方向，是发展我国腐蚀与防护学科的基本原则。在此基础上，发展具有国际一流水平的耐蚀材料防腐蚀工程、表面处理与涂装防腐蚀工程、电化学保护防腐蚀工程、环境介质处理或工艺防腐蚀工程和防腐蚀专用设备工程中的新材料、新工艺、新技术、新设备，不断提升我国腐蚀与防护学科的原始创新和应用能力，满足我国制造业和基本建设快速发展的需要，是发展我国腐蚀与防护学科的根本目的。

第2章　土壤与土壤腐蚀

　　土壤是地球陆地表面的由一层层厚度不同的矿物质组成的大自然主体，与地壳、大气、海洋和生物圈发生着相互作用。土壤作为地球陆地系统的重要组成部分，参与地球各圈层之间的能量交换与物质循环。没有这种交换，就没有地球上现有的土壤。例如，月壤其实都是碎石颗粒。

　　土壤是农业文明的基础。人类自文明社会的开端，就对土壤进行认识和耕作，由此逐渐积累了对土壤的认知。随着人类文明的进步与科技的发展，人类与土壤的关系不再仅局限于种植农产品。工业文明的兴起扩大了对资源的需求，地下蕴含着丰富的资源，如何开采、传输地下资源成为重要问题，如矿石、石油和天然气，以及油气、水资源的埋地管道输送等，与土壤也有着密切的关系。信息文明同样与土壤关系密切，光缆、电缆作为信息文明的载体和动力，大部分是深埋于土壤之中的。土壤甚至被赋予"文化"的概念，如大地母亲和黑土文化等。

　　现代文明的发展，使得深埋于地下的材料越来越多，埋地材料的种类、数量和品质成了一个国家发展水平的标志。然而，材料在土壤环境中使用时，发生了各种各样的腐蚀，有的腐蚀导致了严重的事故，造成了巨大的经济损失、人员伤亡和环境污染灾难。本章在叙述土壤环境复杂性及其成因、特性、分类与分布的基础上，建立材料土壤腐蚀概念，探讨材料土壤腐蚀理论研究进展情况。

2.1　土壤成因学说与特征

　　在自然界中，土壤圈以不完全连续的状态覆盖于陆地表面，与大气圈、生物圈、岩石圈和水圈等具有相同的地位和作用并与之发生能量和物质交换，处于以上环节相互交接的地带，同时又是联系有机界和无机界的纽带。土壤是地球(包括其他星球)表层生态系统中，具有独特的组分、结构与功能且具有本身的形成演化规律的子系统。地球目前的土壤系统是与大气、水、生物、岩石等圈层相互作用、相互依存、长期演化的结果，具有自组织特性。不同的学科对于土壤认识的侧重点不尽相同。在生态系统中，把土壤称为土壤圈；在地质学中，岩石圈上部的风化残余物为风化壳，土壤位于风化壳的上层，如图 2.1 所示。在材料腐蚀科学中，土壤被视为一种腐蚀介质，是由各种颗粒状的矿物质、水分、气体及微生物等组成的多相，并具有生物活性和离子导电性的多孔毛细胶体体系。

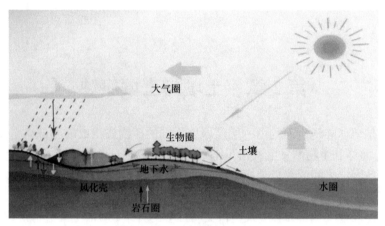

图 2.1　土壤在自然环境的位置示意图(陈健飞，2013)

2.1.1　土壤成因学说

已往对于土壤的研究主要集中于土壤与生物、土壤与农业、土壤与地质及土壤与污染的关系，很少考虑土壤与材料的关系。然而，对于土壤的认识，这是不全面的，应从与人类的生存和发展有关"资源与环境"的意义上考虑，并多角度、跨学科地探讨土壤问题。

自 1840 年德国农业化学家 Liebig 提出植物矿质营养学说以后，土壤一直被认为是地球表面能生长植物的多孔疏松表层。1883 年，俄罗斯地质学家 Dokuchaaev 赋予了土壤"地壳地质历史自然体"的含义。20 世纪以来，Wakman、Kubena 和 Smith 等对土壤的胶体特性、土壤的微结构与组织、土壤的分类进行研究。自 20 世纪 50 年代以来，土壤的生物学特性被广泛关注，长期以来土壤学的农业倾向占主导地位。随着 70 年代环境科学的兴起，土壤又被充实以"吸纳、容纳、转化与净化环境污染物的地表介质"的新内涵。有关土壤环境及其成因学说的主要思想为：土壤环境是指岩石经过物理、化学、生物的侵蚀和风化作用，以及地貌、气候等诸多因素长期作用形成的生态环境。土壤形成的环境取决于母岩的自然环境，由于风化的岩石发生元素和化合物的淋滤作用，并在生物的作用下，产生积累，或溶解于土壤水中，形成具有多种植被营养元素的土壤环境。它是地球陆地表面具有肥力，能生长植物和微生物的疏松表层环境。

各地的自然因素和人为因素不同，形成各种不同类型的土壤环境。土壤通常被视为有多种状态。地球上大多数的土壤，生成时间晚于更新世，只有很少的土壤成分的生成年代早于古近纪。土壤是由固相(矿物质和有机质)、液相(土壤溶液)和气相(空气)三相组成的多孔疏松的体系。土壤固体多以土粒形式存在，容积比例约为50%,其中矿物质颗粒占38%,主要来源于岩石矿物的风化,有机质占12%,

主要由生物残体及腐败物质组成。固体颗粒之间存在着大量大小不等的空隙,其中充满空气与水分,约占 50%,如图 2.2 所示。在土壤表面与缝隙中生存着许多昆虫、蠕虫和大量微生物。每克土壤中,微生物的数量往往可以多到数十亿个,生物或微生物对于有机质的分解、腐殖质的形成和养分的转化都起着重要的作用,没有它们的存在,地球上的土壤是不可能演化成目前这个样子的。组成土壤的三部分既不是孤立存在的,也不是机械地混合,而是构成了一个相互作用的复杂体系。

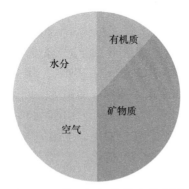

图 2.2　土壤三相组成(按容积比例)

2.1.2　土壤的基本特征

土壤是由各种颗粒状的矿物质、水分、气体及微生物等组成的多相并具有生物活性和离子导电性的多孔的毛细管胶体体系。土壤是一种特殊的电解质,有其固有的特性。

(1) 自动调节能力:土壤各种组成部分之间相互影响,当环境向土壤输入物质与能量时,土壤系统可通过本身组织的反馈作用进行调节与控制,保持系统的稳定性。

(2) 自净能力:污染物进入土体后,通过稀释和扩散可降低浓度,减少毒性或者转变为不溶性化合物而沉淀,或被胶体较牢固地吸附,或通过生物和化学降解作用,转变成无毒或毒性较小的物质。土壤的自净能力多指生物学和化学的降解作用。土壤的自净能力取决于土壤的组成及性质的综合作用。其影响因素很多,包括酸碱体系、土壤间隙系统和微生物体系等。

(3) 多相性:土壤由土粒、水、空气等固、液、气三相组成,结构复杂,而且土粒中又包含着多种无机矿物质及有机物质。不同土壤其土粒大小不同,例如,沙砾土的颗粒大小为 0.07~0.2mm,粉砂土的颗粒为 0.005~0.07mm,而黏土的颗粒尺寸则小于 0.005mm。实际的土壤一般是由这几种不同的土粒按一定比例组合在一起的。

(4) 多孔性：土壤的颗粒间有大量毛细管微孔或孔隙，孔隙中充满了空气和水。水分在土壤中能以多种形式存在，可直接渗入孔隙或在孔壁上形成水膜，也可以形成水化物或者以胶体的形态存在。正是因为土壤中总是或多或少地存在着一定量的水分，土壤就成为离子导体，因此可以把土壤看作是腐蚀性电解质。由于水具有形成胶体的作用，所以土壤并不是分散孤立的颗粒，而是各种有机物、无机物的胶凝物质颗粒的聚集体。土壤的孔隙度和含水程度又影响着土壤的透气性和电导率的大小。

(5) 不均匀性：从小范围看，土壤有各种微结构组成的土粒、气孔、水分的存在及结构紧密程度的差异。从大范围看，有不同性质的土壤交替更换等。因此，土壤的各种物理-化学性质，尤其是与腐蚀有关的电化学性质，也随之发生明显的变化。

(6) 相对固定性：土壤的固体部分对于埋在土壤中的金属表面可以认为是固定不动的，土壤中的气相和液相可做有限的运动。例如，土壤孔穴中的对流和定向流动，以及地下水的移动等。由于气候及污染物的影响，土壤本身又是变化的。如土壤的温度会随着季节的变化发生变化，土壤的含水量及其他理化性质会受到下雨、干旱等气候因素的影响而发生变化。

2.2　土壤的类型与分布

由于地球自然环境的差异，各地理区域成土因素的强弱程度不同，导致自然界土壤多种多样，各种土壤在土体构造、剖面结构和形貌特征等方面各不相同。为实现土壤的合理利用，对土壤进行分类尤为重要。

2.2.1　土壤分类

通常土壤的分类层次为：纲、类、属、种等。我国近代土壤分类研究始于20世纪30年代，经历了马伯特土壤分类、土壤地理发生分类和土壤系统分类三个阶段。我国土壤发生分类以土壤演变为基础，在1978年《中国土壤分类暂行草案》的基础上，结合第二次土壤普查结果，1992年由全国土壤普查办公室制定了《中国土壤分类系统》，当前国内大量已有土壤资料是应用土壤发生分类体系采集整理的。现行的中国土壤分类体系的核心是：每一个土壤类型都是各成土因素综合作用下，有特定的成土过程产生，具有一定的土壤剖面形态和理化性状的土壤。在土壤分类中，将成土条件、土壤剖面形貌和成土过程结合分析研究。土纲：根据成土过程的共同特点和土壤性质上的共性归纳。亚纲：同一土纲内，以土壤形成过程中主要控制因素的差异导致的土壤属性重大差异的划分。土类：以成土条件和土壤发生的地理环境划分。亚类：在土类范围划分，主要根据主导土壤形成过程以外的另一附加成土过程，例如，黑土的主要成土过程是腐殖质过程。土属：反映母质和地形的影响。土种：根据土壤剖面构造和发育程度划分，土种的特性具有相对稳定性。亚种：在土种范围内的变化，根据土壤肥力变异程度的划分方法。中国土壤系统分类共有 14 个土纲、39 个亚纲、138 个土类、588 个亚类，见表 2.1(表中新成土和雏形土纲未列入)。

表 2.1　中国土壤系统分类表

土纲	亚纲	土类
有机土	永冻有机土	落叶永冻有机土，纤永冻有机土，并腐永冻有机土
	正常有机土	落叶下常有机土，纤维正常有机土，半腐正常有机土，高腐正常有机土
人为土	水耕人为土	潜育水耕人为土，铁渗水耕人为土，铁聚水耕人为土，简育水耕人为土
	旱耕人为土	肥熟旱耕人为土，灌淤旱耕人为土，泥垫旱耕人为土，土垫旱耕人为土
灰土	腐殖灰土	简育腐殖灰土
	正常灰土	简育正常灰土
火山灰土	寒冻火山灰土	简育寒冻火山灰土
	玻璃火山灰土	干润玻璃火山灰土，湿润玻璃火山灰土
	湿润火山灰土	腐殖湿润火山灰土，湿润火山灰土
铁铝土	湿润铁铝土	暗红湿润铁铝土，简育湿润铁铝土
变性土	潮湿变性土	盐积潮湿变性土，钙积潮湿变性土，简育潮湿变性土
	干润变性土	腐殖干润变性土，钙积干润变性土，简育干润变性土
	湿润变性土	腐殖湿润变性土，钙积湿润变性土，简育湿润变性土
干旱土	寒性干旱土	钙积寒性干旱土，石膏寒性干旱土，黏化寒性干旱土，简育寒性干旱土
	正常干旱土	钙积正常干旱土，石膏正常干旱土，盐积正常干旱土，黏化正常干旱土
盐成土	碱积盐成土	龟裂碱积盐成土，潮湿碱积盐成土，简育碱积盐成土
	正常盐成土	干旱正常盐成土，潮湿正常盐成土
潜育土	寒冻潜育土	有机寒冻潜育土，简育寒冻潜育土
	滞水潜育土	有机滞水潜育土，简育滞水潜育土
	正常潜育土	含硫正常潜育土，有机正常潜育土，表锈正常潜育土，暗沃正常潜育土
均腐土	岩性均腐土	富磷岩性均腐土，黑色岩性均腐土
	干润均腐土	寒性干润均腐土，黏化干润均腐土，钙积干润均腐土，简育干润均腐土
	湿润均腐土	滞水湿润均腐土，黏化湿润均腐土，简育湿润均腐土

土纲	亚纲	土类
富铁土	干润富铁土	钙质干润富铁土，黏化干润富铁土，简育干润富铁土
	常湿富铁土	富铝常湿富铁土，黏化常湿富铁土，简育常湿富铁土
	湿润富铁土	钙质湿润富铁土，强育湿润富铁土，富铝湿润富铁土，黏化湿润富铁土
淋溶土	冷凉淋溶土	漂白冷凉淋溶土，暗沃冷凉淋溶土，简育冷凉淋溶土
	干润淋溶土	钙质干润淋溶土，钙积干润淋溶土，铁质干润淋溶土，简育干润淋溶土
	常湿淋溶土	钙质常湿淋溶土，铝质常湿淋溶土，铁质常湿淋溶土
	湿润淋溶土	漂白湿润淋溶土，钙质湿润淋溶土，黏盘湿润淋溶土，铝质湿润淋溶土

2.2.2　土壤的水平分布

土壤是气候、生物、地形、母质和时间等成土因素综合形成的产物。随成土因素的变化，土壤分布在空间上表现出一定的规律性。土壤的分布规律主要是由气候生物条件造成土壤的广域分布与垂直分布，以及由区域内水文地质、人为活动等因素导致土壤的区域分布。

亚欧大陆是最大的大陆，山地土壤占 33%，灰化土和荒漠土分别占 16% 和15%，黑钙土和栗钙土共占 13%。地带性土壤沿纬度水平分布由北至南依次为：冰沼土—灰化土—灰色森林土—黑钙土—栗钙土—棕钙土—荒漠土—高寒土—红壤—砖红壤。但在东、西两岸略有差异：大陆西岸从北而南依次为：冰沼土—灰化土—棕壤—褐土—荒漠土；大陆东岸自北而南依次为：冰沼土—灰化土—棕壤—红壤、黄壤—砖红壤。在灰化土和棕壤带中分布有沼泽土。半荒漠和荒漠土壤中分布着盐渍土。

北美洲灰化土较多，约占 23%。北美洲西半部土壤表现出明显的经度地带性分布。北美大陆西半部(灰化土带以南，95°W 以西，不包括太平洋沿岸地带)由东而西的土壤类型依次为湿草原土—黑钙土—栗钙土—荒漠土；在东部因南北走向的山体不高，土壤又表现出纬度地带性分布，由北至南依次为冰沼土—灰化土—棕壤—红壤、黄壤。北美灰化土带中有沼泽土，栗钙土带中有碱土，荒漠土带中有盐土。南美洲砖红壤、砖红壤性土的分布面积最大，几乎占全洲面积的一半，主要分布于南回归线以北地区，呈东西延伸。在南回归线以南地区，土壤类型逐渐转为南北延伸，自东而西依次大致为：红壤、黄壤—变性土—灰褐土、灰钙土，再往南则为棕色荒漠土。安第斯山以西地区土壤类型是南北向排列和延伸的，自北向南依次为：砖红壤—红褐土—荒漠土—褐土—棕壤。

非洲土壤以荒漠土和砖红壤、红壤为最多，其中荒漠土占 37%，砖红壤和红壤共占 29%。由于赤道横贯中部，土壤由中部低纬度地区向南北两侧呈对称纬度地带性分布，其顺序是砖红壤—红壤—红棕壤和红褐土—荒漠土，至大陆南北两端为褐土和棕壤。但在东非高原因受地形的影响而稍有改变。在砖红壤带中分布有沼泽土，在沙漠化的热带草原、半荒漠和荒漠带中分布有盐渍土。

澳大利亚土壤中荒漠土面积最大，占 44%，其次为砖红壤和红壤，占 25%。土壤分布呈半环形，自北、东、南三方面向内陆和西部依次分布热带灰化土—红壤和砖红壤—变性土和红棕壤—红褐土和灰钙土—荒漠土。

我国土壤分布的水平地带性规律如图 2.3 所示。土壤的纬度地带性分布规律，是指土壤分布呈大致平行于纬度的规律性带状变化。大气温度随纬度变化而变化，生物与植被也存在相应的变化规律，从而使土壤分布呈规律性变化。这种分布规律在我国东部沿海湿润地区表现明显，从南到北大致为砖红壤—赤红壤—红壤—黄棕壤—棕壤。土壤分布的经度地带性，是土壤分布大致平行于经度的带状变化规律。在类似的温度条件下，山脉的走势、海洋的远近等差异，引起地方性差异，从而使土壤分布出现经度地带性。我国东北到宁夏温带地区，由东向西土壤分布大致为暗棕壤—黑土—黑钙土—栗钙土—灰漠土—灰棕漠土。

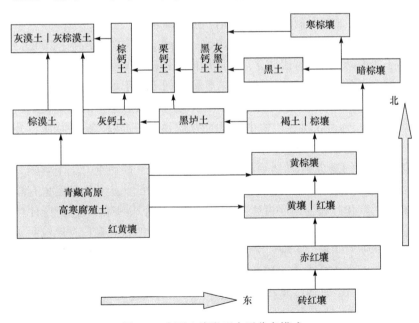

图 2.3　中国土壤类型水平分布模式

2.2.3　土壤的垂直分布

　　垂直地带性规律是指土壤分布随地形高度不同而出现的变化。我国是个多山国家，山地复杂多变。山体海拔、山体坡向、山体坡度和成土母质的变化，给气候和生物分布带来变化，造成了土壤的规律性分布特点。我国土壤基于腐蚀分类，并且与我国的气候区存在一定的联系。其中淋溶土主要分布在我国东部湿润季风气候区（土体黏化，盐基不饱和，向南出现一定数量的游离铁），铁铝土主要分布在我国南方亚热带季风气候区，高山土分布在西部高原气候区，而漠土和干旱土则主要分布在我国温带大陆性气候区，详见中国科学院南京土壤研究所(2007)编撰的《土壤发生与系统分类》。

2.2.4　土壤类型举例

　　(1) 暗棕壤属我国东北温带季风气候区域，该区域冬季寒冷干燥，土壤冻层深，表层冻结时间 150 天左右，冻深度 1～2.5m，年平均气温在 1～5℃，年降雨量 600～1000mm，年降水分配极不均匀，夏季降雨量占全年降雨量的半数以上，占东北面积的 20%。暗棕壤剖面如图 2.4 所示。暗棕壤是东北东部和北部山区面积最大的土类，在大兴安岭东坡也有分布，东起乌苏里江，西到大兴安岭中部；北起黑龙江，南到四平、清源和通化等地。由于夏季高温多雨，林下土中生物积累旺盛，但冬季寒冷，有冻层，阻碍微生物的分解活动，表层有机质含量较高。

　　暗棕壤表层有机质含量较高，可达 50～100g/kg，有的甚至高达 200g/kg，明显具有森林土壤的特点，即有机质含量由表层向下锐减。腐殖层不厚，一般只有 20cm左右。表层腐殖质中胡敏酸(土壤中只溶于稀碱而不溶于稀酸的棕至暗褐色的腐殖酸)含量较多，向下明显降低；活性胡敏酸含量占胡敏酸总量的比重在剖面中由上向下递增，由 45%到 85%，土壤中富里酸(从腐殖质中提取的一种物质，分子量较低，外表呈棕黑色或棕褐色，可溶于酸、碱、乙醇、水，是一类分子结构和行为特性都相近的物质的复合物)和活性胡敏酸有较强的向下移动能力。土壤阳离子交换量以表层最高，可达 25～35cmol/kg，向下则明显降低。盐基饱和度也有与阳离子交换量相同的变化趋势，表层可达 60%～80%。与盐基饱和度相关的 pH 在表层可达 6.0 左右，向下降低，下层只有 5.0 左右。土体中的铁和黏粒有比较明显的移动过程，铝移动则不明显。土壤状况终年处于湿润状态，季节变化不明显。土壤表层含水量较高，向下剧烈降低，相差可达数倍。

　　(2) 白浆土的主要特征是在腐殖质层下有一灰白色的紧实亚表层，即白浆层，厚 20～40cm，是一种半水成土壤，剖面如图 2.5 所示。白浆土主要分布于半干旱和湿润气候之间的过渡地带，世界各地都有存在。在中国主要分布在黑龙江东部、东北部和吉林东部，以三江平原最为集中，北起黑龙江省的黑河，南到丹东—沈阳铁路线附近；东起乌苏里江沿岸，西到小兴安岭及长白山等山地的西坡，局部抵达大兴安岭东坡。垂直分布高度，最低为海拔 40～50m 的三江平原；最高在长白山，可达 700～900m，大抵南部较高，北部较低。

图 2.4　暗棕壤

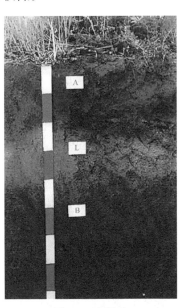
图 2.5　白浆土

白浆土剖面形态主要有 4 个发生层次，腐殖质层(Ah 层)、白浆层(E 层)、淀基层(Bt 层)、母质层(C 层)。白浆土容重 Ah 层为 1.0t/m³ 左右，E 层增至 1.3～1.4t/m³，至 Bt 层可达 1.4～1.6t/m³；孔隙度 Ah 层可达 60% 左右，E 层和 Bt 层急剧下降，仅有 40% 左右。pH 微酸性，6.0～6.5，各层变化不大，E 层与 Bt 层出现中性的频率较高。交换性能受腐殖质和黏粒分布的影响很大，均以 Ah 层和 Bt 层较高，E 层较低；代换性阳离子组成以 Ca、Mg 为主，有少量交换性 Na 和 K。盐基交换量 Ah 层每百克土在 20～30 cmol/kg，Bt 层每百克土 21～29 cmol/kg，而 E 层每百克土仅 11～15 cmol/kg；盐基饱和度 Ah 层 70%～90%，E 层 70%～85%，Bt 层则为 80%～90%。所以，白浆土是盐基饱和度较高的土壤。

(3) 棕壤也称棕色森林土，是暖温带落叶阔叶林和针阔混交林下形成的土壤，剖面如图 2.6 所示，棕壤地区气候条件的特点是夏季暖热多雨，冬季寒冷干旱，年平均气温为 5～14℃，季节性冻层深可达 50～100cm，年降水量为 500～1000cm，干燥度在 0.5～1.0 之间，无霜期 120～220 天。但由于受东南季风、海陆位置及地形影响，东西之间地域性差异极为明显。棕壤在中国的分布，纵跨辽东与山东半岛，带幅大致呈南北方向。在半湿润半干旱地区的山地，如燕山、太行山、嵩山、秦岭、伏牛山、吕梁山和中条山的垂直带谱的褐土或淋溶土之上，以及南部黄棕壤地区的山地上部有棕壤分布。棕壤呈微酸性至中性，pH 在 6.0～7.0 之间，盐基饱和度与 pH 呈正相关。盐基饱和度多在 50%以上，高者可达 80%以上，这与成土母质的岩性不同有很大关系。

棕色针叶林土主要分布在内蒙古大兴安岭北段山地垂直带上部，北面宽南面窄，像一个楔子自北向南延伸。其次在青藏高原东南边缘的亚高山、高山垂直带上也有一部分。在青藏高原东南边缘山地，位于垂直带山地棕壤的上部，亚高山草甸土的下部，有时还与酸性棕壤呈组合分布。棕色针叶林土在小兴安岭海拔 800m、长白山海拔 1200m 以上山地土壤垂直带也有。棕色针叶林土的质地大多轻而粗，含砂粒及石砾量多，砂粒含量在 30%～85%，大于 2mm 的石砾量为 3%～35%，同时石块较多。大兴安岭北部由古近纪陆相沉积带(古红土)上形成的棕色针叶林土黏粒含量高达 34.5%。棕色针叶林土呈酸性，pH4.5～6.5，上部土层较酸，下部土层呈微酸至中性。土壤盐基交换量不高，组成中钙、镁占 80%以上。交换性酸含量除表土层较高外，一般均较小，盐基饱和度均呈不饱和状态。

(4) 黑土是温带半湿润气候、草原化草甸植被下发育的土壤，是温带森林土壤向草原土壤过渡的一种草原土壤类型，目前我国土壤分类系统将黑土列入半水成土纲中(图 2.7)。我国黑土分布在吉林省和黑龙江省中东部广大平原上。因黑土的腐殖质常与矿物质形成稳定的复合体，使其土色出现超过实际有机质含量水平通常所能呈现的暗色；剖面没有淋溶或淀积作用的明显迹象；表层具有明显的团粒结构，其下是棱柱状和楔形结构，结构体由上而下变大。黑土膨胀系数很大，干湿体积变化范围为 25%～50%；持水量大，但有效性差；湿时可塑性强；有机质量丰富；黏粒含量大于 35%；阳离子交换量大，交换性盐基(尤其是 Ca^{2+} 和 Mg^{2+})含量也很高，盐基饱和度多在 50%以上，随深度递增；pH 多在 6.0～8.5。

(5) 褐土北起燕山、太行山山前地带，东抵泰山、沂山山地的西北部和西南部的山前低丘，西至晋东南和陕西关中盆地，南抵秦岭北麓及黄河一线，一般分布在海拔 500m 以下，母质各种各样，有各种岩石的风化物，但仍以黄土状物质为主。年平均气温 10～14℃，降水量 500～800mm，蒸发量 1500～2000mm，属于暖温带半湿润的大陆季风性气候(图 2.8)。褐土中 0～20cm 深度的有机质为 10～20g/kg，非耕种的自然土壤可达 30g/kg 以上。石灰性褐土与受侵蚀的褐土的有机质含量均较低。一般全剖面的盐基饱和度大于 80%，pH 为 7.0～8.2，根据不同亚类特征，$CaCO_3$ 出现于不同层次中。

(6) 铁铝土是湿润热带和亚热带地区，具有富铝化、富铁铝化和富铁化作用的土壤总称。我国铁铝土主要包括亚热带红壤、南亚热带赤红壤和热带砖红壤，以及垂直带结构内的黄壤。

我国红壤主要分布于长江以南各省的丘陵、台地及山岗地带，集中分布在两广、江西、浙江、福建、湖南、贵州、安徽、云南、台湾及湖北、四川和西藏，占全国土地面积的 6.5%，是我国最大的土壤资源之一(图 2.9)。红壤中胡敏酸分子结构简单，分散性强，不易絮凝，故红壤结构水稳性差，因富含铁铝氢氧化物胶体，临时性微团聚体较好。红壤富铝化作用显著，风化程度深，质地较黏重，尤

图 2.6　棕壤

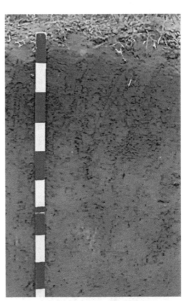

图 2.7　黑土

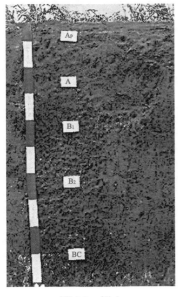

图 2.8　褐土

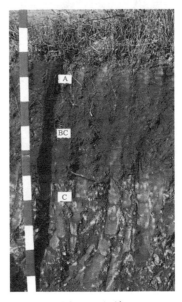

图 2.9　红壤

其在第四纪红色黏土上发育的红壤，黏粒可达 40% 以上。红壤呈酸性和强酸性，表土与心土 pH 为 5.0～5.5，底土 pH 为 4.0；红壤盐基饱和度在 40% 左右。黏土矿物以高岭石为主，一般可占黏粒总量的 80%～85%，赤铁矿 5%～10%，少见三水铝石；阳离子交换量不高。

(7)黄壤在中国主要分布于四川、贵州两省，以及云南、福建、广西、广东、湖南、湖北、浙江、安徽、台湾等地，是中国南方山区的主要土壤类型之一(图 2.10)。垂直分布规律明显，在各个山地的垂直带谱中，黄壤的下部一般是红壤，上部则以黄棕壤为多。粒硅铝率为 2.0～2.5，硅铁铝率为 2.0 左右；黏土矿物以蛭石为主，高岭石、伊利石次之，亦有三水铝石出现；黄壤质地一般较黏重，多黏土、黏壤土。由于中度风化强度淋溶，黄壤呈酸性至强酸性，pH 为 4.5～5.5；土壤交换性盐基含量低，盐基饱和度小于 20%，比红壤低。黄壤质地黏，有机质含量高。

(8)砖红壤主要分布于我国最南端的热带雨林和季雨林地区，大致为北纬 22° 以南，主要分布在海南岛、雷州半岛、云南北部和台湾部分地区。由于韧带风化作用极强，盐基淋失最多，硅迁移量高，铁铝聚集明显。土壤质地黏重，黏粒含量 50% 以上，土壤为强酸性，pH 为 4.5～5.0；盐基饱和度低于 20%；有机质含量在 50g/kg 以上(图 2.11)。

图 2.10 黄壤

图 2.11 砖红壤

(9) 钙层土是中国北方一些具有灰白色石灰聚积层的土壤。钙层土主要分布在中国内蒙古高原的中东部及其与宁夏、甘肃、青海、陕西等省区的交接地段、黑龙江省的松辽平原，新疆的昭苏盆地，天山、阿尔泰山、昆仑山等山地上也有一部分。这些地区，除松辽平原开垦较早，以农业为主外，其余地区基本上都是牧业用的广阔大草原。因此，又把这类土壤称作草原土壤。

黑钙土地理分布上具有明显的纬度地带性，在我国主要分布于北纬43°～48°、东经119°～126°，多集中于东北松嫩平原、大兴安岭东西两侧地区，新疆、甘肃也有分布。黑钙土具有暗色腐殖层，向下逐渐过渡；pH表层为中性，向下逐渐过渡到碱性，盐基饱和度大于90%，土层内有石灰反应或石灰淀积层(图2.12)。

(10) 栗钙土在我国主要分布于西北地区和内蒙古自治区。它是温带半干旱气候、干草原自然植被下发育而成的土壤，具有松软表层，并在1m内的某个部位出现钙积层(图2.13)。典型的剖面构型为Ah-Bk-C。全剖面盐基饱和，pH为7.5～9.0。主要亚类碳酸钙剖面分布反映淋溶程度的差异及潜水的影响。黏土矿物以蒙脱石为主，其次是伊利石和蛭石，受母质影响有一定差别。除盐化亚类外，栗钙土易溶盐基本淋失，内蒙古地区栗钙土中石膏也基本淋失，但在新疆的栗钙土，1m以下底土石膏聚集现象相当普遍，这反映出东部季风区的淋溶较强。

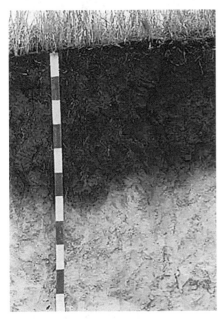

图 2.12　黑钙土

图 2.13　栗钙土

(11) 草甸土分布在世界各地平原地区。中国南方草甸土由于长期耕种，大部分已发展成水稻土和其他耕种类型土壤；北方主要分布在东北三江平原、松嫩平原、辽河平原及其河沿地区。草甸土有腐殖质层、腐殖质过渡层和潜育层。草甸土土壤含水量高，有明显季节变化；腐殖质含量较高(图 2.14)。

(12) 沼泽土(图 2.15)是受地表水和地下水浸润的土壤。在我国，沼泽土和泥炭分布广泛，以东北地区最多，青藏高原次之，华北平原、天山南北麓、长江中下游、珠江中下游及东南滨海地区也有分布。泥炭中有机质含量多在 500～870g/kg，其中腐殖酸含量可达 300～500g/kg，氮含量高，可达 10～25g/kg，磷含量变化大，为 0.5～5.5g/kg；钾含量比较低，多在 3～10g/kg 之间。沼泽土持水力也很强，其最大吸持的水量可达 300%～1000%，泥炭一般为微酸性至酸性。高位泥炭酸性强，低位泥炭为微酸性乃至中性。

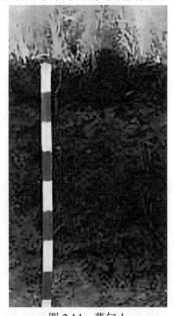

图 2.14　草甸土

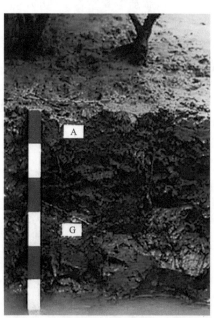

图 2.15　沼泽土

(13) 盐碱土分布在地势低平，地下水位较高，半湿润、半干旱和干旱的内陆地区。地下水中的可溶性盐分沿土壤毛细管上升到地表后，水分蒸发了，而盐分则聚积形成了盐碱土。滨海盐碱土是海水浸渍形成的。我国盐碱土主要分布在西北、华北和东北平原的低地、湖边或山前冲积扇的下部边缘，以及沿海地带。盐碱土可分为盐土、碱土两大类。

盐土水溶性盐类在土壤表层或土体内逐渐积聚的过程，即盐化过程是导致盐土形成的主要原因。气候干旱和地下水位高是盐化发生的必要条件(图 2.16)。盐碱土中面积最大的类型，主要分布在我国西北新疆、甘肃、青海、内蒙古、宁夏等省、自治区地势低平的盆地、平原中，其次在华北平原、松辽平原、大同盆地及青藏高原的一些湖盆洼地中都有分布，滨海地区的辽东湾、渤海湾、莱州湾、海州湾、杭州湾，包括台湾在内的诸海岛沿岸，也有大面积存在。盐土是指表土层含可溶性盐超 2%的一类土壤。盐分组成主要有 NaCl、Na_2SO_4、$NaHCO_3$、Na_2CO_3、$CaCl_2$、$CaSO_4$、$CaCO_3$、$MgCl_2$、$MgHCO_3$、$MgCO_3$、$MgSO_4$。

(14) 漠土是指漠境地区发育的地带性土壤。中国西北部的温带荒漠地区，包括内蒙古、宁夏、青海、甘肃和新疆等省(自治区)也有存在。漠土腐殖质含量低，土壤矿物以原生矿物为主，盐化和碱化相当普遍，pH 通常高于 8.5。

碱土土地(图 2.17)中含有较多的苏打，使土壤呈强碱性，钠饱和度比较高，一般在 20%以上。碱土的特点是土壤含有较多的交换性钠，pH 很高，土粒高度分散，湿润时泥泞，干燥时板结，碱土的明显特征是碱化层。

(15) 水稻土是指发育于各种自然土壤之上、经过人为水耕熟化、淹水种稻而形成的耕作土壤(图 2.18)。水稻土中土壤腐殖质和黏粒含量适中，结构良好，综合肥力较高。同时，水稻土含有机质较多。水稻土中的硫，其 85%～94%为有机态，当通气状态不好时易还原为 H_2S，水稻土的 pH 除受原母土影响外，与水层管理关系较大，一般酸性水稻土或碱性水稻土在淹水后，其 pH 均向中性变化，即 pH 从 4.6～8.0 变化到 6.5～7.5。因为酸性土灌水后，形成 Fe 和 Mn，在水中形成 $Fe(OH)_2$ 和 $Mn(OH)_2$，使水稻土 pH 升高。

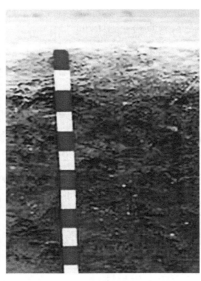

图 2.16　盐土　　　　　图 2.17　碱土　　　　　图 2.18　水稻土

2.3　材料土壤腐蚀

材料是人类社会文明的基础，人类社会发展历史可以按材料使用分为石器时代、陶器时代、铜器时代、铁器时代、钢铁时代和多种材料并存时代。材料从组成结构上分为陶瓷材料、金属材料、高分子材料和复合材料。无论哪种材料，在制备成器后都是在大气、土壤、水环境等自然环境和工业环境中使用的，材料在这些环境中均会发生腐蚀，腐蚀就是这些材料在以上环境中的"生老病死"，但其腐蚀过程和特点明显不同。

2.3.1　考古发掘对材料腐蚀科学的启示

1836 年，丹麦考古学家 G. J. Thomson 提出了人类物质进化史上的石器时代、青铜器时代与铁器时代的三时代系统(three-age system) 分期概念，世界上所有的古老文明都经历了石器时代、铜石并用时代、青铜器时代和铁器时代。

青铜器是指以青铜为基本原料加工而制成的器皿、用器等，是红铜与其他化学元素(锡、镍、铅、磷等)的合金，其铜锈呈青绿色。青铜是人类历史上的一项伟大发明，是世界冶金铸造史上最早的合金。红铜加入锡、铅等元素，成为一种新的合金，这种合金历经几千年的化学反应，其表面由于腐蚀出现一层青绿色的锈，所以今人谓之"青铜"。

史学上所称的"青铜器时代"是指大量使用青铜工具及青铜礼器的时期。保守地估计，我国这一时期主要从夏商周直至秦汉，时间跨度为 2000 年左右，这也是青铜器从发展、成熟乃至鼎盛的辉煌期。由于青铜器以其独特的器形、精美的纹饰、典雅的铭文向人们揭示了先秦时期的铸造工艺、文化水平和历史源流，因此被史学家们称为"一部活生生的史书"。中国的古文明悠久而又深远，青铜器则是其缩影与再现。

考古证明，中国青铜器源远流长，其历史可以上溯到公元前 3000 年左右。自奴隶社会的夏朝开始，中国进入了青铜器时代，到春秋时期结束。经夏、商、西周、春秋到封建社会的战国、秦、汉，每一时期都有着前后承袭的发展演变系统。我国古代青铜器种类繁多、形制多样，包括礼器、生产工具、兵器、车马器和其他用具。其中礼器又包括了食器、酒器、水器和乐器。传说夏禹铸九鼎，史料中更有夏禹之后夏启炼铜的记载。考古工作者曾在偃师二里头和洛阳东干沟遗址中发掘出炼渣、炼铜坩埚残片、陶范碎片，这些也证明二里头文化已经有了冶炼和制作青铜器的作坊。

青铜器时代创造了物质文化与精神文化。大约从夏代开始，中国进入青铜器时代。到了商代，青铜器的应用几乎涉及社会生活的各个方面。由于青铜工具的锐利远胜于石器，加以当时的铸造技术可以制作出适合于不同用途的手工工具和农具，有力地推动了社会生产的发展。因此，拥有众多人口的都邑出现了。在这些都邑中，建造起巨大的宫殿；修造大型王陵；构筑起城垣与壕沟之类的防御设施。在都邑与各地之间有马车与舟船等交通工具相联结；还出现了镂刻的甲骨文，用于记录社会生活中的事件；天文、历法、医学等科学也发展起来。青铜工具用于采矿业，可以采出更多的矿石。冶炼业发展的结果，反过来又促使青铜铸造业的发展。这种良性循环，使中国的青铜器时代得到了充分的发展。它所创造的灿烂的青铜文化，在世界文化遗产中占有独特的地位。锈色铜器经过几千年流传，至今大致有三种方式：入土、坠水、传世，对应的腐蚀环境为土壤、水环境和大气环境。考古专家常说："铜器坠水千年，则绿如瓜皮，而莹润如玉；未及千年，虽有青绿而不莹；未入土水之传世铜器，其色紫褐，而有朱砂斑，甚至其斑凸起。"一般说来，流传至今的大多是出土铜器，由于铜质差别及各地土质、水质的差异，入土铜器的锈色也不尽相同，常见有绿锈、红锈、蓝锈、紫锈等。拿到一件铜器，先要用眼看，若锈色与器体合一、深浅一致合度、坚实匀净、莹润、自然，则为自然生成的锈色。若锈色浮在器物之上、绿而不莹、表皮锈，而且不润泽、刺眼，就是伪锈了；这时再做进一步的审定，把手搓热触摸器物，用鼻嗅手，定有铜腥味，因为千年古铜是无铜腥味的；还可用热碱水洗刷，伪锈就会脱落，若刷洗不下，再用火烤就脱落了；或者用舌舔，若有盐卤味，也是伪锈。

　　目前世界上出土的最古老冶炼铁器是土耳其(安纳托利亚)北部赫梯先民墓葬中出土的铜柄铁刃匕首，距今 4500 余年，经检测认定其为冶炼所得。中国目前发现的最古老冶炼铁器是甘肃省临潭县磨沟寺墓葬出土的两块铁条。该文物 2009 年出土，出土时表面有厚厚的红色锈层，经检测铁条由"块炼渗碳钢"锻打而成，是冶炼金属。铁条锈蚀严重，一块铁条内部完全锈蚀，另一块铁条尚存部分残铁。研究人员进行了 ^{14}C 检测，最终认定该墓葬及铁条的年代为公元前 1510 年~公元前 1310 年。该文物不仅打破了此前由铁刃铜钺(北京市平谷县出土)保持的"中国最古老铁器"的记录，也打破了由西周虢国玉柄铁剑保持的"中国最古老冶炼铁器"的记录，意义重大。另外，1972 年，在藁城台西商代遗址出土的铁刃铜钺，是目前发现的我国年代最早的铁器，距今约 3400 多年，也是世界上最早的铁器之一。

　　目前的考古资料表明：中国在春秋晚期就已掌握了冶铁技术。早期铁制品多为"块炼铁"，即在较低温度的固体状态下用木炭还原法炼成的比较纯净的铁。这种铁较软，需经锻造后才可制器。与此同时，在炼炉中冶炼的生铁铸器已出现，为增加其强度和韧性，当时还使用了热处理技术。中国发明生铁比国外要早 1800 多年，这是中国冶金史的一大成就。长沙出土的春秋晚期铁器，经检验确定，钢剑是含碳 0.5%左右的中碳钢，金相组织比较均匀，可能是经过高温退火处理的，这表明春秋晚期到战国早期，块炼铁已发展为块炼渗碳钢。另外，当时的白口生铁也已发展为韧性铸铁。战国中期以后，工艺技术获得明显发展，进一步提高了金属铁的性能。燕下都 44 号墓出土铁器的金相组织说明，战国后期的燕国，不仅在块炼铁中增碳制造高碳钢，还掌握了淬火技术。

　　根据出土铁器及东周时代的冶铜技术推测,春秋晚期冶铁应已使用鼓风竖炉。战国时期的冶铁遗址已发现多处,出土有熔铁炉、鼓风管、炼渣及各种铁器的陶范,在河北兴隆还发现一批铁制铸模。兴隆铁模共计有 42 副 87 件,包括农具、工具和车具的铸模。模有内、外之分,有的是单合模,有的是双合模,其本身就是很好的白口铁铸件。有些铸模设有防止变形的加强结构和金属芯,其设计和铸造工艺都达到了相当高的水平。这批铸模的出现表明社会向冶铁业和铁工具的生产提出了进一步的要求,这也是当时广泛使用铁器的又一个例证。

　　汉代漆器制作精巧、色彩鲜艳、花纹优美、装饰精致,是珍贵的器物。汉代宫廷多用漆器为饮食器皿。有些漆器上刻有"大官""汤官"等字样,系主管皇家膳食的官署所藏之器;书写"上林"字样的,则是上林苑宫观所用之物。据新莽时期的漆盘铭文,当时长乐宫中所用漆器,仅漆盘一种即达数千件之多。贵族官僚家中亦崇尚使用漆器,往往在器上书写其封爵或姓氏,如"长沙王后家般(盘)""侯家""王氏牢"等,作为标记,以示珍重。作为饮食器皿,漆器比青铜器更具优越性,故为汉代统治阶级所爱好,制作极精细。特别是在 1972 年湖南长沙马王堆出土了西汉时期的大批漆器,出土时光可鉴人、完好如新,在汉代文化史上是个重大的发现。漆器在各地汉墓中多有出土,一般已腐朽,也有保存较好的。保存较好的现有湖南省长沙马王堆、湖北省江陵凤凰山和云梦大坟头等地汉墓出土的漆器,而且数量大、种类多。

　　汉代漆器,在战国时期生产的基础上达到了一个鼎盛时期。汉代的髹漆器物,包括鼎、壶、钫、樽、盂、卮、杯、盘等饮食器皿,奁、盒等化妆用具,几、案、屏风等家具,种类和品目甚多,但主要是以饮食器皿为主的容器。另外漆器还增加了大件的物品,如漆鼎、漆壶、漆钫等,并出现了漆礼器,以代替铜器。汉墓出土还有漆棺、漆碗、漆奁、漆盘、漆案、漆耳杯等,均为木胎,大多为红里黑外,并在黑漆上绘红色或赭色花纹。

　　2 万年前的陶器、8000 年前的玉器、5000 年前的青铜器、4000 年前的铁器、3000 年前的漆器和丝织品等考古发现都基本上是保存在土壤之中,属于出土发掘的结果,这对材料腐蚀科学的启示是:材料只要保护措施得当或者所处的自然环境(大气、土壤和水环境)合适,获得长达万年的腐蚀寿命是可能的,一般来讲,只要不计经济成本,对材料施加保护,理论上讲,材料腐蚀寿命是可以很长的;材料在大气、土壤和水环境中的腐蚀速率和腐蚀过程并无本质上的差异,为什么绝大部分文物皆为出土传世呢? 原因一是在土壤环境中,可以有较大的机会获得闭塞缺氧缺水的环境,使得其腐蚀速率极小;二是人工损坏的可能性也极小。而在大气环境或者水环境中,极易受到人工干预破坏,正是由于以上原因,深埋于地的文物却意外记录了人类几千年的绚丽多彩的历史文化进程,这也说明人工保护对文物的重要性。

2.3.2 土壤中的铁锈层

钢铁材料的冶金制备过程就是其从氧化物态变成单质态的过程，是对铁的氧化物输入电子的过程，腐蚀是冶金的逆过程，是单质态的铁失去电子变成氧化态的过程。钢铁材料的腐蚀过程都是从表面开始的。对于钢铁材料，其腐蚀产物主要包括针铁矿(α-FeOOH)、纤铁矿(γ-FeOOH)、正方针铁矿(β-FeOOH)、磁铁矿(Fe_3O_4)和赤铁矿(Fe_2O_3)等。α-FeOOH 在 25℃的自由生成能是-495.748 kJ/mol，相对于 γ-FeOOH 的-470.25kJ/mol 要低，在热力学上 α-FeOOH 要比 γ-FeOOH 更稳定一些。FeOOH 的结构通常用 FeO_6 八面体结构单元来描述，γ-FeOOH 是以 FeO_6 八面体结构单元的边缘相连形成了八面体单元的褶皱层，层间则通过氢键连接，使 γ-FeOOH 表现为层结构，而 α-FeOOH 是以 FeO_6 八面体结构单元的顶点相连，使 α-FeOOH 表现为环结构。

在氧化环境中 Fe 的表面主要生成 α-FeOOH，α-FeOOH 层具有很好的连续性和致密性，并且不导电，此时阳极反应和阴极反应仅在金属/腐蚀产物层界面上发生，因此，可以认为 α-FeOOH 是一个不反应相，具有很好的保护作用，它可以有效地阻止材料遭受到氧、水分和污染物等外部环境因素的侵袭。γ-FeOOH 结构比较疏松，它的多孔结构类似于海绵，具有较强的吸水性，它可以吸收水、电解液、氧和其他环境污染物，并将它们保存在孔隙中。SO_2、NO_2 等环境污染物可以溶解在金属表面液膜中，导致液膜 pH 降低，加速 γ-FeOOH 的溶解，液膜中的 Fe^{3+} 浓度增加：

$$\gamma\text{-FeOOH} + 3H^+ \longrightarrow Fe^{3+} + 2H_2O \tag{2.1}$$

作为氧化剂，Fe^{3+} 和它的衍生物的氧化能力随溶液中 H^+ 浓度的增加而增强，它们可以作为铁腐蚀的催化剂和活化剂，Fe^{3+} 既可以直接把 Fe 氧化成 Fe^{2+}，也可以促进氧和 Fe^{2+} 反应，加快 Fe^{2+} 向 Fe^{3+} 的转化。一旦环境条件适于 γ-FeOOH 溶解和 Fe^{3+} 生成，这个过程将循环进行，导致锈层下 Fe 的连续腐蚀，因此纤铁矿对于铁的腐蚀来说是一种有害相。

一般认为钢铁材料表面最初形成的腐蚀产物是 γ-FeOOH，随后转化为 α-FeOOH 和 γ-Fe_2O_3 的混合物，腐蚀产物膜的保护能力也随之增加。众多学者将锈层的保护能力归结为锈层中 α-FeOOH 的存在，大气环境中使用的耐候钢就是设计表面含有 α-FeOOH 的腐蚀产物膜的含量大大高于含有 γ-FeOOH 的腐蚀产物膜，可以利用腐蚀产物膜中 α-FeOOH 与 γ-FeOOH 的比值来评价产物膜的保护性，两者的比值与腐蚀速率大小密切相关，比值越大腐蚀速率越小，当α/γ超过某一定值时，即能得到较低的腐蚀速率(0.01mm/a)。

铁羟基氧化物的生成是伴随着体积膨胀而进行的，这将导致腐蚀产物的开裂和脱落，加速腐蚀的进行。在腐蚀产物开裂处，有时可以看到橘黄色、粉末状的 β-FeOOH。β-FeOOH 的分子式是 $FeO_{0.833}(OH)_{1.167}Cl_{0.167}$，在外观上主要呈针状和棒状，和 γ-FeOOH 一样，它的结构也不致密，在针或棒状结构间有比较大的孔隙，它对有害物质的吸收和存储能力甚至比 γ-FeOOH 更强。当 β-FeOOH 作为锈层时，不同种类的污染物、氧和水分更容易在其中储存，这为局部腐蚀创造了有利条件。

Cl^- 是影响腐蚀过程的一个重要因素，它不仅存在于环境(海水、土壤)中，还可以存在于 β-FeOOH 的晶格中，在 β-FeOOH 分子结构式中有 Cl 元素的存在，其质量分数为 6.24%。酸性污染物溶解在腐蚀产物中导致溶液酸化，从而使 β-FeOOH 溶解，Cl 元素以离子形式释放出来，在干燥过程中相的转化(如分解)也可以导致 Cl 元素的释放：

$$2FeO_{0.833}(OH)_{1.167}Cl_{0.167} \longrightarrow Fe_2O_3 + 0.334HCl + H_2O \tag{2.2}$$

释放出的 Cl^- 和 H^+ 以及扩散而来的氧一起溶解在酸性液膜中，从而加速了铁的腐蚀。对于铁来说，β-FeOOH 是一种有害物质，Cl 元素的存在是其中一个主要原因。

在某些合适(如干燥)条件下，γ-FeOOH 和铁晶格中溶解的 Fe^{2+} 反应生成 Fe_3O_4 或 Fe_2O_3。在干燥的大气和土壤环境中，Fe 表面生成的锈层主要是铁的氧化物。作为腐蚀产物，铁的氧化物要比其羟基氧化物稳定得多，Fe_3O_4 和 Fe_2O_3 的自由生成能分别为 $-822.16kJ/mol$ 和 $-1117.13kJ/mol$，远小于 γ-FeOOH 和 α-FeOOH，它们具有很高的晶格束缚能，因此 Fe_3O_4 和 Fe_2O_3 是无害的腐蚀产物，它们可以阻止铁的进一步腐蚀。碳钢在高温($240℃$)水环境中腐蚀时腐蚀产物内层和外层均有 Fe_3O_4 的存在，这主要是由于高温条件下 H_2O 分子参与了去极化过程，H_2O 分子通过腐蚀产物的微孔和晶界扩散到金属/腐蚀产物界面，在该界面上主要发生了下列反应：

$$3Fe + 4H_2O \longrightarrow Fe_3O_4 + 8H^+ + 8e^- \tag{2.3}$$

$$Fe \longrightarrow Fe^{2+} + 2e^- \tag{2.4}$$

$$H^+ + e^- \longrightarrow H \tag{2.5}$$

钢表面生成的 Fe_3O_4 可以充分减小 Fe 的溶解速率，溶解生成的 Fe^{2+} 通过腐蚀产物层扩散到腐蚀产物/溶液界面，在高温水中以 $Fe(OH)^+$ 的形式存在，其通过水解形成含水的 Fe 离子，含水 Fe 离子沉积在腐蚀产物的外层，生成疏松的 $Fe(OH)_2$，一旦 Fe 离子的浓度达到饱和，在高温条件下生成 Fe_3O_4 外沉积层，其外层的反应过程可以表示为

$$3Fe(OH)^+ + H_2O \longrightarrow Fe_3O_4 + 5H^+ + 2e^- \tag{2.6}$$

$$2H^+ + 2e^- \longrightarrow H_2 \tag{2.7}$$

其整个反应过程可以通过图 2.19 来描绘。

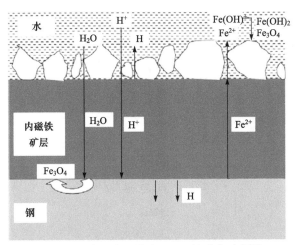

图 2.19　高温水环境中 Fe_3O_4 的形成示意图

由于材料所处介质环境的差异，腐蚀发生时的传质过程也不一样，因而其腐蚀产物的形态、组成及特性也有差异。以不同 pH、溶解氧、Cl^- 含量的水溶液中 Fe 腐蚀产物的变化情况为例，假设 Cl^- 和 OH^- 之间的关系可表示为 $R' = [Cl^-]/[OH^-]$，在 1mol/L $< [Cl^-] <$ 1.5mol/L 的溶液中，在 $R' < 1$ 时 Fe^{2+} 主要生成 $Fe(OH)_2$，当 $R' > 1$ 时，Fe^{2+} 主要生成 $Fe_2(OH)_3Cl$。一旦 $Fe(OH)_2$ 和 $Fe_2(OH)_3Cl$ 在溶液中生成沉淀，它们很容易被溶液中的溶解氧氧化成 Fe(Ⅱ)-Fe(Ⅲ) 混合物(绿锈)，如果 $4 < R' < 8$，则最终的腐蚀产物是 α-FeOOH 和 β-FeOOH，如果 $R' > 8$，那么腐蚀产物就仅是 β-FeOOH，此外，正方针铁矿也可以在干燥条件下通过氧化 β-$Fe_2(OH)_3Cl$ 而获得。在腐蚀发生的不同阶段所形成的产物是不一样的，因此材料表面的腐蚀产物一般呈层状结构，不同层间的结构特点也有一定的差异。Gerwin 和 Baumhauer 对考古发掘铁钉的腐蚀产物进行了分析：腐蚀产物最外层的主要成分为 α-FeOOH，其下面是主要成分为 Fe_3O_4 的磁铁矿(图 2.20)。

受扩散作用的影响，距金属表面不同距离处腐蚀产物的组成和浓度也不同，对考古铁器腐蚀产物的研究表明：金属核心被密集产物层(dense product layer, DPL)所覆盖，它由铁的氧化物和氢氧化物所组成，Fe_3O_4 和磁赤铁矿(γ-Fe_2O_3)呈条带状分布在 α-FeOOH 的基体上，其密度相对于外层腐蚀产物要大一些。在 DPL 层外是传输介质(transmission medium, TM)层，其主要包括腐蚀产物和石英等来自周围环境的混合物(图 2.21)。

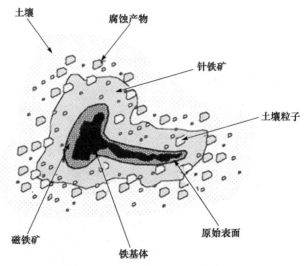

图 2.20　考古铁钉腐蚀产物层

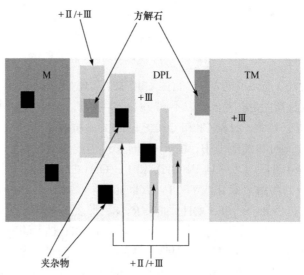

图 2.21　DPL 和 TM 层

M 表示金属

2.3.3　土壤腐蚀类型

以上内容谈的是土壤中金属的均匀腐蚀。随着现代工业的发展，在地下铺设了越来越多的油、气、水管道，构成了"地下动脉"，称为"生命线"工程。此外，地下还设有大量通信电缆、地基钢柱、高压输电线及电视塔等金属基座。土壤腐蚀已经成为以上设施失效的主要方式之一。

油气管线绝大部分埋于地下，跨距一般可达数千米，沿途经历不同气候区、地形区和地质带；设计寿命长，一般为 30～60 年；输送压力不断增加，管径不断加大；材料强度也在不断提高；输送的油气品也参差不齐。这些环境腐蚀具有如下特点。①管线内部环境导致的腐蚀是管线破坏的主要原因之一，往往是油气中的酸性硫化物含量及含盐量和水分增加，导致管线钢内部发生点蚀、氢致开裂、应力腐蚀开裂、冲刷腐蚀和腐蚀疲劳等腐蚀类型。②管道的外环境方面，情况更为复杂，就是土壤腐蚀。由于管道跨距大，沿途可能经过不同的地形、地质带和气候区，土壤的含盐量及成分、含水量、含氧量、酸碱性、微生物种群和温度等因素差别很大，对应的腐蚀问题也非常复杂，几乎所有的局部腐蚀类型，如点蚀、缝隙腐蚀和电偶腐蚀等都存在于土壤腐蚀之中。自 20 世纪 80 年代以来，国外相继发生了一系列近中性土壤应力腐蚀开裂事故，使得学者更加重视管线外部的腐蚀与防护的研究，如加拿大管线发生的近中性应力腐蚀开裂(SCC)，发生在通常认为不可能发生的环境中。③由于管线跨距很大又埋于地下，进行全线监检测的代价太高，难以实现。这会造成管线的某些失效情况难以及时发现，从而导致更大程度的破坏。管线的设计寿命一般较长，这要求防护体系、管线钢本身及检测体系都具有长的使用寿命。④近年来，由土壤中微生物和杂散电流造成管道腐蚀的事故多有发生。

埋地材料腐蚀涉及面广，特别是埋地管道的设计、选材、防护技术、运行维护和安全评价及寿命预测等方面会影响其服役寿命周期内的每一个环节，必须对土壤腐蚀类型及其萌生和演化的动力学规律及其主要影响因素有全面的了解，这也是发展高品质耐蚀材料和先进防护技术的基础。

2.4 材料土壤腐蚀研究概况

2.4.1 国外材料土壤腐蚀研究概况

1912 年美国率先在全美 95 种土壤中，建设了 128 个埋设点，投试 338 种材料共计 2.6 万件试样，这是材料土壤腐蚀系统研究最早的案例，目的是处理日益增多的地下管线的腐蚀失效事故，阐明埋地材料腐蚀规律和控制方法有效性。该研究初步揭示了铸铁、碳钢、铜、铅等材料在全美主要土壤类型中的腐蚀机理及规律，其中部分钢筋混凝土材料一直埋设至今。苏联和欧洲国家也针对自身的土壤类别，进行了相似的野外试验研究，获得了大量的土壤腐蚀数据和土壤腐蚀机理与规律的初步认识。但是，他们始终以现场试验为主，实验室系统研究较少，因此系统理论研究成果很少，多为土壤腐蚀性评价方法成果，具有代表性的有 12 因素德国的 DIN 50929 标准和 5 因素美国的 ANSI A21.5 标准，前者具有较高的科学性，但影响因素过多，实际应用困难；后者只针对铸管材料，适用性有限。

2.4.2　国内材料土壤腐蚀研究概况

各国土壤差异很大，以上国家积累的数据和研究成果并不能适用于我国。我国土壤腐蚀研究开始于 20 世纪 50 年代，至今共进行了三个阶段。第一阶段主要是配合重点工程建设，选择 10 种不同土壤类型，共建立 19 个试验点，投试试样 4300 余件，主要材料为钢铁材料和电缆非金属材料，从而对以上材料在我国土壤环境下的腐蚀机理与规律有了初步认识。第二阶段开始于 1982 年，针对第一阶段研究的问题，配合我国迅速发展的石油工业、基本建设和光缆通信行业，系统性地增加了 15 种土壤的 38 个试验点，投试试样 1.2 万余件，主要材料为钢铁材料、涂层材料、不锈钢、有色金属材料、混凝土和钢筋混凝土材料、电缆、光缆及护套材料，研究重点是以上材料的土壤腐蚀机理、规律及其主要环境影响因素，系统获得了以上典型材料的土壤腐蚀电化学机理与规律及土壤环境参数的影响规律研究成果，共甄别出 22 种重要影响因素并获得大量数据，开始比较系统地开展实验室室内研究。第三阶段自 2002 年开始至今，在我国 40 种土壤中(另外在英国、新加坡、加拿大、泰国)建立了 78 个试验点，投试了 423 种材料，5.2 万件试样，包括钢铁材料、涂层材料、不锈钢、有色金属材料、混凝土和钢筋混凝土材料、电缆、光缆及护套材料等材料，其中钢铁材料以 X65～X120 管线钢最为系统。获得了以上典型材料的土壤腐蚀电化学机理与规律，以及土壤环境参数的影响规律研究成果和 22 种环境因素系统化数据，并从以现场试验为主过渡到以实验室模拟研究(室内研究试片超过 2 万件)为主、现场试验为辅的基础研究阶段。目前的主要代表性成果如下。

(1) 土壤点蚀和缝隙腐蚀研究方面，获得了钢铁、铜、锌和铝在我国 40 种土壤环境下的长期平均腐蚀速率与最大点蚀深度的幂指数演化规律；在土壤剥离涂层下金属缝隙腐蚀行为与机理研究方面，通过模拟剥离涂层试样的现场埋片试验和实验室模拟试验，利用常规电化学测试技术、微电极技术、微区电化学技术、腐蚀形貌分析及计算机模拟计算等，研究了 X70、X80 等高强度管线钢在我国东南部酸性土壤(如鹰潭土壤)和西部盐渍土壤(如库尔勒土壤)环境中涂层下的腐蚀行为规律与涂层剥离的相关性。获得了涂层剥离环境下阴极保护电位、pH、溶解氧、腐蚀性离子随涂层剥离几何参数的变化规律，剥离涂层下的电化学极化特征及腐蚀特征与涂层剥离几何参数的相关性。研究表明，剥离涂层下管线钢的阳极过程表现出钝化特征，大大增加了局部腐蚀敏感性，这表明涂层下的薄液环境是引起高强管线钢局部腐蚀的关键因素之一，它明显有悖于传统溶液电化学方法研究所获得的认知，将土壤腐蚀作为闭塞薄液膜腐蚀体系将更加符合实际情况。但目前关于涂层下的薄液环境的研究还局限于物质静态分布的研究，有关土壤腐蚀薄液膜体系下的电化学行为和腐蚀机理的研究还未见报道。目前的研究大多使用稳态的电化学研究方法，以溶液电化学来模拟薄液电化学进行研究，溶液电化学忽略了腐蚀过程中薄液环境对反应物扩散、离子浓聚所带来的影响。这必然难以获得更深入的认识。所以，深入研究管线涂层剥离环境下的非稳态电化学过程对腐蚀行为机理的影响是今后研究的重点突破方向。

(2) 首次发现了高强度钢材在我国酸性土、高盐碱土和中性土壤环境中，以及在泰国、新加坡等一带一路沿线国家土壤环境中均存在 SCC 敏感性。在酸性土壤环境中的 SCC 敏感性明显，在中性和盐渍土土壤环境中的 SCC 敏感性相对较低。在以上土壤环境中 SCC 的机理均为阳极溶解与氢脆(AD+HE)的混合机理，但在酸性土壤中 HE 作用更为显著，SCC 萌生与点蚀无明显对应关系；在碱性土壤中，析氢反应仅存在于局部致密腐蚀产物层下形成的较严重的闭塞区域，其 SCC 一般萌生于点蚀底部。SCC 敏感性随材质强度的提高或环境 pH 的降低呈增大趋势，点蚀、缺口尖端等处的应力集中作用能够促进 SCC 的发生。这是首次确认管线钢在我国典型土壤环境中具有 SCC 敏感性与开裂机理，对管线安全服役具有重要的科学价值。通过对管线钢应力腐蚀过程中电化学特征的细致分析，建立了应力腐蚀的非稳态电化学理论及其实验室研究方法。其电化学过程是稳态过程和非稳态过程的复合过程。研究表明，裂纹形核区或裂尖区为非稳态过程，非形核区或非裂尖区表面为稳态过程。在薄液环境中，由于介质的二维传输特性，裂纹尖端的阳极溶解会比溶液条件下维持更长时间，这将加剧裂尖的酸化程度和氯离子的浓聚水平，进而促进裂纹尖端的快速扩展。同时，裂纹尖端是高应变区，且存在位错运动，这些过程也存在非稳态电化学过程，会极大促进电极反应过程。而非裂尖区的表面已经充分极化，处于稳态电化学过程下，其阴极过程生成的氢渗透扩散至裂纹和点蚀尖端，促进电化学溶解和裂纹扩展。上述研究成果从电化学的角度开启了应力腐蚀研究的新方向，并成功解决了低 pH 环境下管线钢应力腐蚀机理的界定问题。研究发现，组织结构对管线钢应力腐蚀萌生和扩展具有重要影响，夹杂物对 SCC 裂纹引发具有不同作用，在低 pH 土壤环境中，X70 钢中富含 Al 的更容易引发裂纹，富含 Si 的不容易引起裂纹。利用扫描振动电极技术(SVET)研究发现管线钢在低 pH 环境中，晶界处的析氢反应更强而阳极溶解作用较弱，这是管线钢在低 pH 下发生穿晶 SCC 的本质原因。

(3) 获得了大量土壤环境腐蚀数据，建成了土壤腐蚀科学数据库；其次，阐明了土壤电阻率、含水量、土壤 pH、土壤质地、氧化还原电位、管地电位、含盐量和 Cl⁻含量 8 个关键环境参数的竞争耦合作用诱发金属腐蚀萌生与演化新机理。针对复杂腐蚀体系，原创性地提出了腐蚀大数据概念和理论框架(相关思想论文在 *Nature* 杂志发表)，发展了基于无线通信的土壤腐蚀电化学与环境参数高通量现场测试方法，解决了土壤腐蚀实地挂片试验周期长、环境实时耦合性差等问题，利用获得的海量多源异构材料腐蚀数据与土壤环境数据，首次阐明了土壤腐蚀动力学演化规律的多环境因子动态瞬时作用机理；首次提出了融合因果性与相关性计算的材料腐蚀影响参量的高效筛选降维方法，在能够保持降维前后数据结构和逻辑关系的同时获得了土壤腐蚀的关键环境因素，建立了"八因素"土壤腐蚀性综合评价方法，该方法比美国 ANSI A21.5 法更精确和更具普适性，比德国 DIN 50929 法参数确定更科学、关联性更好、可操作性强，被两项国家标准《基于风险的埋地钢质管道外损伤检验与评价》(GB/T 30582—2014)和《埋地钢质管道腐蚀防护工程检验》(GB/T 19285—2014)和一项 ISO 标准草案采用，不仅开辟了基于腐蚀大数据的土壤腐蚀基因工程理论研究新领域，而且已经广泛应用于西气东输、南水北调、城市燃气和给排水等工程的埋地管道防腐蚀工程中，产生了重大的经济和社会效益。

(4) 土壤腐蚀微区电化学机理与规律。宏观腐蚀电化学已日趋成熟，随着微观表征技术和计算机学科的发展，微区腐蚀电化学将成为腐蚀学科发展的一个重要方面。借助于宏观腐蚀电化学的研究方法与成果，利用微区腐蚀电化学的测试方法，对金属局部腐蚀机理、涂层缺陷处腐蚀机理和金属相结构腐蚀电化学进行系统研究，将获得系统的创新性研究成果，极大地推进对腐蚀规律的认识。从空间尺度的角度看，过去，腐蚀的电化学过程的研究只停留在宏观尺寸水平，如今，由于纳米表征技术和计算机科学的发展，人们开始从原子的层面上研究溶解和钝化过程中电子和离子的转移反应机理。近几年来扫描电子显微镜、电化学毛细管探针显微镜的发展及其与其他材料微结构分析技术的结合(如拉曼光谱仪、开尔文扫描探针、原子力显微镜、扫描隧道显微镜等)，使得腐蚀科学研究者们得到了更多的信息，而这些信息是应用传统的电化学测试方法所不能得到的。同时，空间放射性示踪原子分析与腐蚀电化学方法相结合的研究也是从原子层面认识腐蚀机理的另一途径。这种微纳米腐蚀电化学方法与其他表征方法的结合将会极大地促进腐蚀科学和电化学基础研究的共同发展。

(5) 在土壤腐蚀计算与模拟方面，在以上野外试验工作基础上，首次建立了可真实还原的土壤环境腐蚀微纳米尺度萌生的介观尺度上亚稳态动力学过程的元胞自动机模拟仿真模型，进一步阐明了以上"八因素"间的耦合作用，并进行了试验验证。所建立的土壤环境腐蚀大数据方法不仅能够解决多因素降维问题，其更大的优势是通过建立的多维数据原位高通量室内测试技术，开展室内研究。该项目首次阐明了"八因素"间的耦合作用下扩散过程、蚀坑尺寸及蚀坑表面覆盖物对点蚀亚稳态—稳态转变的影响规律，并通过引入 Block 算法加速反应扩散的仿真，大幅度提高了元胞自动机的建模效率；首次提出残留钝化膜破裂导致亚稳态点蚀到稳态点蚀的转变，破裂时蚀坑内部环境条件决定了蚀坑是否能重新钝化或转为稳定增长。搭建了激光电子散斑干涉(EPSI)与电化学联用的高通量原位监测系统,首次获得了金属局部腐蚀最早期(腐蚀开始 1s 之内)的扩散动态数据图像,以实时、大通量、原位的电化学动力学数据对模型进行了验证。

2.5　结　　语

地球上的大气圈、土壤圈、水圈、岩石圈和生物圈是相互关联、相互转化的自然环境体系。材料自然环境腐蚀包括大气、土壤和水环境腐蚀,以上五种环境圈的关系,决定了材料三种自然腐蚀既相互关联,又有很大的差异。比较而言,土壤由各种颗粒状矿物质、有机物质、水分、空气、微生物等组成,其水平分布和垂直分布极其复杂,随机性大、连续性小,埋地材料所处的土壤环境因素极其复杂,加之流动性差和闭塞环境明显区别于大气和水环境等开放体系,目前被认为是世界上最复杂的材料腐蚀环境体系,这导致认识土壤腐蚀萌生机理和演化规律及其影响因素,成了世界性的材料腐蚀与防护学科前沿难点,解决以上理论难点是发展高品质埋地耐蚀材料和长寿命防护技术的关键。

第 3 章　土壤腐蚀电化学

金属材料所处的环境若为电解质，腐蚀就是按电化学的形式进行的，在整个电化学过程中，金属被氧化，释放出的电子被电子受体(氧化剂)接受，后者被还原，从而构成一个完整的电化学反应过程。这与金属在非电解质环境中直接发生纯化学反应而引起的破坏有本质的不同。近 30 年来，材料腐蚀电化学理论日臻完善，成为腐蚀学科重要而坚实的基础，其主要内容包括腐蚀电池原理、电化学腐蚀热力学、电化学腐蚀动力学、析氢和吸氧电极反应腐蚀理论和金属的钝化等，它们构成了材料腐蚀学最根本的理论基础。

材料腐蚀分为均匀腐蚀和局部腐蚀两种大的类型。均匀腐蚀是指材料腐蚀过程中，表面每一点的腐蚀速率都是一样的，这主要是对活性材料体系而言的；局部腐蚀是指材料腐蚀过程中，材料表面每一点的腐蚀速率都是不一样的，这主要是对钝性材料体系而言的。局部腐蚀主要包括点蚀、缝隙腐蚀、应力腐蚀、浓差腐蚀、电偶腐蚀、腐蚀疲劳等类型。土壤环境十分复杂，存在以上所有腐蚀类型，但其本身仍是一个电解质体系，几乎发生在土壤中的所有腐蚀类型其本质都是电化学过程。因此，腐蚀电化学成熟的理论和测试技术是探索土壤腐蚀本质的有力工具。本章主要内容就是阐述土壤腐蚀电池原理、土壤腐蚀电化学热力学、土壤腐蚀电化学动力学、土壤中的析氢和吸氧电极反应腐蚀理论、土壤腐蚀的金属钝化和土壤腐蚀微区电化学等材料土壤腐蚀最基本的理论。

3.1　土壤腐蚀电池与电极过程

3.1.1　土壤宏电池

宏观腐蚀是指尺寸较大的金属材料不同部位存在着电位差，阴阳极不在同一地点的一类腐蚀。一般情况下，土壤中供氧不足、低 pH、高湿度区域为阳极区，而供氧充足、低含盐量、高 pH 和中等含水量区域为阴极区。阳极区和阴极区相距较远，土壤介质的电阻在腐蚀电池回路总电阻中占据相当大的比例，因此宏电池腐蚀速率不仅与阳极和阴极电极过程有关，还与土壤电阻率密切相关，增大电阻率能降低宏电池腐蚀速率。宏观腐蚀在低电阻率土壤环境中，整个接地网与土壤存在电位差而形成腐蚀原电池，金属材料的电位比土壤低而被腐蚀。在盐碱土壤地区或使用降阻剂的地方，这种宏观原电池腐蚀尤其严重。另外，当接地网各部位所处的电解质浓度有差异(即土壤电阻率不同)或氧气浓度有差异时，接地网各部位也会产生电位差而形成腐蚀原电池。宏观腐蚀主要有氧浓差腐蚀、盐浓差腐蚀、酸浓差腐蚀、温度差腐蚀、应力差腐蚀及金属所处状态差导致的腐蚀等。

1) 氧浓差腐蚀宏电池

氧浓差腐蚀是地下构件产生严重局部腐蚀的主要原因之一，所形成的电池是最常见的腐蚀宏电池。其机理是当土壤结构或潮湿程度不同时，土壤介质中的氧含量(浓度)会有差别，这样与不同结构或湿度土壤接触的地下金属构件的表面就会建立起不同的氧电极电位，贫氧区的电位较低，而富氧区的电位较高，二者构成了腐蚀宏电池，在贫氧区的金属发生加速腐蚀。例如，埋地管道，特别是水平埋放的直径较大的管道及近地面处的立管，各处深度不同会构成氧浓差电池，管道下部由于氧到达比较困难，作为电池的阳极受到腐蚀；管道通过不同的地区，前一段为卵石层或疏松的碎石带，另一段为密实的黏土带，黏土带缺氧而电位低，碎石带氧气供应充足，黏土带管道就会遭受腐蚀；因土壤中氧的渗透性不同而形成的氧浓差电池，埋在密实潮湿土壤中的金属构件由于缺氧而电位较低，作为阳极而加速腐蚀，埋在疏松干燥土壤中的金属构件由于富氧电位较高，成为腐蚀电池的阴极而减缓腐蚀；埋设于地下长距离金属构件通过组成、结构不同的土壤时形成长距离宏观腐蚀电池。如图 3.1 所示，从土壤(Ⅰ)到另一种土壤(Ⅱ)的地方形成电池，一种可能原因是土壤中的氧渗透性不同而造成氧浓差电池，埋在密实潮湿的土壤中的钢成为阳极而腐蚀。

图 3.1　管道在结构不同土壤中所形成的氧浓差电池

2) 盐浓差腐蚀宏电池

受土壤不均匀性的影响，在大的范围内，由于土壤类型、土壤质地、地下水、渗透率、松紧度、含盐量等的变化，处于不同地段的碳钢自然腐蚀电位不同。对于因土壤中的盐含量不同而形成的盐浓差电池，处于盐浓度高的部位的金属电位较低，构成腐蚀电池的阳极而加速腐蚀。

3) 酸浓差腐蚀宏电池

地下金属构件处在酸度不同的土壤中，由于土壤酸度与总酸度的差异而产生的腐蚀电池，称为酸浓差电池。酸度低处金属表面为阴极，酸度高处的为阳极，酸度高处金属表面优先腐蚀。

4) 温度差腐蚀宏电池

温度差腐蚀是由金属表面土壤介质温度不同造成的。温度高处为阳极，温度低处为阴极，于是形成一个腐蚀宏电池，温度高处金属首先发生腐蚀。

5) 应力差腐蚀宏电池

土壤中埋设的金属管材，在冷弯变形最大的弯曲部位，将经受严重的腐蚀，这种由应力造成的腐蚀电池，称为应力差腐蚀宏电池，金属在高应力区将遭受严重腐蚀。变形最大的弯角部位由于产生应力集中，其应力较未变形部位更大，这种应力差会造成电位差而构成应力差电池，低应力区作为阴极得到保护，高应力区作为阳极遭受严重腐蚀。另外，在接地网焊接安装时，由于焊接应力及装配应力的存在，也能形成应力差腐蚀宏电池。

6) 金属所处状态差异导致的腐蚀宏电池

由于土壤中异种金属的接触、温差、应力及金属表面的状态不同，也能形成腐蚀，进而形成腐蚀宏电池，造成局部腐蚀。图 3.2 所示为土壤中新旧管道互相连接形成腐蚀电池的例子，旧钢材表面腐蚀产物的存在，使其电位较高而作为腐蚀电池的阴极，新钢材作为腐蚀电池的阳极加速腐蚀。对于由长距离宏观腐蚀电池作用下的土壤腐蚀，如地下管道经过透气性不同的土壤形成氧浓差腐蚀电池时，土壤的欧姆极化和氧阴极去极化共同成为土壤腐蚀的控制因素。因电位不同而形成的电偶腐蚀还包括不同金属间的接触，如钢与地下其他材质构件相连接的情况。对于这种不同金属接触的电偶腐蚀，阴阳极的面积比对金属的腐蚀影响很大。由于大部分土壤中金属的腐蚀过程受氧的扩散控制，阴极面积增加会增加其表面氧的吸附量，使流通电子数量增多，腐蚀电池的电流也随之增加，导致阳极加速腐蚀。当阴阳极面积的比率增大时，作为腐蚀电池阳极的金属腐蚀速率会显著增加，因此应尽量避免大阴极小阳极构件的出现。

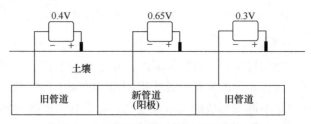

图 3.2　土壤新旧管道连接形成的腐蚀电池

3.1.2　土壤腐蚀微电池

由于金属材料表面性质的不均匀性，金属材料表面存在许多微小的、电位高低不等的区域，可构成不同微观腐蚀电池，主要类型如下。

(1) 金属表面化学成分不均匀构成的微电池。如工业纯锌中含有铁杂质 $FeZn_7$、碳钢中含有渗碳体 Fe_3C、铸铁中含有石墨等，在腐蚀介质中，金属表面就形成了许多微阴极和微阳极，因此导致腐蚀。

(2) 金属组织不均匀构成的微电池。传统的金属材料大多是晶态，存在着晶界和位错、空位、点阵畸变等晶体缺陷。晶界处由于晶体缺陷密度大，电位较晶粒内部低，因此构成晶粒-晶界腐蚀微电池，晶界作为腐蚀微电池的阳极而优先发生腐蚀，不锈钢的晶间腐蚀就是一个典型的例子。此外，金属及合金组织的不均匀性也能形成腐蚀微电池。

(3) 金属表面物理状态的不均匀构成的微电池。金属材料在机械加工、构件装配过程中，由于各部分应力分布不均匀，或形变不均匀，都将产生腐蚀微电池。变形大或受力较大的部位成为阳极而腐蚀。

(4) 金属表面膜不完整构成的微电池。无论是金属表面形成的钝化膜，还是镀覆的阴极性金属镀层，由于存在孔隙或发生破损，使得该处裸露的金属基体的电位较负，构成腐蚀微电池，孔隙或破损处作为阳极而受到腐蚀。

综上所述，由于土壤腐蚀是电化学腐蚀过程，在研究土壤腐蚀电化学时，腐蚀电池是非常重要的，是研究各种土壤腐蚀类型和腐蚀破坏形态的基础。

Srikanth 给出了典型的埋地结构示意图，见图 3.3。在非水饱和区，气体在土壤颗粒间形成连续气相,非水饱和区金属表面环境条件与水饱和区有明显的不同，同时，土壤的扰动使得在埋地结构表面附近形成独特的外部环境。均匀腐蚀和局

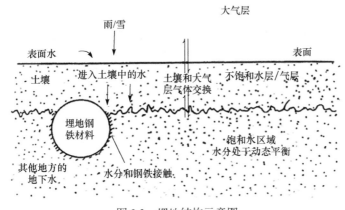

图 3.3　埋地结构示意图

部腐蚀(包括环境开裂)都需要水在金属表面来充当电解质溶液，土壤为电化学腐蚀过程提供了反应场所，也为微生物的生命活动提供了必要条件，土壤结构影响了氧等反应组分向金属表面的扩散，同时也影响了金属表面附近液相的化学成分。土壤腐蚀的形式有很多，Srikanth 将埋地管线的腐蚀形式主要归结为：①由材料不均匀性导致的局部腐蚀；②氯化物和硫化物导致的应力腐蚀开裂；③由邻近管线不同区域氧浓度不同而造成的浓差电池；④在缺氧环境下由硫酸盐还原菌(SRB)和产酸细菌(APB)导致的微生物腐蚀；⑤腐蚀产物在管线内部的结瘤；⑥土壤中杂散电流导致的腐蚀等。

　　土壤腐蚀和其他介质中的电化学腐蚀过程一样，都是金属和介质间电化学反应所形成的腐蚀原电池作用所致，这是腐蚀发生的根本原因。根据组成电池的电极大小，可把土壤腐蚀电池分成两类：一类为微观腐蚀电池，它是指阴阳极过程发生在同一地点，电极尺寸小，常造成均匀腐蚀，由于微阳极和微阴极相距非常近，这时土壤腐蚀性一般不依赖于土壤电阻率，而是依赖于阴、阳极极化性质，较小尺寸构件的腐蚀可以认为是微电池的作用，微电池腐蚀对地下管线的危害性较小；另一类是宏观腐蚀电池，它是指金属材料不同部位存在着电位差，阴、阳极不在同一地点，电极尺寸比较大的一类腐蚀，一般不易发生均匀腐蚀。宏观腐蚀电池多是由氧浓差引起的，一般情况下，供氧不足、低 pH、高湿度区域为阳极区，该区域的 pH 由于金属阳离子的水解而逐渐下降，在腐蚀电池中腐蚀被限制于该区域内；供氧充足、低含盐量、高 pH 和中等含水量区域为阴极区，其 pH 随反应的进行而逐渐增加。由于阳极区和阴极区相距较远，土壤介质电阻在腐蚀电池回路总电阻中占有相当大的比例，因此宏电池腐蚀速率不仅与阳极和阴极的电极过程有关，还与土壤电阻率密切相关，增大电阻率，能降低宏电池腐蚀速率。

3.1.3　土壤腐蚀电极过程

　　金属在土壤中的电极电位取决于两个因素：一是金属的种类及表面性质，二是土壤介质的物理、化学性质。土壤是一种不均匀、相对固定的介质，因此土壤理化性质在不同部位往往是不同的，这样在土壤中的金属构件上，不同部位的电极电位也是不相等的。金属只要有两个不同的电极电位系统，在土壤介质中就会形成腐蚀电池，电位较正的是阴极，电位较负的是阳极，构成了土壤腐蚀的电化学过程。金属在中、碱性土壤中腐蚀时，阴极过程为氧的还原，在阴极区生成 OH^-：

$$O_2 + 2H_2O + 4e^- \longrightarrow 4OH^- \tag{3.1}$$

阳极过程是金属溶解：

$$Fe \longrightarrow Fe^{2+} + 2e^- \tag{3.2}$$

Fe^{2+}和 OH^-间的次生反应生成 $Fe(OH)_2$：

$$Fe^{2+} + 2OH^- \longrightarrow Fe(OH)_2 \tag{3.3}$$

在有氧存在时，$Fe(OH)_2$ 被氧化成为溶解度很小的 $Fe(OH)_3$：

$$2Fe(OH)_2 + 1/2O_2 + H_2O \longrightarrow 2Fe(OH)_3 \tag{3.4}$$

$Fe(OH)_3$ 不稳定，会转变成更稳定的产物：

$$Fe(OH)_3 \longrightarrow FeOOH + H_2O \tag{3.5}$$

$$2Fe(OH)_3 \longrightarrow Fe_2O_3 \cdot 3H_2O \longrightarrow Fe_2O_3 + 3H_2O \tag{3.6}$$

当土壤中存在 HCO_3^-、CO_3^{2-} 和 S^{2-} 时，它们与阳极区附近的金属阳离子反应，生成不溶性的腐蚀产物 $FeCO_3$ 和 FeS。

金属在酸性土壤中的阴极反应也是控制过程。当 pH>4 时，阴极过程受氧的扩散步骤控制。在我国酸性土壤中，绝大多数是 pH>4 的情况，也就是阴极过程主要以氧扩散控制为主。随着土壤酸度的提高，氢去极化过程也参与到阴极反应中：

$$2H^+ + 2e^- \longrightarrow H_2 \tag{3.7}$$

在酸性较强的土壤中，铁的腐蚀产物以离子状态存在于土壤中。在厌氧条件下，如果硫酸盐还原菌存在，硫酸盐还原也可作为土壤腐蚀的阴极反应：

$$SO_4^{2-} + 4H_2O + 8e^- \longrightarrow S^{2-} + 8OH^- \tag{3.8}$$

当金属(M)由高价还原成低价离子时，也可以成为土壤腐蚀的阴极过程：

$$M^{3+} + e^- \longrightarrow M^{2+} \tag{3.9}$$

在潮湿土壤中，金属材料的阳极过程和溶液中相类似，其阳极过程没有明显的阻碍，其阴极过程主要是氧去极化，在强酸性土壤中，氢去极化过程也能参与进行，在某些情况下，还有微生物参与的阴极还原过程。在干燥、透气性良好的土壤中，阴极过程的进行方式接近于大气中的腐蚀行为，阳极过程因钝化及离子水化困难而有很大的极化。有研究表明，新疆沙漠盐渍土壤中的腐蚀机理为，其阳极过程为铁的溶解，经一系列变化最终形成褐铁矿，阴极反应为扩散控制的氧去极化过程，腐蚀受阴极扩散控制，扩散控制程度随温度升高和含水量增加而增大。氧向地下金属构件表面扩散是一个非常缓慢的过程，与在一般电解液中不同，土壤中氧扩散过程不仅受到紧靠着阴极表面的电解质的限制，而且受到阴极周围土层的阻碍，氧的扩散速率不仅取决于金属材料的埋设深度、土壤结构、湿度、松紧程度(扰动土还是非扰动土)，还和土壤中胶体离子含量等因素有关。

金属土壤腐蚀阳极过程的特点为：铁在潮湿土壤中的阳极过程和在溶液中的腐蚀过程相类似，阳极过程没有明显的阻碍；在干燥且透气性良好的土壤中，阳极过程接近于大气腐蚀的阳极行为，即阳极过程因钝化和离子水化的困难而产生很大的变化。一般金属在潮湿的土壤中总的腐蚀远比干燥土壤中严重。在长时间的腐蚀过程中，由于腐蚀的次生反应所生成的不溶性腐蚀物的屏蔽作用，可以观察到阳极极化组件增大。根据金属在潮湿、透气不良且含有氯离子的土壤中的阳极极化行为，可以将金属分为以下四类。

(1) 阳极溶解时发生显著阳极极化的金属，如 Mg、Zn、Al、Mn、Sn 等。

(2) 阳极溶解过程的极化率较低，其极化程度取决于金属离子化反应的过电位的金属，如 Fe、碳钢、Cu、Pb。

(3) 因阳极钝化而具有较高的起始极化率的金属。在更高的阳极电位下，阳极钝化又因土壤中存有氯离子而受到损害，如 Cr、Zr，以及含 Cr 或 CrNi 的不锈钢。

(4) 在土壤条件下不发生阳极溶解的金属，如 Ti、Ta，这类金属是完全钝化稳定的。

钢在土壤中生成的不溶性腐蚀产物与基体结合不牢，对钢材的保护性差，但由于紧靠电极的土壤的介质缺乏搅动，不溶性腐蚀产物和细小的土粒黏在一起，形成紧密层，因此土壤的增加，将使阳极过程受到阻碍，导致阳极极化增大。若土壤中含有钙，Ca^{2+} 和 CO_3^{2-} 结合生成 $CaCO_3$，与铁的腐蚀产物黏结在一起，阻碍阳极过程。

金属土壤腐蚀阴极过程的特点为：常用金属，如钢铁，其土壤腐蚀阴极过程主要是氧的去极化；在强酸性土壤中，氢去极化过程可能参与；在某些情况下，微生物可能参与阴极还原过程。

在弱碱性或者中性土壤环境中，土壤腐蚀的阴极过程是氧去极化反应：

$$O_2 + 2H_2O + 4e^- \longrightarrow 4OH^- \tag{3.10}$$

在酸性很强的土壤中，才会出现析氢反应：

$$2H^+ + 2e^- \longrightarrow H_2 \tag{3.11}$$

在缺氧环境下，又存在盐酸盐还原菌的作用，硫酸根离子的去极化过程作为腐蚀的阴极过程。

土壤中氧的去极化过程同样是两个基本步骤，即氧向阴极的传输和氧离子化的阴极反应。土壤中氧离子化反应和在普通的电解液中相同，但氧的传输过程比在电解液里更为复杂。氧在多相结构的土壤中有气相和液相两条传输途径。①土壤中气相或液相的定向流动。定向流动的程度取决于土壤表层温度的周期波动、大气压力及土壤湿度的变化、下雨、风吹及地下水涨落等因素。这些变化能引起空气及饱和空气中水分的吸入和流动，使氧的传输速度远远超过纯粹扩散过程的速度。对于疏松的粗粒结构的土壤来说，氧依靠这种方式传递的速度是很大的。对于密实潮湿的土壤，氧的这种传送方式的速度则很小。这就导致氧在不同土壤中传送速度的差异。②在土壤的气相和液相中的扩散。氧的扩散过程是土壤中供氧的主要途径。氧的扩散速度取决于土层的厚度、结构和湿度。对于颗粒状的疏松的土壤来说，氧的输送还是比较快的。相反，在紧密的高度潮湿的土壤中，氧的输送效率是非常低的。尤其是在排水和通气不良，甚至是水饱和的土壤中，因土壤结构很细，氧的扩散速度很低。厚的土层将阻碍氧的扩散，随着湿度和黏土含量的增加，氧的扩散速度可以降低 3~4 个数量级。在氧向金属表面扩散过程中，最后还要通过金属表面在土壤毛细孔隙下形成电解液薄层及腐蚀产物层。

实践证明，对于金属构件在土壤中的腐蚀，阴极过程是主要的控制步骤，而这种过程受氧输送所控制。因为氧从地面向地下的金属构件表面扩散是一个非常缓慢的过程，与传统的电解液中的腐蚀不同，在土壤条件下，氧的进入不仅受到紧靠着阴极表面的电解质(扩散层)的限制，而且受到阴极上面整个土层的阻力等，输送氧的主要途径是氧在土壤气相中(孔隙)的扩散。氧的扩散速度不仅取决于金属构件的埋没深度，还受土壤结构、湿度、松紧程度及土壤中胶体粒子含量等因素的影响。

根据以上对土壤腐蚀的阳极、阴极过程的分析，可以预测在土壤条件下腐蚀电池的三种控制过程。对于大多数土壤来说，当腐蚀取决于腐蚀微电池时，腐蚀过程强烈地为阴极过程所控制，如图 3.4(a)所示，这和完全浸没在静止电解液中的情况相似；在疏松干燥的土壤中，腐蚀过程转变为阳极控制占据优势，如图 3.4(b)所示，这时类似于大气腐蚀；地下管道经过透气性不同的土壤形成氧浓差腐蚀电池时，土壤的电阻成为主要的腐蚀控制因素，其控制特征是阴极-阳极混合控制，如图 3.4(c)所示。

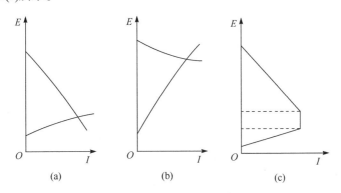

图 3.4 土壤腐蚀过程控制特征

(a)阴极控制；(b)阳极控制；(c)阴极-阳极混合控制

3.2 土壤腐蚀电化学热力学

布拜图是土壤腐蚀电化学热力学分析的重要基础，图 3.5 给出了铁和铜的布拜图，用于钢铁材料和铜合金的土壤腐蚀电化学的热力学分析。

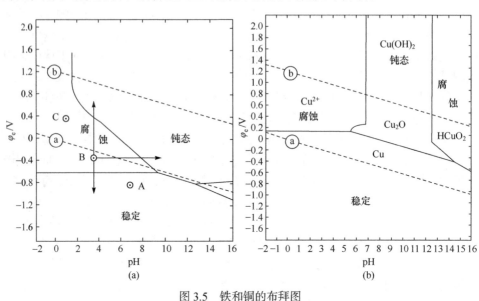

图 3.5　铁和铜的布拜图
(a)铁；(b)铜

3.3　土壤腐蚀电化学动力学

3.3.1　土壤腐蚀电阻率及其分析

　　土壤电阻率是表征其导电性的基本参数，对于接地装置而言，土壤电阻率对接地电阻大小起着决定性作用。在腐蚀领域，以土壤电阻率来划分土壤腐蚀性也是各国常用的方法，一般情况下电阻率小、腐蚀性强，这对于大多数中碱性土壤是适用的。土壤电阻率测试方法按施加的电信号可分为直流法和交流法，按电极数量可分为二电极法和四电极法(图 3.6)。例如，直流四电极法装置内部尺寸为 20mm×20mm×500mm，在 A、B 两点间利用直流恒电流源施加恒电流，利用电位计测量 C、D 两点间的电压降，利用欧姆定律求得土壤电阻率。

$$\rho = \frac{RS}{L} = \frac{\Delta VS}{IL} \tag{3.12}$$

其中，ΔV 为测量电极 C、D 间的电位差；S 为土壤电阻率测试箱(Miller soil box)截面积；L 为测量电极 C、D 间距；I 为外加电流。改变 A、B 间电流大小，从而改变 C、D 间的电位差，用以测量土壤电阻率随电位梯度的变化情况。同时改变土壤含水量来研究土壤电阻率与含水量之间的关系。

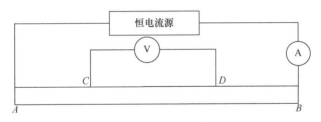

图 3.6　四电极法测量土壤电阻率

图 3.7 给出了五种不同含水量大港盐碱土电阻率与电位梯度间的关系，可见：大港盐碱土电阻率随含水量增加而降低，特别是在含水量较低时，电阻率随含水量的变化较明显，而高含水量土壤，其电阻率随水量的变化较小，不同含水量大港盐碱土的最小电阻率见表 3.1。

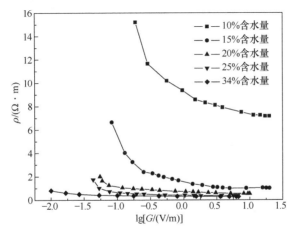

图 3.7　五种不同含水量大港盐碱土电阻率与电位梯度间的关系

表 3.1　不同含水量大港盐碱土的最小电阻率

含水量/%	10	15	20	25	34
$\rho/(\Omega \cdot m)$	7.15	1.01	0.53	0.37	0.27

影响土壤电阻率的因素很多，归纳起来主要有三类，第一类是与土壤结构有关的因素，包含孔隙度、含水量和土壤结构；第二类是表征土壤颗粒特征的因素，包含土壤颗粒形状与方位、粒度分布、阳离子交换能力与润湿性等；第三类是与土壤溶液有关的因素，它随外部环境条件变化而改变，主要有孔隙水电阻率、阳离子组成与外界温度等。这三类因素对土壤电阻率的影响并不是独立的，而是相互影响、相互作用。土壤主要是靠离子导电，大多数完全干燥的土壤和岩石是具有很高电阻率的电绝缘体。只有在土壤中含有足够量的水，填充土壤孔穴形成导

电通路的条件下，土壤才具有导电性。水对土壤电阻率的影响来自三方面：含水量影响导电通路截面积和带电离子溶液黏度，即影响带电离子迁移率；土壤溶入水中的带电离子种类和数量；流入土壤的水中原有的带电离子种类和数量。电导率随含水量的增加而增大，两者基本呈线性关系，而磁化系数则与土壤中的铁磁性材料的数量有关，含水量变化对其数值大小基本没有影响。

图 3.8 给出了一种土壤导电模型：土壤三相体系中，电阻率是孔隙水、土壤颗粒与土壤结构等共同作用的结果。土壤导电性涉及三种不同的途径：①通过固/液界面的交换性离子导电；②通过孔隙水液相导电；③通过表面直接接触的固相导电。

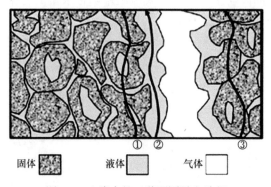

图 3.8　土壤中的三种不同导电路径

在高含水量情况下，土壤主要是通过孔隙水液相导电，其余两种途径的导电可以忽略不计，而在含水量较低的土壤中则不得不考虑固/液界面交换性离子导电和固相导电。因而其导电过程可以用图 3.9 所示的等效电路来表示。

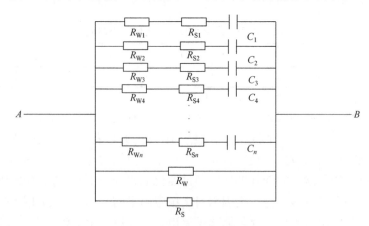

图 3.9　土壤导电等效电路图

图 3.9 中，假设在土壤中有 n 条第一种导电途径，$R_{W1} \sim R_{Wn}$ 为图 3.8 中第一种导电途径，即通过固/液界面交换性离子导电的各个通路上的液相电阻；$R_{S1} \sim R_{Sn}$ 为第一种导电途径中各个通路上的固相电阻；$C_1 \sim C_n$ 为各个通路上的固/液界面电容，它一般是由存在于土壤微孔或毛细管界面上物理或化学吸附的离子形成，其在通电时表现为"双电层电容"性质，此电容效应与土壤中孔隙尺寸及孔隙间的联结高度相关。R_W 为第二种导电途径，即孔隙水液相导电电阻；R_S 为第三种导电途径，即表面直接接触固相导电电阻。

当 A、B 间的电压很低时，其不足以击穿 $C_1 \sim C_n$，其间电阻 R 为 R_W 和 R_S 并联的结果，则其电导可表示为

$$Y = Y_W + Y_S \tag{3.13}$$

其中，Y 为 A、B 间的电导；Y_W 为液相导电电导；Y_S 为固相导电电导。随 A、B 间的电压逐渐升高，固/液界面间的电容不断被击穿，此时 A、B 间的电导可以表示为

$$Y = Y_W + Y_S + \sum_{i=1}^{k} Y_i \tag{3.14}$$

其中，$k < n$，Y_i 为第一种导电途径中被导通的第 i 条通路电导：

$$Y_i = \frac{R_{Wi} + R_{Si}}{R_{Wi} R_{Si}} \tag{3.15}$$

A、B 两点间的电阻为

$$R = \frac{1}{Y} = \left(Y_W + Y_S + \sum_{i=1}^{k} Y_i \right)^{-1} \tag{3.16}$$

随外加电压的升高，k 逐渐增大，R 逐渐减小，当 A、B 间的电压足够高时，超过了所有 $C_1 \sim C_n$ 的击穿电压，此时所有的 n 条第一种导电途径被打通，则 A、B 间的电导可以表示为

$$Y = Y_W + Y_S + \sum_{i=1}^{n} Y_i \tag{3.17}$$

此时 A、B 两点间的电阻达到了最小值：

$$R = \frac{1}{Y} = \left(Y_W + Y_S + \sum_{i=1}^{n} Y_i \right)^{-1} \tag{3.18}$$

由此可见：A、B 间的电阻在外加电压较小时是一个渐变的过程，随电压的升高而逐渐趋于一个稳定的最小值。

对于含水量较低的土壤，由于其孔隙水较少，形成的孔隙水液相导电通道也比较少，有时甚至根本不能形成连续的孔隙水通道，因而此时第一种和第三种导

电途径的作用不能忽略，其电阻随着外加电压的升高而减小。对于高含水量土壤，其内部形成了大量的液相导电通道，由于孔隙水的导电能力远大于土壤固相，离子主要通过液相流动，其中第一和第三种导电途径的作用可以忽略不计，因而其导电行为更接近在电解质溶液中导电，由式(3.18)可以看出，其电阻率与电位梯度无关，图 3.7 中不同含水条件下电阻率与电位梯度的关系也证实了这一点。

3.3.2　碳钢在不同含水量大港盐碱土中的腐蚀电化学行为

与在溶液中相比，金属材料在土壤中的腐蚀行为要复杂得多，除了土壤溶液成分外，含水量、温度、土质结构和埋样深度等对材料土壤腐蚀行为也有较大影响。随降雨量的变化和季候更迭，土壤的含水量、温度、电阻率等指标连续发生变化，不同环境条件下材料的土壤腐蚀特征也是不同的。低含水量土壤中，由于供氧充足，腐蚀的阴极过程比较容易进行，而其阳极过程则因离子水化困难而受到阻滞；在高含水量土壤中，由于受到氧的扩散控制，其主要表现为阴极控制特征。温度升高促进了电极过程和土壤介质中的传质过程，但是在高温土壤中的氧含量降低、腐蚀产物的数量增多，对电极过程产生一定的抑制作用。Q235 钢在五种不同含水量大港盐碱土中的极化曲线及线性极化电阻见图 3.10 和表 3.2。

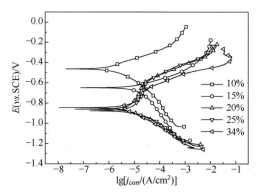

图 3.10　Q235 钢在不同含水量大港盐碱土中的极化曲线

表 3.2　Q235 钢在不同含水量大港盐碱土中的线性极化电阻

含水量/%	10	15	20	25	34
线性极化电阻 R_p/Ω	5128	3537	1431	1810	1789

从图 3.10 可以看出：随含水量增加，Q235 钢的腐蚀电位负移，中、低含水量(10%~20%)时，腐蚀电位变化较大，而达到20%含水量以后，腐蚀电位基本不随含水量的增加而变化。从腐蚀电流密度可以看出：含水量从 10%增加到 20%时，腐蚀电流密度从 3.3μA/cm² 增加到 15.9μA/cm²，对于 20%~34%含水量，腐蚀电

流密度在 14.9～17.1μA/cm² 之间基本维持不变。在 10%和 15%含水量时，Q235 钢的阳极过程没有明显的阻滞，在 20%、25%、34%这三种含水量的土壤中，其阳极过程在 100～200mV 极化区间受到一定的阻滞。

开路电位下，Q235 钢在不同含水量大港盐碱土中的 Nyquist 图和 Bode 图分别如图 3.11 和图 3.12 所示。

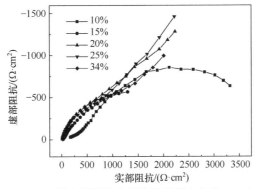

图 3.11　Q235 钢在不同含水量大港盐碱土中的 Nyquist 图

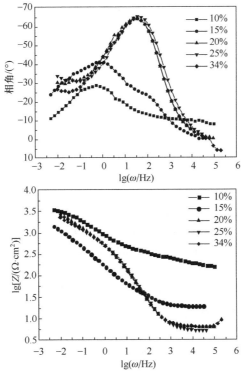

图 3.12　Q235 钢在不同含水量大港盐碱土中的 Bode 图

ω代表频率

　　Q235 钢在低含水量大港盐碱土中的 Nyquist 图表现为两个时间常数的单容抗弧,其电极过程主要受到电极电位和电极表面结合层的影响;而在中、高含水量(≥20%)大港盐碱土中, 其 Bode 图基本重合, 即在大港盐碱土中, 当含水量达到一定值后, 含水量增加对 Q235 钢电极过程的影响不大。Q235 钢在含水量为 10%和15%的大港盐碱土中的等效电路可以用 $R_s\{Q_1[R_1(Q_{dl}R_t)]\}$拟合, 其中 R_s 为介质电阻, Q_1 和 Q_{dl} 分别为电极表面结合层电容和双电层电容, R_1 和 R_t 分别为结合层电阻和电荷转移电阻;对于 20%、25%、34%三种高含水量大港盐碱土, 其等效电路可以表示为 $R_s[Q_{dl}(R_tW)]$。对 Q235 钢在不同含水量大港盐碱土中的电化学阻抗谱(EIS)等效电路进行拟合, 其电荷转移电阻 R_t 随含水量的变化情况如图 3.13 所示。

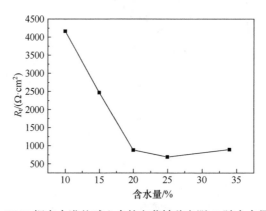

图 3.13　Q235 钢在大港盐碱土中的电荷转移电阻 R_t 随含水量的变化

　　可以看出: 在含水量为 20%、25%和 34%的大港盐碱土中, Q235 钢的 Nyquist 图低频区为明显的扩散控制特征, 对这三种含水土壤中 EIS 结果进行等效电路拟合时引入了 Warburg 阻抗。扩散阻抗的出现主要是由于高含水量土壤中, 土壤孔隙大部分被土壤溶液所充满, 土壤溶液中氧含量较低, 因而氧向电极表面的扩散步骤成为电极反应的控制步骤。

　　随含水量增加, 电极表面上逐渐形成了连续的液膜, 电极反应生成的 Fe^{2+} 水化更容易进行, 结合层电阻 R_1 和电荷转移电阻 R_t 逐渐减小, 其中结合层电阻 R_1 与含水量的相关性很大, 其随水量增加而减小, 原因在于: 在低含水量土壤中试样发生坑、点腐蚀, 腐蚀产物集中于坑、点腐蚀区, 结合层因缺乏水分而导电性低, 在高含水量土壤中, 水分使土壤成为连续的电解质, 结合层为水饱和, 导电性相对较好, 其对电极过程的影响可以忽略不计, 而电荷转移电阻也逐渐趋于稳定。利用极化曲线拟合出的腐蚀电流密度 j_{corr} 与 EIS 等效电路拟合的电荷转移电阻 R_t 的变化规律是相对应的, 低含水量时, 较小的腐蚀电流密度 j_{corr} 对应着较大的电荷转移电阻 R_t, 而在 20%、25%和 34%这三种高含水量条件下, 较大的 j_{corr}

对应着较小的 R_t，且 j_{corr} 和 R_t 的变化都相对较小。

　　然而实际情况都存在极化现象，对于 Q235 钢在滨海盐土中的腐蚀过程，其阳极过程为铁的阳极溶解，生成非晶态羟基氧化铁，经老化最终生成褐铁矿；其阴极过程为氧的去极化过程。在腐蚀电极表面上，阳极反应和阴极反应同时进行，当阳极反应电流密度 j_a 和阴极反应电流密度 j_c 的数值相等，即外测电流密度为零时，腐蚀金属电极电位就是它的腐蚀电位 E_{corr}。根据 Butler-Volmer 方程，对于活化控制的电极过程，其阳极反应电流密度 j_a 和阴极反应电流密度 j_c 与极化值 ΔE 之间的关系可以表示为

$$j_a = j_{corr}\left[\exp\left(\frac{\Delta E}{\beta_a}\right)\right] \tag{3.19}$$

$$j_c = j_{corr}\left[\exp\left(-\frac{\Delta E}{\beta_c}\right)\right] \tag{3.20}$$

其中，j_{corr} 为腐蚀电流密度；β_a 和 β_c 分别为阳极和阴极反应的 Tafel 斜率的自然对数。从式(3.19)和式(3.20)可以看出：阳极极化时，随极化值 ΔE 增加，电极表面上的阳极反应电流密度增大而阴极反应电流密度减小；阴极极化时，随极化值增加，电极表面上的阳极反应电流密度减小而阴极反应电流密度增大。在活性区腐蚀情况下，β_a 的数值范围一般为 13～52mV，而 β_c 的数值一般较大，至少约为 52mV，在这里取 β_a 分别为 13mV、26mV、52mV，β_c 分别分别为 52mV 和 104mV，计算不同极化条件下阳极和阴极反应电流密度的变化情况，见表 3.3。

表 3.3　不同极化条件下阴、阳极反应电流密度的变化

| ΔE/mV | 电流密度/(A/cm²) | | | | |
| | 阳极反应 | | | 阴极反应 | |
	β_a=13mV	β_a=26mV	β_a=52mV	β_c=52mV	β_c=104mV
−150	9.75×10^{-6}	3.12×10^{-3}	5.59×10^{-2}	17.9	4.23
−100	4.56×10^{-4}	2.14×10^{-2}	1.46×10^{-1}	6.84	2.62
−50	2.14×10^{-2}	1.46×10^{-1}	3.82×10^{-1}	2.62	1.62
0	1	1	1	1	1
50	46.8	6.84	2.62	3.82×10^{-1}	6.18×10^{-1}
100	2.19×10^3	46.8	6.84	1.46×10^{-1}	3.82×10^{-1}
150	1.03×10^5	3.20×10^2	1.79×10^1	5.59×10^{-2}	2.36×10^{-1}

　　从表 3.3 中的数据可以看出：极化条件下的阴、阳极反应电流密度不仅与极

化值 ΔE 有关，Tafel 斜率的大小更是对其变化起着决定性作用，Tafel 斜率越小，电流密度对极化值变化越敏感，在较小的极化值下，电极反应电流密度就可产生较大变化。在某一极化条件下，对于表 3.3 中所给定的几个 Tafel 斜率值，当 β_a=13mV，β_c=52mV 时，阴、阳极反应电流密度的差异最大；而当 β_a=52mV，β_c=104mV 时，阴、阳极反应电流密度的差异最小。随阴、阳极 Tafel 斜率的不同，在+50mV 极化时，阳极反应电流密度是阴极反应电流密度的 4.24～123 倍，而在 –50mV 极化时，阴极反应电流密度是阳极反应电流密度的 4.24～123 倍。

　　为了研究电极表面上单独的阳极和阴极过程，分别在极化值为+50mV 和 –50mV 时进行了电化学阻抗谱测量，在这里施加较小的极化值是为了减小极化作用对电极表面的影响，认为在+50mV 极化电位下的 EIS 主要反映电极表面上的阳极过程，与其耦合的阴极反应可以忽略不计，而在–50mV 下的 EIS 主要反映了阴极过程。在这里选取 10%、20%和34%这三种不同含水量的大港盐碱土，分别代表大港盐碱土的低、中、高三种不同含水状态。在极化条件下的 Nyquist 图和 Bode 图见图 3.14～图 3.19，为了便于比较，同时将开路条件下的相应图线绘于图中。

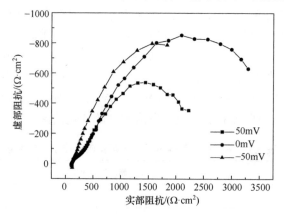

图 3.14　Q235 钢在 10%含水量大港盐碱土中极化条件下的 Nyquist 图

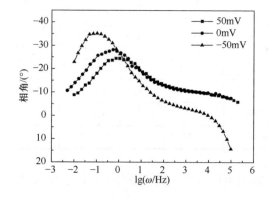

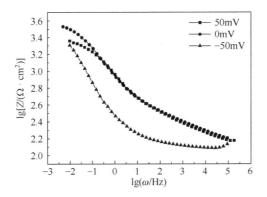

图 3.15　Q235 钢在 10%含水量大港盐碱土中极化条件下的 Bode 图

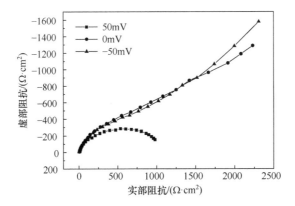

图 3.16　Q235 钢在 20%含水量大港盐碱土中极化条件下的 Nyquist 图

在 10%含水条件下，利用 $R_s\{Q_1[R_1(Q_{dl}R_t)]\}$ 等效电路对其在不同极化条件下的 EIS 结果进行拟合；对于 20%、34%含水量，利用 $R_s\{Q_1[R_1(Q_{dl}R_t)]\}$ 拟合其阳极极化条件下的 EIS，对于阴极极化下的 EIS，用 $R[Q_{dl}(R_tW)]$ 对其进行拟合。

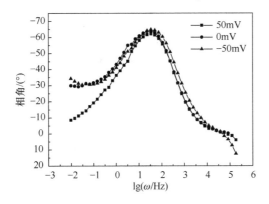

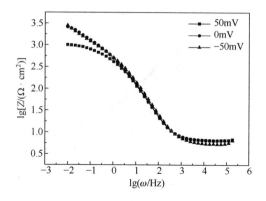

图 3.17　Q235 钢在 20%含水量大港盐碱土中极化条件下的 Bode 图

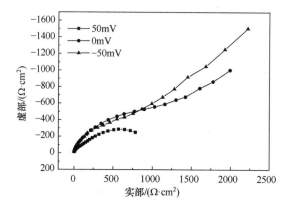

图 3.18　Q235 钢在 34%含水量大港盐碱土中极化条件下的 Nyquist 图

从试验结果可以看出：含水量低时，Q235 钢在三种极化条件下的 EIS 均为两个时间常数的容抗弧，其阳极和阴极反应由于含水量低，试样表面上不能形成连续的液膜，离子水化困难，反应阻力较大，表现为具有较高的 R_t 值，低含水量情况下，由于供氧充足，阴极过程没有明显的扩散控制特征，结合层电阻在阳极极

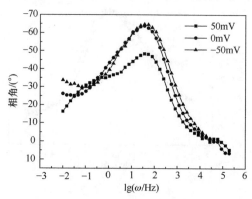

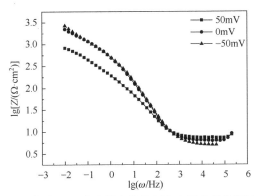

图 3.19 Q235 钢在 34%含水量大港盐碱土中极化条件下的 Bode 图

化时最大，而在阴极极化时最小，由此可以判断试样表面结合层对阳极反应的阻碍更大一些。在中、高含水量(20%和 34%)的大港盐碱土中，阳极极化条件的 EIS 也表现为两个时间常数的容抗弧，随含水量增加，离子水化变得更容易进行，电极反应阻力逐渐减小，因而其电荷转移电阻 R_t 明显降低，同时其结合层电阻也较低含水量时明显减小；在开路和阴极极化条件下，由于此时土壤中氧含量降低，氧的扩散成为电极反应的控制步骤,因而在 EIS 低频区表现为扩散控制特征。从 Nyquist 图和 Bode 图中还可以看出：对于中、高含水量大港盐碱土，其在开路和阴极极化时的 EIS 基本重合，即在开路电位下，Q235 钢的电极过程主要受阴极反应控制，此外，在中、高含水量条件下，结合层电阻对开路和阴极极化条件下的 EIS 影响很小，可以忽略不计，在阳极极化条件下，结合层电阻 R_l 随含水量增加而降低。

含水量对 Q235 钢腐蚀电位的影响从图 3.20 可以看出：随含水量增加，Q235 钢的腐蚀电位和零电流电位均向负方向移动，其腐蚀电位从 10%含水量时的 −545mV(vs.SCE) 负移到 34%含水量时的−727mV(vs.SCE)。中、低含水量(10%～20%)时，腐蚀电位随含水量增加负移较快，而含水达到 20%以后，其腐蚀电位维持在−720～−730mV(vs.SCE)之间，基本不随含水量的增加而变化。

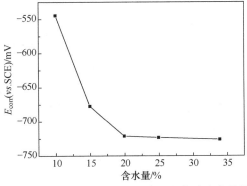

图 3.20 Q235 钢在大港盐碱土中腐蚀电位随含水量的变化

不同含水量大港盐碱土中的腐蚀控制特征可用图 3.21 来表示，其中，E_{ceq}、E_{aeq} 和 E_{corr} 分别为阴极反应平衡电位、阳极反应平衡电位和腐蚀电位。

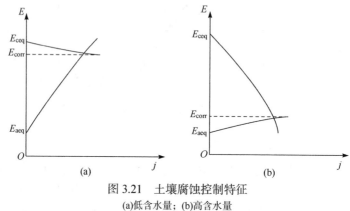

图 3.21　土壤腐蚀控制特征
(a)低含水量；(b)高含水量

腐蚀电位是一个混合电位，是电极表面上阳极反应和阴极反应耦合的结果，腐蚀电位负移意味着土壤中试样阳极溶解过程的增强。低含水量土壤中的阳极过程接近于大气中的腐蚀行为，因钝化及离子水化困难而有很大的阻碍；但此时土壤透气性好，从土壤孔隙中扩散的游离氧部分溶解在土壤电解质溶液中，并扩散到电极表面，从而促进了阴极过程的进行。在高含水量土壤中，阳极过程与溶液中相类似，由于土壤溶液中氧含量较低，其电极过程表现为明显的阴极控制，腐蚀电位随阴极控制作用的增强而逐渐降低，当阴极控制作用达到一定程度时，腐蚀电位逐渐趋于一个稳定的最小值。

利用图 3.10 中的极化曲线，通过阴极 Tafel 区外推法计算不同含水量大港盐碱土中 Q235 钢的腐蚀电流密度，其腐蚀电流密度随含水量的变化如图 3.22 所示，在含水量较低时，腐蚀电流密度 j_{corr} 随水量增加而迅速增大，当含水量达到 20%以后，j_{corr} 基本维持在一个稳定值，含水量变化对其影响较小。低含水量时，由于土壤中水分缺乏，电极反应仅在试样部分表面上进行，并且金属离子化阻力较大，有部分表面在薄液膜下发生钝化，因而腐蚀速率较低，随含水量增加，试样表面上逐渐形成了连续的液膜，电极表面上的电化学过程更容易进行，电极反应速率随含水量增加而增大，当含水量达到 20%左右时，试样表面上已基本形成连续的液膜，含水量的变化对电极反应速率的影响逐渐减小。中、高含水量土壤中具有基本相同形状的极化曲线。在中、高含水量土壤中，试样表面反应较快，在阳极极化过程中生成较多的 Fe^{2+}，由于土壤中传质过程缓慢，在电极表面附近土壤中 Fe^{2+} 浓度较高，在一定程度上阻滞了阳极反应的进行，因而在 100~200mV 极化区间表现为类似于钝化过程的极化曲线特征，即在该极化区间内，电极反应速率变化较小，当极化值超过这个极化区间后，随极化值增加，电极反应速率迅速增大。

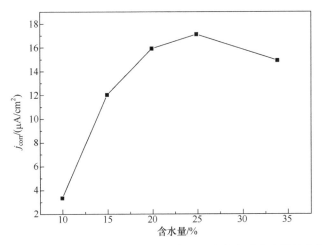

图 3.22　Q235 钢在大港盐碱土中的腐蚀电流密度随含水量的变化

3.3.3　碳钢在不同温度大港盐碱土中的腐蚀电化学行为

Q235 钢在 20%含水量、不同温度大港盐碱土中的极化曲线如图 3.23 所示，由极化曲线拟合出的相关参数见表 3.4，其中阳极 Tafel 斜率 β_a 为阳极极化 $100\sim 200\mathrm{mV}$ 区间的数据线性拟合的结果，腐蚀电流密度 j_{corr} 为极化曲线阴极 Tafel 区外推而获得，可以看出：随温度增加，Q235 钢在 20%含水量大港盐碱土中的极化曲线逐渐右移，腐蚀电流密度 j_{corr} 逐渐增大，从 20℃的 $15.9\mu\mathrm{A/cm^2}$ 增加到 70℃的 $69.2\mu\mathrm{A/cm^2}$。Q235 钢在 20%含水量大港盐碱土中线性极化电阻 R_p 随温度的变化情况如图 3.24 所示。

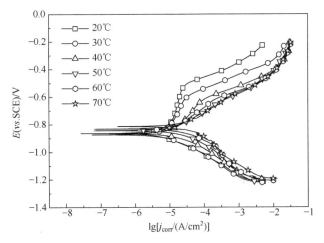

图 3.23　Q235 钢在不同温度 20%含水量大港盐碱土中的极化曲线

表3.4　Q235钢在不同温度20%含水量大港盐碱土中的线性极化电阻 R_p 和 B 值(Stern 系数)

温度/℃	20	30	40	50	60	70
R_p/Ω	3394	2519	1476	1093	911	651
B/mV	37.7	35.9	36.0	30.1	34.9	39.3

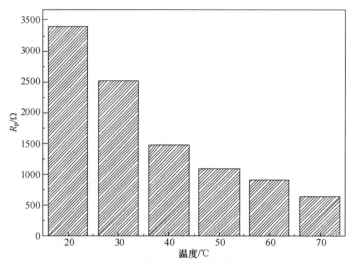

图 3.24　Q235 钢在不同温度 20%含水量大港盐碱土中的线性极化电阻

开路电位下,Q235钢在不同温度20%含水量大港盐碱土中的Nyquist图和Bode图见图3.25和图3.26。在20%含水量大港盐碱土中,Q235钢在不同温度下的EIS

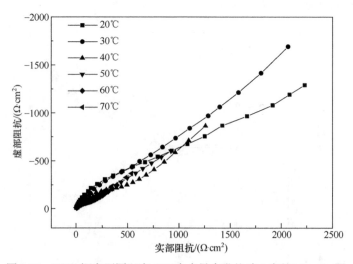

图 3.25　Q235 钢在不同温度 20%含水量大港盐碱土中的 Nyquist 图

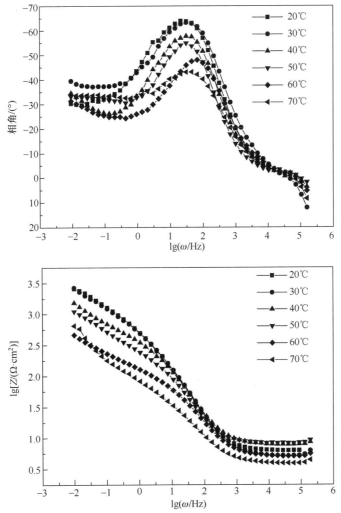

图 3.26　Q235 钢在不同温度 20%含水量大港盐碱土中的 Bode 图

高频区为一个时间常数的容抗弧，弧的直径随温度升高而减小，这也反映了其电荷转移电阻 R_t 随温度升高而降低的趋势，低频部分为一条直线，主要为 Warburg 阻抗控制，由于弥散效应，其与实轴的夹角与 45°有一定的偏差。

　　EIS 结果表明在试验温度范围内，Q235 钢电极反应中的传质过程是其控制步骤。随温度升高，阻抗谱模值逐渐减小，即温度升高促进了电极反应的进行。利用 ZSimpWin 软件，对 EIS 结果进行 $R_s[Q_{dl}(R_tW)]$ 等效电路拟合。其中电荷转移电阻随温度的变化情况见图 3.27。

　　温度是影响电极反应的一个主要因素，随温度升高，电极反应加快、反应物和反应生成物在土壤中的扩散速率增加，活性离子如 Cl⁻ 和 SO_4^{2-} 等反应能力增强，

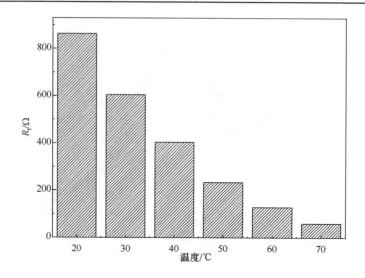

图 3.27　Q235 钢在不同温度 20%含水量大港盐碱土中的电荷转移电阻 R_t

穿越双电层的能力增大，这些都促进了电极反应的进行。但与此同时，土壤溶液中的氧含量一般随温度升高而降低。从试验结果可以看出：Q235 钢在 20%含水量大港盐碱土中的腐蚀电流密度 j_{corr} 随温度升高而增加，线性极化电阻 R_p 和电荷转移电阻 R_t 随温度升高而减小，温度升高加速了 Q235 钢在大港盐碱土中的腐蚀过程。以往关于温度对腐蚀速率影响的研究表明：水溶液中，在 70～90℃时腐蚀速率出现最大值，温度再升高腐蚀速率反而下降，一般认为温度升高使得阳极反应速率增大，同时腐蚀产物膜也容易形成，高温下形成的腐蚀产物膜比较致密，对基体的保护性更强，阻滞了基体进一步溶解，在这两个相互矛盾的因素共同作用下，腐蚀速率在 70～90℃时出现最大值也是可能的。

从图 3.23 可以看出：在阳极极化 100～200mV 区间，Q235 钢在温度较低的大港盐碱土中的电极反应速率变化较小，相应的 E-$\lg j_{corr}$ 曲线在该区域的斜率中 β_a 较大，当极化值超过这个区间后，随极化值增加，电极反应速率迅速增大。这种现象的出现主要有两种可能：①在电极表面生成了具有一定阻碍作用的腐蚀产物膜；②电极反应初期，试样表面反应较快，在阳极极化过程中生成了较多的 Fe^{2+}，由于土壤中传质过程缓慢，电极表面附近 Fe^{2+} 浓度较高，在一定程度上阻滞了阳极反应的进行。随温度升高，在 100～200mV 极化区间，E-$\lg j_{corr}$ 曲线的斜率 β_a 逐渐减小，这主要是由于电极反应速率和反应产物在土壤中的扩散速率逐渐增加。随温度增加，β_a 从 20℃时的 901mV 减小到 70℃时的 164mV，其与温度之间近似呈指数下降的关系，两者之间可以用 $\beta_a = 144.2 + 4593.5\exp\left(-\dfrac{T}{11.1}\right)$ 关系式进行拟合，其

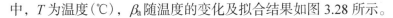

中，T 为温度（℃），β_a 随温度的变化及拟合结果如图 3.28 所示。

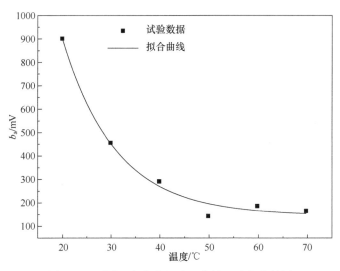

图 3.28　不同温度大港盐碱土中的 β_a 及拟合结果

此外，阴极 Tafel 斜率 β_c 随温度升高而逐渐增大，其从 20℃时的 96mV 增加到 70℃时的 202mV，这表明随温度增加，阴极过程中的扩散控制作用越来越明显。

线性极化技术是腐蚀速率测量的一种重要手段，利用 Stern-Geary 公式可以由线性极化电阻 R_p 计算出腐蚀电流的大小。其中 B 值一般可通过极化曲线中的 Tafel 斜率或腐蚀失重来获得。对于活性区均匀腐蚀，B 值的大小一般在 17～26mV 之间，我国石油天然气行业标准《埋地钢质管道干线电法保护技术管理规程》(SY/T 5919—1994)中给出的 B 值为 21.7mV。利用极化曲线结果所计算的 B 值在 30.1～39.3mV 之间(表 3.4)，平均值为 35.7mV。

从以上结果可以看出，利用极化曲线外推法得到的腐蚀电流密度和线性极化电阻的变化规律是相对应的：随温度增加，腐蚀电流密度 j_{corr} 增大，而相应的线性极化电阻 R_p 减小，j_{corr} 和 $1/R_p$ 间的关系如图 3.29 所示，可以看出 j_{corr} 和 $1/R_p$ 之间基本呈线性关系，通过线性拟合得到一条近似通过原点的直线，其斜率为 44.2mV。由 Stern-Geary 公式可知：j_{corr} 和 $1/R_p$ 的商对应着其中的 B 值，即在试验温度范围内，B 值维持在 44.2mV 左右。

将烘干的大港盐碱土配制成含水量(质量分数)分别为 10%、20% 和 34% 的土壤介质。试样埋入土壤中，利用水浴控制土壤温度为 20℃，分别在埋样后 1 天、3 天、6 天、10 天、20 天和 30 天在开路电位下进行 EIS 测量，研究不同含水量大港盐碱土中 EIS 的变化规律。结果表明：Q235 钢在 10% 含水量大港盐碱土中前 20 天的 EIS 表现为两个时间常数的双容抗弧，30 天的 EIS 表现为明显的扩散控制

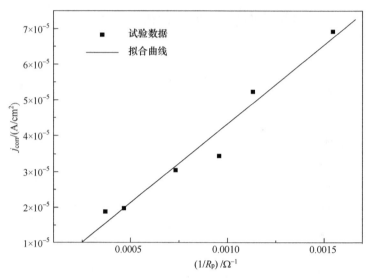

图 3.29　j_{corr} 随 $1/R_p$ 的变化情况及拟合结果

特征，其电荷转移电阻 R_t 和结合层电阻 R_1 在第 6 天达到最大值，等效电路拟合中表征界面双电层电容的常相位角元件 Q_{dl} 的模值随时间逐渐增加。Q235 钢在含水量 20% 和 34% 的大港盐碱土中的电极过程表现为明显的扩散控制特点，等效电路中 Warburg 阻抗的导纳值随时间逐渐减小，其电荷转移电阻 R_t 的变化规律为先减小后增加，分别在埋样的第 10 天和第 6 天达到最小值。

3.3.4　土壤腐蚀的金属钝化

金属钝化现象是指当金属处于一定条件时，介质中的金属表面形成具有阻止金属溶解作用的钝化膜。钝化膜既可能是单分子层至几个分子层的吸附膜，也可能是三维的氧化物或盐类膜。金属的钝化膜可分成五种类型。①吸附膜：由氧或其他物质的单分子或多分子层组成，如 Fe-Cr 合金在酸性溶液中形成氧单分子吸附膜。②三维氧化物膜：由氧的多分子吸附膜转变生长为氧化物膜，如 Fe 在酸性溶液中形成内层为 Fe_3O_4、外层为 $\gamma\text{-}Fe_2O_3$ 的钝化膜。③在无保护性膜上形成的成相膜，如 Co 上形成的钝化膜，在中性溶液中，首先形成无保护性的 CoO 膜，然后才形成 Co_3O_4 膜，Cu 在中性溶液中也会形成这类钝化膜，主要由 Cu_2O 和 CuO 组成。④氢氧化物沉积层覆盖的成相膜，如 Fe 在中性溶液中形成的钝化膜，其氧化物成相膜的厚度与电位呈线性关系，外层沉积层厚度与电位无关；Co 在碱性溶液中、Ti 在酸性溶液中形成的钝化膜都属于这种类型。⑤同组成的多孔膜覆盖的成相膜，如 Al 在阳极氧化后，在其表面形成多孔的氧化物膜。

金属材料表面形成的钝化膜很薄，难以用肉眼观察到。钝化膜的结构既可能是晶态也可能是非晶态。Fe_3O_4、$FeOOH$、$\gamma\text{-}Fe_2O_3$ 和 TiO_2 膜具有晶态结构，而不锈钢上的钝化膜则是非晶态结构。钝化膜的电学性质，即电子传导性质，是决定该金属耐蚀性的重要特性。大多数钝化膜是介于半导体和绝缘体之间的弱电子导体，钝化膜很薄时，氧化还原反应可通过其电子隧道效应来完成，使钝化膜具有电子导体的性质。钝性金属的溶解是通过钝化膜来进行的。钝化膜的溶解过程可表示为

$$M \longrightarrow M^{n+}(钝化膜) + ne^- \longrightarrow M^{n+}(钝化膜) \longrightarrow M^{n+}(水溶液)$$

溶解过程又有稳态和非稳态之分。在稳态条件下，穿过膜中的离子电流等于在膜/溶液界面的膜溶解电流。膜的溶解速度由膜/溶液界面 Helmholtz 层中的电位降所控制。膜的溶解电流的对数与 Helmholtz 层中电位降存在着线性关系，说明钝化膜的溶解是发生在膜/溶液界面的电化学反应过程。在非稳态条件下，钝化膜的溶解速度就不存在类似于稳态下的那种关系，而是与外加阳极电流的大小有关。在膜/溶液界面不仅发生离子 M^{n+} 穿过膜/溶液界面进入溶液的过程，还有氧离子 O^{2-} 进入膜中的过程。无论是在稳态还是非稳态条件，钝化膜的溶解速度都与膜/溶液界面双电层电位差有关。

金属钝态的稳定性可用佛拉德(Flade)电位来评价。当用阳极极化使金属处于钝化状态后，中断外加电流，这时金属的钝化状态就会消失，金属由钝化状态变回到活化状态，在钝化-活化转变过程的电位-时间曲线上，到达活化电位前有一个转折电位或特征电位，这个电位就称为佛拉德电位 EF。佛拉德电位 EF 越正，金属丧失钝态的倾向越大；反之，佛拉德电位 EF 越负，该金属越容易保持纯态，即钝化膜越稳定。金属的佛拉德电位 EF 与溶液的 pH 存在着良好的线性关系。例如，Fe 在 25℃时，EF 与 pH 有如下关系：

$$EF = 0.58 - 0.059\text{pH}(V, \ vs.\text{SCE}) \tag{3.21}$$

Cr、Ni 和 Fe-Cr 合金上的钝化膜也存在类似的线性关系。对于 Fe-Cr 合金来说，随着合金中 Cr 含量的增加，EF 逐渐变负，充分说明 Cr 含量增加提高了 Cr-Fe 合金的钝化性能。

长期以来，人们对金属的钝化做了大量的研究，提出了不少有关的钝化理论来阐述钝化的实质。目前形成了两大理论，即成相膜理论和吸附膜理论。

成相膜理论认为，金属溶解时，可在其表面上生成一种致密的、覆盖性良好的固体产物薄膜。该膜形成的独立相(成相膜)的厚度为 $1\sim10$nm，可用光学法测出。相成分可用电子衍射等手段进行分析。由于成相膜的存在，可把金属表面与介质隔离开来，增加了电极过程的发生难度，显著地降低了金属的溶解速度。

大多数成相膜由金属氧化物组成，在一定条件下，铬酸盐、磷酸盐、硅酸盐及难溶的硫酸盐和氯化物也可能构成成相膜。此外，如将钝化金属通以阴极电流进行活化，得到的阴极充电曲线(活化曲线)往往出现电位变化缓慢的平台。这表明，还原钝化膜需要消耗一定的电量(可由此来计算膜的厚度)。某些金属(Cd、Ag、Pb 等)上出现的活化电位与致钝电位很相近，说明钝化膜的生成与消失是在近乎可逆的条件下进行的。这些电位又往往与已知化合物的平衡电位很接近，并且电位随溶液 pH 的变化规律与平衡电位公式的计算值基本相符。据热力学计算，在金属电极上大多数金属氧化物的生成电位都比氧的析出电位负得多，这就是说，金属可以不通过与分子氧的作用而直接生成氧化物。上述事实有力地支持了成相膜理论。

显然，生成钝化膜的先决条件是在电极反应中能够生成固态产物。电位-pH图可以用来估计简单溶液中生成固态产物的可能性。大多数金属在强酸性溶液中生成溶解度很大的金属离子；部分金属在强碱性溶液中也可以生成具有一定溶解度的酸根离子(如 ZnO_2^{2-})；在近中性溶液中，阳极产物(多数是氢氧化物)的溶解度一般很小，实际上可认为是不溶解的。由此可以解释多数金属在中性溶液中易于钝化的原因。应当指出，也不是所有的固态产物都能形成钝化膜。例如，二次腐蚀产物是疏松的，有时根本不附着在金属表面上，这类固相沉积物并不能直接导致金属钝化。如果它们沉积于表面，仅能阻滞金属的正常溶解，可能促进钝化现象的出现。只有直接在金属表面上生成固相产物才能导致钝化，这种表面氧化物很可能是表面上的金属原子与定向吸附的水分子间的相互作用产生的。在碱性溶液中，这种表面氧化物是表面金属原子与吸附的 OH⁻作用而产生的。

卤素阴离子对钝化的影响是双重的。金属处于活化状态时，可以与水分子及OH⁻在电极表面竞争吸附，延缓或阻止钝化过程；当金属表面上生成成相钝化膜时，又可以在膜/溶液界面上吸附，并由于扩散及电场的作用，进入氧化膜而成为膜内的杂质组分，这种掺杂作用能显著地改变膜的离子和电子导电性，使金属的氧化速度增大。

吸附膜理论认为，金属钝化不需要生成成相的固态产物膜，只要在金属表面或部分表面上生成氧或含氧粒子的吸附层就够了。当这些粒子在金属表面上吸附后，改变了(金属/溶液)界面上的结构，使阳极反应的激活能显著升高。与成相膜理论不同，吸附膜理论认为，金属钝化是由于金属表面本身的反应能力降低了，而不是由于膜的机械隔离作用。金属表面所吸附的单分子层不一定需要完全覆盖表面，只要在最活泼、最先溶解的表面区吸附单分子层，便能抑制阳极过程，使金属钝化。电极表面上出现的吸附现象，可显著地降低电极反应的能力。电量测量的结果表明，在某些情况下，金属钝化只需十分之几毫库每平方厘米的电量就够了，即消耗的电量还不足以生成氧的单原子吸附层。

许多阴离子对处于钝态的金属有不同程度的活化作用，但几种阴离子同时存在时所表现出的活化效应并非各阴离子活化效应的总和。成相膜理论很难解释这类现象。吸附膜理论的解释是，钝化是由表面上吸附了某种含氧粒子所引起的，各种阴离子在足够正的电位下，通过竞争吸附，从电极表面上排除引起钝化的含氧粒子。从吸附膜理论出发，还可以圆满地解释铬、镍、铁等金属离子及其合金出现的过钝化现象。至于究竟哪种含氧粒子的吸附导致金属的钝化作用，尚无统一的看法。有的研究者认为是 OH$^-$，更多的人认为是氧原子。这些粒子的吸附电位随 pH 的变化应与氧化物电极平衡电位相同。但仅根据钝化电位或活化电位随 pH 变化的试验规律，并不能说明成相膜理论和吸附膜理论哪个正确，也不能确定吸附粒子的种类。事实上，引起钝化的不限于含氧粒子，汞和银在氯离子作用下，也可能发生钝化。

两种钝化理论之间的差别不仅是对钝化现象的实质有不同的看法，还涉及钝化现象的定义及吸附膜和成相膜的定义等问题。可以明确的过程是，当在金属表面形成第一层吸附氧层后，金属的溶解速度就大幅度下降；在吸附氧层的基础上继续生长所形成的氧化物层则进一步阻滞了金属的溶解过程，增加了金属钝态的不可逆性和稳定性。有关钝化的研究至今仍是金属腐蚀研究领域的热点问题，理论研究并不成熟，土壤腐蚀中由于其环境因素的复杂性，金属钝化现象将更加复杂，理清金属土壤腐蚀钝化机理和规律，需要进一步探索。

3.4　土壤腐蚀微区电化学

近年来，人们一直在探索局部电化学过程的研究。传统的电化学测试方法局限于探测整个样品的宏观变化，测试结果只反映样品的不同局部位置的整体统计结果，不能反映出局部的腐蚀及材料与环境的作用机理与过程。而微区探针能够区分材料不同区域的电化学特性差异，且具有局部信息的整体统计结果，并能够探测材料/溶液界面的电化学反应过程。

3.4.1　扫描 Kelvin 参比电极技术

扫描 Kelvin 参比电极技术(SKP)可以原位非接触性检测金属表面的伏打电位分布，及时发现体系界面的微小变化，为了解金属的腐蚀状态提供了丰富的信息。该技术最早由 Lord Kelvin 于 1898 年用于测量真空或空气中金属表面电子逸出功。1932 年，Zisman 对其进行了改进，用于测定表面物理中的接触电位差。SKP 是用一个振动电容探针来工作的，在半接触工作模式下采用二次扫描技术测量样品表面形貌和表面电位差信息。以第一次测量储存的形貌信号为基础，把探针从原来位置提高到一定高度，沿着第一次测量的轨迹进行表面电位的测量。表面电位的测量采用补偿归零技术，如图 3.30 所示。

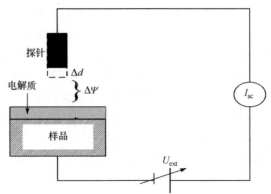

图 3.30　SKP 测试原理示意图

探针探头与工作电极组成平板电容器，电容器的电容值由式(3.22)求得：

$$C = \varepsilon \varepsilon_0 \frac{A}{d + \Delta d \sin \omega t} \tag{3.22}$$

其中，ε 为电介质的介电常数(F/m)；ε_0 为电场常数(F/m)；d 为振动探针与工作电极之间的稳定距离(m)；Δd 为振动电极的振动振幅(m)；ω 为振动频率(Hz)；A 为参比电极探头的面积(mm²)。当参比电极振动时，电容随时间的周期变化产生位移电流i：

$$i = \frac{\mathrm{d}Q}{\mathrm{d}t} \tag{3.23}$$

其中，Q 为两电极表面产生的电荷量，$Q = \Delta \psi_{\text{Probe}}^{\text{El}} \cdot C$。

因此输出电流i可以由工作电极与参比电极的电位差 $\Delta \psi_{\text{Probe}}^{\text{El}}$ 和它们之间的电容C求得：

$$i = \Delta \psi_{\text{Probe}}^{\text{El}} \cdot \frac{\mathrm{d}C}{\mathrm{d}t} \tag{3.24}$$

如果给回路加一个外加电压 U_{ext}，输出电流值就改由式(3.25)求得：

$$i = (\Delta \psi_{\text{Probe}}^{\text{El}} - U_{\text{ext}}) \frac{\mathrm{d}C}{\mathrm{d}t} \tag{3.25}$$

当输出电流值i等于零时，$\Delta \psi_{\text{Probe}}^{\text{El}} = U_{\text{ext}}$，即可由此时的$U_{\text{ext}}$求出工作电极与参比电极的电位差 $\Delta \psi_{\text{Probe}}^{\text{El}}$。

Kelvin 电位与腐蚀电位及材料表面状态有关系。将电子加入金属 M 中所做的功，即电子在金属中的能量被定义为电子在金属中的电化学势 $\tilde{\mu}_e^M$

$$\tilde{\mu}_e^M = \mu_e^M - F\varphi_e^M = \mu_e^M - F(\psi_e^M + \chi^M) \tag{3.26}$$

其中，μ_e^M 为化学势，是电子需要克服的与金属 M 中各种物质的化学作用力；F 为法拉第常数，96485C/mol；φ_e^M 为 Galvani 电位，是电子需要克服与金属 M 的电作用力所做的功；ψ_e^M 为伏打电位，是将电子移到金属 M 表面所需的能量；χ^M 为表面电位，是电子穿过金属表面偶极层所需的能量。

图 3.31 为电子在金属 M 中的势能曲线，其中 V 为电子的势能；ε_F 为电子的动能，又称费米能；Φ^M 为电子在金属 M 中的功函数。功函数是电子克服原子核的束缚，从材料表面逸出所需的最小能量。因此电子在金属中的功函数等于金属不带电(即 $\psi_e^M = 0$)时的电化学势：

$$\Phi^M = -(\mu_e^M - F\chi^M) \tag{3.27}$$

由式(3.25)和式(3.27)可得

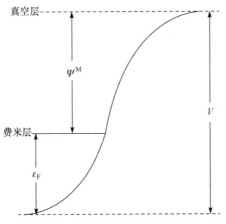

图 3.31 金属-真空界面的势能曲线

$$\tilde{\mu}_e^M = \mu_e^M - F\left(\psi_e^M + \chi^M\right) = -F\psi_e^M - \Phi^M \tag{3.28}$$

功函数不同的两种金属 M_1 和 M_2 接触时，假设两种金属中电子的势能相等，费米能不同，电子由功函数较低的金属向功函数较高的金属迁移，在两种金属界面形成双电层，电子迁移直到两种金属对电子的吸引能力相等为止，意味着两种金属的费米能级相等，如图 3.32 所示。

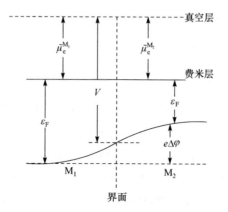

图 3.32　金属 M_1 /金属 M_2 界面的势能曲线

因此两种金属中电子的电化学势相等：

$$\tilde{\mu}_e^{M_1} = \tilde{\mu}_e^{M_2} \tag{3.29}$$

根据式(3.26)得

$$\mu_e^{M_1} - F\varphi_e^{M_1} = \mu_e^{M_2} - F\varphi_e^{M_2} \tag{3.30}$$

$$F\Delta_{M_2}^{M_1}\varphi_e = \Delta_{M_2}^{M_1}\mu_e \tag{3.31}$$

根据式(3.28)得

$$-\varPhi^{M_1} - F\psi_e^{M_1} = -\varPhi^{M_2} - F\psi_e^{M_2} \tag{3.32}$$

$$\Delta_{M_2}^{M_1}\varPhi = -F\Delta_{M_2}^{M_1}\psi_e \tag{3.33}$$

根据式(3.32)可以将 Kelvin 探针测得的接触电位差 $\Delta_{\text{Probe}}^{\text{Sample}}\psi$ 转换为测量电极的功函数：

$$\varPhi^{\text{Sample}} = \varPhi^{\text{Probe}} - F\Delta_{\text{Probe}}^{\text{Sample}}\psi \tag{3.34}$$

如果 $\Delta_{\text{Probe}}^{\text{Sample}}\psi$ 为真空体系下的测试结果，$\varPhi^{\text{Sample}}$ 为反映金属本身性质的电子逸出功；如果 $\Delta_{\text{Probe}}^{\text{Sample}}\psi$ 为空气中的测试结果，$\varPhi^{\text{Sample}}$ 为反映金属本身性质及空气对金属表面状态影响的电子功函数；当金属表面覆盖电解质溶液时，$\Delta_{\text{Probe}}^{\text{Sample}}\psi$ 反映了金属在溶液中的电化学性质。

金属 M 在溶液 S 中的腐蚀电位 E_{corr} 测量原理如图 3.33 所示，其中 M′是与 M 化学性质相同的金属：

$$\mu_e^M = \mu_e^{M'} \tag{3.35}$$

$$E_{corr} = \Delta^M_{M'}\varphi = \Delta^M_S\varphi + \Delta^S_{Ref}\varphi + \Delta^{Ref}_{M'}\varphi \tag{3.36}$$

将式(3.31)代入得

$$E_{corr} = \Delta^M_S\varphi + \Delta^S_{Ref}\varphi + \frac{\Delta^{Ref}_{M'}\mu_e}{F} = \Delta^M_S\varphi + \Delta^S_{Ref}\varphi + \frac{\mu^{Ref}_e - \mu^{M'}_e}{F} \tag{3.37}$$

$$E_{corr} = \Delta^M_S\varphi + \Delta^S_{Ref}\varphi + \frac{\mu^{Ref}_e - \mu^{M'}_e}{F} = (\Delta^M_S\varphi - \mu^{M'}_e / F) - (\Delta^{Ref}_S\varphi - \mu^{Ref}_e / F) \tag{3.38}$$

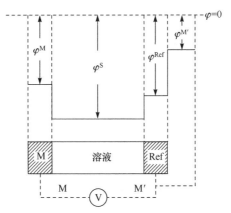

图 3.33　电化学电解池的电位能曲线

当 Kelvin 测试系统处于空气中，并且表面有电解质溶液 EL 时，电位测量值为电解质溶液表面与探针之间的伏打电位差 $\Delta\psi^{EL}_{Probe}$，其势能曲线如图 3.34 所示。

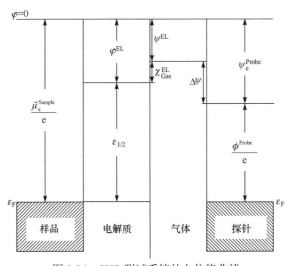

图 3.34　SKP 测试系统的电位能曲线

将电子移出试样需要的能量由电子在金属中的电化学势 $\tilde{\mu}_e^{\text{Sample}}$ 决定，将电子放入电解质溶液中的能量由电子在溶液中的电化学势 $\tilde{\mu}_e^{\text{EL}}$ 决定，因此将电子移到溶液中后电子获得的能量为

$$\Delta E_1 = \tilde{\mu}_e^{\text{EL}} - \tilde{\mu}_e^{\text{Sample}} = -\left(\mu_e^{\text{Sample}} - F\varphi^{\text{Sample}}\right) + \left(\mu_e^{\text{EL}} - F\varphi^{\text{EL}}\right) \tag{3.39}$$

电子由溶液进入空气中后获得的能量由溶液中的电化学势决定：

$$\Delta E_2 = -(\mu_e^{\text{EL}} - F\psi^{\text{EL}} - F\chi_{\text{Gas}}^{\text{EL}}) \tag{3.40}$$

其中，$\chi_{\text{Gas}}^{\text{EL}}$ 为溶液/空气界面的偶极电位。

电子进入振动探针获得的能量由电子在探针中的电化学势决定：

$$\Delta E_3 = \mu_e^{\text{Probe}} - F\varphi_e^{\text{Probe}} = -F\psi_e^{\text{Probe}} - \Phi^{\text{Probe}} \tag{3.41}$$

电子在工作电极和探针中的费米能级相等：

$$\Delta E_1 + \Delta E_2 + \Delta E_3 = 0 \tag{3.42}$$

$$-\left(\mu_e^{\text{Sample}} - F\varphi^{\text{Sample}}\right) + \left(\mu_e^{\text{EL}} - F\varphi^{\text{EL}}\right) - \left(\mu_e^{\text{EL}} - F\psi^{\text{EL}} - F\chi_{\text{Gas}}^{\text{EL}}\right)$$

$$-F\psi_e^{\text{Probe}} - \Phi^{\text{Probe}} = 0 \tag{3.43}$$

$$\Delta_{\text{EL}}^{\text{Sample}}\varphi - \frac{\mu_e^{\text{Sample}}}{F} = \frac{\Phi^{\text{Probe}}}{F} - \chi_{\text{Gas}}^{\text{EL}} - \Delta\psi_{\text{Probe}}^{\text{EL}} \tag{3.44}$$

根据式(3.38)和式(3.44)可得试样在电解质溶液 EL 中的腐蚀电位：

$$E_{\text{corr}} = (\Delta_{\text{EL}}^{\text{Sample}}\varphi - \mu_e^{\text{Sample}}/F) - (\Delta_{\text{EL}}^{\text{Ref}}\varphi - \mu_e^{\text{Ref}}/F)$$
$$= \frac{\Phi^{\text{Probe}}}{F} - \chi_{\text{Gas}}^{\text{EL}} - \Delta\psi_{\text{Probe}}^{\text{EL}} - (\Delta_{\text{EL}}^{\text{Ref}}\varphi - \mu_e^{\text{Ref}}/F) \tag{3.45}$$

其中，Φ^{Probe}、μ_e^{Ref}、$\Delta_{\text{EL}}^{\text{Ref}}\varphi$ 均为常数；$\chi_{\text{Gas}}^{\text{EL}}$ 数值很小，可以忽略。

$$E_{\text{corr}} = -\Delta\psi_{\text{Probe}}^{\text{EL}} + C \tag{3.46}$$

1987 年，Stratmann 首次将该技术应用于金属大气腐蚀的研究，测量了薄液膜下金属表面的电位分布。薄液膜下 Mg、Al、Fe、Cu、Ni、Ag 6 种不同纯金属的开路电位与表面电位存在线性关系，因此由 SKP 可获得大气环境下金属表面的腐蚀信息。Stratmann 之后又利用 SKP 研究了金属表面带缺陷的有机涂层的脱附现象。截至目前，已经有很多研究者利用以上测试技术研究了很多金属材料及其涂层微区腐蚀的行为与机理，取得了很好的研究成果。

3.4.2　扫描振动电极技术

扫描振动电极技术(SVET)是使用扫描振动探针(SVP)在不接触待测样品表面

的情况下，测量局部电流或电位随远离被测电极表面位置的变化，是测定样品在液下局部腐蚀电位的一种先进技术。金属在溶液中的腐蚀过程是金属的阳极氧化与去极化剂的阴极还原组成的电化学过程，发生局部腐蚀时，这两种过程分别在金属表面的不同区域进行，在电解液中形成离子电流，使工作电极表面形成电位梯度，通过测量表面电位梯度和离子电流可探测金属的局部腐蚀性能，如图 3.35所示。SVET 测量的不是金属表面的电位差，而是溶液中的电流差异的响应，这种响应取决于金属表面的极化特性。

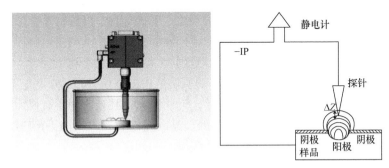

图 3.35　SVET 测量原理

假设电解液浓度均匀且为电中性，电位和电流分布满足 Laplace 方程：

$$\nabla^2 E = 0 \tag{3.47}$$

并且满足 Ohm 定律：

$$j = \frac{\Delta E}{R_\Omega + R_a + R_c} \tag{3.48}$$

其中，j 为反应电流密度；ΔE 为阴阳极电位差；R_Ω 为电解液的电阻；R_a 为阳极反应电阻；R_c 为阴极反应电阻。

式(3.47)的边界条件取决于阴、阳极的极化特性，其中，当任意一极有更高的极化特性时，溶液中将产生微小的电流，阴、阳极之间就会有电位差，电流越大，电位差越大。

对于空间阳极点电流源，位置 (x, y, z) 处的电场强度 E 可以写成

$$E = \frac{I}{2\kappa\pi\sqrt{x^2 + y^2 + z^2}} \tag{3.49}$$

其中，I 为流经空间点的电流(mA)；κ 为电解质溶液的电导率(S/cm)。

其中最大的电场强度出现在点电源的正上方，即

$$E_{max} = E(x = 0, y = 0) = \frac{I}{2\kappa\pi z} \tag{3.50}$$

振动电极探测到的交流电压与平行于振动方向的电位梯度成正比，因此探测电压与振动方向的电流密度成正比，电位梯度由式(3.51)给出：

$$F = \frac{\mathrm{d}E}{\mathrm{d}z} = \frac{Iz}{2\pi\kappa(x^2 + y^2 + z^2)^{1.5}} \tag{3.51}$$

高度 z 处的最大电场强度为

$$F_{\max} = \frac{\mathrm{d}E_{\max}}{\mathrm{d}z} = \frac{I}{2\kappa\pi z^2} \tag{3.52}$$

扫描振动电极技术(SVET)具有高灵敏度、非破坏性、可进行电化学活性测量的特点，是利用探针上单电极沿垂直于试样表面方向的振动测量电解质溶液中的电位梯度，其信噪比明显优于扫描参比电极技术(SRET)，它是利用探针上的两个参比电极(或伪参比电极)测量材料表面电解质溶液中的电位分布。20 世纪 70 年代开始，扫描振动电极技术应用于腐蚀科学，近几年来，其被应用于有机涂层腐蚀防护作用和材料局部腐蚀(点蚀、电偶腐蚀、晶间腐蚀和应力腐蚀等)与材料微观结构的关系研究，同样取得了很好的研究成果。

3.5　结　　语

土壤腐蚀电化学是土壤腐蚀基础研究的有力工具，土壤腐蚀电化学必须以解决埋地材料防护工程实际问题和发展电化学测量新技术为两个主要领域继续发展，这是土壤腐蚀理论研究和发展的动力。只有更深入地理解腐蚀电化学本身特点和土壤腐蚀动力学演化规律，并将两者结合起来，才能对土壤腐蚀行为、腐蚀机理进行更系统、更深入的研究，并以此为工具，探索自然科学的奥秘。

在土壤腐蚀研究中应该注重实际问题的解决。解决实际腐蚀问题是目前实际生产、服役环节上最为重要的问题。随着研究水平的发展，实验室内对于各种土壤服役环境模拟更加接近实际体系。在模拟环境基础上，深入探讨各种土壤服役环境下金属腐蚀机理，找到决定控制腐蚀速率的关键环节，并针对此进行防护手段的研发是研究侧重之一。

电化学测试应用包括宏观电化学测试和微区电化学测试，二者在土壤腐蚀研究中会成为重点。充分发挥电化学测试原位、快速、无损等独一无二的优势，将电化学原位监检测技术应用到多种实际土壤环境体系中。在土壤腐蚀基础研究中，对于电信号深入解析及合理应用是未来研究的重点。将电化学测试结果与数学分析相结合，可提高电信号分析理论性，深入认识电化学测试方法。在应用研究中，将电化学测试与直观观测结合发展以表征土壤腐蚀状态的某一电化学参数，进而开发电化学原位无损检测是未来研究的侧重点。

第 4 章 土壤腐蚀演化的环境影响因素

材料腐蚀与防护学科目的有三个：一是澄清不同材料/环境体系下的腐蚀规律与机理，服务于选材与新材料开发、结构与工艺优化设计、失效分析、可靠性评价和寿命预测；二是发展防护技术，有效控制材料腐蚀的过程；三是发展腐蚀监检测理论与技术，以实现对结构服役状况的评价。以上三方面中，核心的科学问题就是腐蚀演化发展的动力学问题，土壤腐蚀也不能例外，其腐蚀演化动力学及主要影响因素，是土壤腐蚀研究的关键科学问题。如第 2 章所述，考古发掘对材料腐蚀科学的启示大致给出了土壤腐蚀动力学的特征，就是由于地域和土壤环境的不同，材料在土壤中的腐蚀速率有很大的差异，既有保存完好、长达数千年的铁器铜器，也有腐蚀速率大而支离破碎甚至荡然无存的器物。国内外对在役管道土壤腐蚀演化的平均腐蚀速率测试方法、土壤平均腐蚀速率模型建模和土壤腐蚀剩余寿命预测方法等方面研究一致认为：虽然土壤环境复杂多变，影响因素众多，土壤腐蚀试验数据离散性大、随机性大、难以处理，但是对于金属材料，尤其是碳钢土壤环境腐蚀仍然有着明显的规律可循，这些规律的探索必须依赖大量的现场土壤腐蚀数据积累。本章在大量试验数据积累的基础上，试图对土壤均匀腐蚀和点蚀演化规律及其环境影响因素进行探讨。

4.1 土壤腐蚀演化规律试验结果

对来自现场的大量土壤腐蚀数据处理结果表明，对于金属材料，尤其是碳钢的土壤环境腐蚀演化规律，可以用幂指数函数形式来描述：

$$R=At^n \tag{4.1}$$

其中，R 为平均腐蚀速率；t 为自然埋藏时间；A 为常数；n 为随土壤种类不同而变化的反应常数。作者课题组的试验研究发现，在我国土壤环境中，不仅土壤的均匀腐蚀符合以上幂指数演化规律，而且点蚀深度的演化也符合以上规律。目前研究土壤腐蚀动力学规律及其影响因素主要有两种方法，一是采用实验室加速试验方法，二是采用现场挂片试验方法。但上述两种方法都有其局限性，前者得到的腐蚀动力学规律和现场情况难以很好地对应，直接应用试验结果往往导致过分保守的预测结果，经济性较差；后者虽然和实际情况对应得较好，但试验周期较长。

碳钢在不同类型土壤中的腐蚀随土壤环境条件的不同而出现较大的差异。根据各试验站点自然埋藏试验取得的碳钢最大腐蚀速率,我国典型土壤中碳钢最大平均腐蚀速率的变化范围在 0.5~12g/(dm² · a)之间,最大孔蚀速率能达到 1.5mm/a。从土壤类型来看,新疆荒漠土的腐蚀性最强,其次是酸性土壤;中碱性土壤各地差别很大,但基本是介于荒漠土和酸性土壤之间的。以碳钢试件腐蚀程度为评价指标,建立了我国的土壤腐蚀性从极轻微腐蚀(Ⅰ级)到极严重腐蚀(Ⅴ级)的五级分级方法。其中西部地区的戈壁荒漠土和盐渍土腐蚀性最强,我国东部中碱性土壤腐蚀性较弱,而酸性土壤则属于强腐蚀类型。根据碳钢最大平均腐蚀速率和最大点蚀速率对部分典型站的土壤腐蚀性进行分级,结果为:西部地区的戈壁荒漠土和盐渍土腐蚀性多为Ⅳ~Ⅴ级,酸性土壤腐蚀性为Ⅲ~Ⅳ级,中碱性土壤腐蚀性多为Ⅱ~Ⅲ级。不同土壤环境碳钢腐蚀随时间的变化关系具有不同的模式。在中碱性土壤中,碳钢普遍具有较低的起始腐蚀速率,腐蚀速率随时间的变化基本遵循负指数变化规律,如济南站,25 年后的腐蚀速率基本稳定,碳钢腐蚀速率的变化可用式(4.2)描述:

$$C[g/(dm^2 \cdot a)]=3.22T(a)-0.37 \tag{4.2}$$

在戈壁荒漠土中,碳钢的起始腐蚀速率较高,但下降速度相对较快。例如,706 基地碳钢腐蚀随时间的变化趋势可以用下列模型表示:

$$C[g/(dm^2 \cdot a)]=6.04T(a)-0.28 \tag{4.3}$$

在酸性土壤试验站,从 4 次试验结果看,各站碳钢腐蚀速率变化趋于平缓,但从目前的试验结果看,碳钢腐蚀速率随时间的变化趋势与经验模型还有差别。

利用 Q235 钢在我国四种典型土壤(即大庆站苏打盐土、大港站滨海盐渍土、新疆站沙漠戈壁土、华南站酸性土)中进行室内模拟加速腐蚀试验和电化学试验,并对腐蚀试验后的腐蚀产物进行了微观分析和微生物分析,以研究影响碳钢土壤腐蚀的主要因素,得到的主要结论如下。

在大庆中心站苏打盐土中,含水量对碳钢腐蚀速率的影响是第一位的。由于含水量高(33.5%),每年的 6~10 月地面全部被水浸泡,又是黏土,土壤含气率低,使氧扩散困难,阴极过程受阻,腐蚀速率小。气温和地温的变化对其腐蚀速率的影响是第二位的。大庆地区每年有 4 个月地温处于零摄氏度以下,所以现场埋片的腐蚀速率较低。含盐量(Cl^-、CO_3^{2-} 和 HCO_3^-)对其腐蚀速率的影响是第三位的。

在大港为滨海盐渍土,含盐量高,但是含水量对碳钢在其中腐蚀速率的影响仍是第一位的,当含水量处于 22%~24%的范围时,腐蚀速率最大。含水量再升高时,腐蚀速率降低。其次是含盐量(Cl^-)的影响,SRB 的影响是第三位的。

在新疆为沙漠戈壁土,含水量对碳钢腐蚀速率的影响更明显,当其含水量低于 1%时,碳钢的腐蚀速率很小,当其含水量达到 4%时,碳钢的腐蚀速率明显增大,含水量增至 6%、8%、10%时,碳钢的腐蚀速率随含水量的增加迅速增大。

在有水存在时，如下雨、化冰、凝露情况下，腐蚀速率明显增大。其次是土质的影响，新疆土中砾石占51%，含气率高，使氧易于扩散，促进阴极过程；戈壁土粒度大小不均，容易形成氧浓差电池，产生宏腐蚀，使腐蚀速率增大。含盐量(Cl^-、SO_4^{2-})对腐蚀速率的影响是第三位的。因其含盐量高，微腐蚀和宏电池腐蚀速率都很大。气候的影响是第四位的，例如，强对流天气造成的对流作用能大量补充游离氧，实现干湿交替、冷热交替，增大碳钢的腐蚀速率。

华南土中含水量的影响同样是第一位的，其次是酸雨的影响。酸雨季节，pH低，其阴极过程伴随着少量的氢去极化过程。因此极化曲线上看不出明显的氧扩散控制。常年的亚热带气温是其腐蚀速率增大的第三个原因。

有关区域土壤腐蚀性评价与分级，完成了对新疆克独150km管道沿线和彩南50km沙漠油田沿线、四川遂射62km气管道沿线土壤腐蚀试验研究，取得了区域土壤腐蚀性评价模型。克独管道沿线土壤腐蚀试验取得了该地区碳钢腐蚀与主要环境指标的关系、评价模型：

$$C=-5.11+0.165X+0.971U+53.87V \tag{4.4}$$

彩南沙漠油田碳钢腐蚀与土壤主要环境指标的关系、评价模型：

$$C=-22.814-4.335X+0.925X^2+3.937Y+120.48W \tag{4.5}$$

对四川某管道沿线紫色土壤腐蚀性进行综合评价和腐蚀等级划分，管道沿线土壤腐蚀性为中等偏弱的腐蚀等级，两种材料试验结果分别为Ⅱ级、Ⅲ级，只有一个点的腐蚀达到Ⅳ级。该地区碳钢腐蚀与主要环境指标的关系为

$$C=-23.695-1.390X+0.039X^2+4.415Y+0.067A \tag{4.6}$$

其中，C 为A3钢腐蚀速率[$g/(dm^2 \cdot a)$]；X 为土壤含水量(%)；Y 为土壤 pH；U、V、W 分别为土壤 Cl^-、HCO_3^-、SO_4^{2-} 含量(%)；A 为土壤含气率(%)。

近年来，我国科研人员运用模糊数学、灰色系统理论、模式识别技术、人工神经网络技术，发展了材料在土壤中腐蚀的数据处理方法，在土壤腐蚀性的研究中获得了越来越多的应用。例如，在大庆油田区域土壤腐蚀性试验研究的基础上，利用主因子分析方法对大样本量的土壤理化性质数据和碳钢现场埋片腐蚀数据进行处理，总结出油田各区域范围内的土壤腐蚀主要影响因素，并依据其重要性予以排序；同时，结合模糊聚类分析技术，得出了各区域的碳钢土壤腐蚀预测模型。

4.2 土壤物理和化学环境对材料腐蚀演化的影响

地面吸收的太阳热能使土壤温度上升，水分蒸发，引起土壤热量和水分的流动。土壤中的水、气、热、土粒及结构形成了土壤的物理环境。土壤重要的化学

性质有酸碱度、含盐度、氧化还原性等。空气中大量硫化物和氮化物的沉积、土壤的酸化、化肥的大量应用导致土壤含盐量的升高及重金属污染，构成土壤腐蚀新的化学环境。

4.2.1 土壤质地与结构

土壤是由众多大小不等的固体颗粒堆积聚集的松散体形成的一个多孔复杂体系，其中土壤固体颗粒占土壤固体总量95%以上，大小不等的颗粒可以看作土壤的"骨架"。土壤学中，按土壤颗粒的组成进行分类，将颗粒组成相近的而土壤性质相似的土壤分为一类并给予一定名称，称为土壤质地。土壤的蓄水、供水、容气、通气、保温、导温都受土质的影响。土壤质地主要分为砂土、壤土和黏土。在《中国土壤图集》中公布，共3类土壤12级质地，表4.1为中国土壤质地分类。

表 4.1　中国土壤质地分类　　　　　　　　　　（单位：%）

质地分类	质地名称	沙砾(0.05~1mm)	粗粉粒(0.01~0.05mm)	细黏粒(<0.01mm)
砂土	极重砂土	>80		
	重砂土	70~80		
	中砂土	60~70		
	轻砂土	50~60		
壤土	砂粉土	≥20	≥40	<30
	粉土	<20		
	砂壤	≥20	<40	
	壤土	<20		
黏土	轻黏土			30~35
	中黏土			35~40
	重黏土			40~60
	极重黏土			>60

砂土是指沙砾较多，与砂土形状相似的一类土壤。其物理黏度小于15%，主要分布在新疆、青海、甘肃、宁夏、内蒙古、北京、天津、河北等地的山前平原及沿河地带。这类土壤孔隙多、通气性好、氧气充足、好气性微生物活动旺盛、砂质土层较薄、保水能力较低。

　　黏土是指含黏粒较多的一类土壤，其物理黏度大于 45%，主要分布于地势较低的冲积平原、山间盆地和湖洼地区。这类土壤毛管细而曲折、透水性差、易产生地表径流。

　　壤土的砂粒、粉粒和黏粒比例适宜，主要分布于黄土高原、华北平原、松辽平原、长江中下游平原、珠江三角洲、河间平原以及冲积平原。这类土壤黏度适中、大小孔隙比例适当、通气透水性好、土温稳定。

　　土壤结构包括土壤结构体和土壤结构性。土壤中各级土粒往往不是分散成单粒状态存在，而是相互胶结成复粒。土壤结构体指土粒在胶结物的作用下，相互团聚在一起，形成大小、形状、性质不同的土团。土壤结构性指土壤中的单粒、复粒的数量、大小、形状、性质及其相互排列和相应的孔隙状况等综合特性。土壤结构体形成可通过两个过程实现：一是土壤单粒经过各种作用而形成复粒，二是大块的土体崩解形成团聚体。

　　土壤的孔性是指孔隙数量和大小孔隙分配及其在各土层中的分布状况。孔隙是容纳水、气的场所，孔隙数量的多少直接关系到土壤容纳水、气的能力。土壤孔隙度是反映土壤总体积中孔隙体积所占比例的多少，即单位土壤面积内各种大小空容积所占的百分数。目前通过土壤容重(包括孔隙的单位容积的烘干重)和土壤密度(不包括孔隙的单位容积质量)计算土壤孔隙度。

　　土壤孔隙性主要受来自外部环境条件(自然因素、人为因素)和土壤本身某些属性的影响。土壤松紧性不但影响土壤的孔隙度，而且对大小孔隙的比例有较大影响。压紧对土壤的影响一方面是减小其孔隙，特别是减小团粒间大孔隙的容积；另一方面，土壤压紧后，中间大小孔隙的容积有所增加，小孔隙的数量不受到影响。

　　较大的孔隙度有利于氧的渗透和水分的保存，这都是促使腐蚀发生的因素。透气性良好，加速腐蚀过程，但是透气性良好的土壤中也更容易生成具有保护能力的腐蚀产物层，阻碍金属的阳极溶解，使腐蚀速度减慢。通常土壤结构和颗粒尺寸决定了土壤的渗透性等物理性质，同时，土壤的渗透性等又影响土壤中气相和液相的运动速率。对于黏土这种小颗粒土壤，其空气和水的保持能力要大大高于大尺寸颗粒的砂土，在低渗透性土壤中，毛细作用可以吸附地下水，在局部形成水饱和区，从而对土壤中气相移动形成有效的屏障，抑制了氧从大气向埋地结构表面的扩散。对于高岭土和蒙脱土来说，由于其黏附在涂层和金属表面上的能力较强，在水化及离子交换过程中体积发生膨胀和收缩，对埋地构件产生机械力的作用，有可能导致涂层的破坏，土壤溶液通过涂层破损处到达金属表面，为腐蚀和环境开裂提供了便利条件。不同土质对碳钢的腐蚀性强弱可以表示为：黏土>壤土>砂土。黏土颗粒细小，易于黏附在金属的表面，水分保持能力较强，利于腐蚀的发生，但是黏土的这种特性也降低了空气的渗透性，随时间的延长而抑制了腐蚀的进一步发展；砂土颗粒间较大的孔隙易于空气和水分渗透到金属试样表面，较大的土壤孔隙不利于水分的保持，从而其腐蚀性相对较弱；壤土的特性介于黏土和砂土之间。

土壤的矿物组成对地下水成分的影响较大，黏土，特别是高岭土有利于阴阳离子(特别是磷酸盐)的吸附和交换，这些黏土也可以对地下水 pH 的变化产生一定缓冲作用，并且平衡土壤的氧化还原电位。土壤类型及埋地构件位置同时影响到微生物的活性，在干旱土壤中，由于水分和有机物含量低，微生物数量较少；而潮湿和有机物含量较高的土壤则比较利于微生物的生长，在后者中，好氧菌参与有机物的分解，主要存在于土壤的表层和植物的根部附近，厌氧微生物更适合在还原条件下生存，因而好氧过程一般发生在土壤表层，而厌氧过程一般发生在土壤中较深的部位。对于某些微生物(如硫酸盐还原菌)，硫的循环参与到其生命过程中，对钢铁腐蚀的影响较大。在矿物质含量较高的土壤中，由于有机物含量少，微生物数量随土壤深度增加而急剧减小。在埋地构件回填土中的有机混合物及保护涂层中的有机物组分也为微生物的生命活动提供了便利条件。

土壤黏粒与土壤溶液构成土壤胶体分散体系，它包括胶体和土粒间溶液两大部分。胶核实胶粒的基本部分由黏土矿物质、含水氧化物和腐殖质等组成。双电层一般由土壤胶核表面的电荷(主要是净负电荷)和交换性离子的反电荷(主要是阳离子的正电荷)构成。土壤胶粒都带有电荷，土壤胶体的种类不同，其产生电荷的机理不一样，主要可分为永久电荷和可变电荷。永久电荷是由黏粒矿物晶格内的同晶置换作用产生的。土壤胶体包含各类黏土矿物微粒(铝硅酸盐类)，也包含腐殖质、蛋白质等有机高分子，还包含铝、铁、锰、硅等水合氧化物等无机高分子。土壤还可以由形形色色的天然产物及人为污染物综合构成复杂的胶体分散体系。

胶体表面性质和电化学性质对元素及化合物在土壤中的迁移和聚集有重要作用。土壤矿物质胶体与土壤溶液在界面上相互作用的最主要内容是阳离子代换，此外还有阴离子的代换、分子的吸附。土壤黏粒一般带负电，通常为钙离子、镁离子、钾离子、钠离子、氢离子、铝离子等阳离子中的几种补偿。

阳离子代换是当量的、可逆的反应，并且是快速发生的，故土壤胶粒吸附的阳离子种类和它们之间的比率是与土壤溶液的组成达成动态平衡的。由于代换性阳离子是被胶粒吸附，胶粒对它有一定的静电引力，不管引力的强弱如何，它们比土壤溶液中游离的阳离子具有更高的稳定性，或者说它们被土壤保持得更强一些，不易随着土壤水运动而渗滤到土层以外。代换性阳离子的组成强烈地影响着土壤化学和物理性质及微生物的活动，如土壤的酸碱度、胶粒分散度和凝聚度，以及由此而决定的膨胀率和孔隙状况等，还会影响到水热状况，这些势必影响到物质在土壤中的迁移、转化，也会影响到土壤中材料腐蚀行为。

土壤中的胶体是土壤微生物彻底转化成的褐色和黑色的胶体物质,这一类特殊的有机合成胶体称为腐殖质。腐殖质对土壤的结构和物质的转化等有较大的影响,这是由于其结构上含有大量苯环及—OH 和—COOH 官能团。腐殖质可分为胡敏素、胡敏酸和富里酸,后二者合称腐殖酸。富里酸中单位质量含有的含氧官能团数量较多,因而具有亲水性。这些官能团在水中可以解离并产生化学作用,因此,腐殖质具有高分子电解质的特征。虽然土壤中腐殖质并不多,但其具有独特的结构特点,可影响土壤环境特性,使之成为土壤中极其重要的一类物质。

通常情况下,土壤胶体综合表现为带负电。故在胶体上吸附的粒子主要为阳离子。土壤中常见的吸附性阳离子有钙离子、镁离子、钠离子、钾离子、铁离子、亚铁离子、铝离子、氢离子等。其中铝离子和氢离子被称为致酸离子,和土壤的酸碱度有密切关系。除铝离子和氢离子以外的离子,称为盐基离子。不同的土壤,阳离子的组成差异较大,对土壤的酸碱度有很大影响。被吸附的阳离子并不是静止不动的,胶粒扩散层中的阳离子,能与土壤中的其他阳离子进行交换。当土壤所吸附的阳离子全部或大部分属于盐基离子时,称为盐基饱和土壤,当土壤胶粒吸附的阳离子仅有小部分为盐基离子时,称为盐基不饱和土壤。盐基饱和土壤为中性或碱性反应,而盐基不饱和土壤为酸性反应。土壤胶粒上吸附的阳离子并不是静止的而是运动的。胶粒扩散层中的阳离子,能与土壤溶液中其他阳离子发生交换。阳离子的交换具有可逆、等价离子交换和受质量作用定律支配的特点,参加反应的一种离子在溶液中浓度大,或者反应后能形成解离性弱的物质,则在离子交换过程中,该种离子被吸附的可能性大。例如,土壤中 Ca^{2+} 含量增加,由于交换过程中能生成 $Al(OH)_3$ 沉淀,有利于 Ca^{2+} 的吸附和 Al^{3+} 的解吸。根据库仑定律,离子的电荷价越高,受胶粒电性的吸附力越大。也就是说,胶粒吸附的阳离子的价数越低,越容易被解吸,氢离子除外。土壤中阳离子的交换能力强弱顺序为: $Fe^{3+}>Al^{3+}>H^+>Ca^{2+}>Mg^{2+}>K^+>NH_4^+>Na^+$。与土壤对阳离子的吸附比,土壤对阴离子的吸附弱得多。土壤中的阴离子种类很多,有些不易被土壤吸附,有些容易被吸附。易被土壤吸附的阴离子有 PO_4^{3-}、HPO_4^{2-}、$H_2PO_4^-$、SiO_3^{2-}、$HSiO_3^-$ 和 $C_2O_4^{2-}$ 等;不易被吸附的有 Cl^-、NO_3^-、NO_2^- 等; SO_4^{2-}、CO_3^{2-} 介于两者之间。

4.2.2　土壤的水、气、热状况

土壤水分是土壤的液相组成部分。土壤水分并非纯水,而是稀薄的溶液,不仅溶有各种溶质,也有溶解的气体,还有胶体颗粒悬浮或分散于其中。水分在土壤中的作用是参与土壤很多物质转化,通过水化、水解、溶解等作用,影响土壤矿物质化学风化过程的强度,通过土壤生物学特征,影响土壤中有机植物的分解过程。土壤水是指在 105℃的温度条件下从土壤中散失的水分。土壤的含水量主要有土壤质量含水量和土壤容积含水量。土壤含水量的主要测试方法有烘干法、电阻法、中子散射法和时域反射技术(TDR)。

金属材料在土壤中的腐蚀是一个电化学过程，水是其发生的必要条件，相关的研究表明：含水量对金属材料腐蚀速率的影响存在一个极大值。在含水量极低的情况下(5%以下)，不管其含盐情况及电阻率如何，其腐蚀速率都很低，一般情况下，含水量在10%~20%时腐蚀速率最高，在20%含水量附近出现腐蚀速率的峰值，当含水量达到30%左右时腐蚀速率明显降低，在35%左右饱和含水时，腐蚀速率降到最低，此时氯离子含量、全盐量、电阻率的大小对腐蚀速率几乎没有影响，在这种情况下，含水量实际是控制腐蚀速率的决定因素。酸碱度对土壤腐蚀性的影响更多的是在中、高含水量时表现出来，酸性强的土壤，随含水量提高，其腐蚀性相应增强。同时，含水量也是影响析氢反应的重要因素，在中、高含水量条件下，酸性土壤中的析氢反应更容易进行。表 4.2 给出了我国部分土壤站土壤含水量与腐蚀速率之间的关系。

表 4.2　土壤含水量与腐蚀速率的关系

站名	含水量/%	腐蚀速率/[g/(dm² · a)]	最大腐蚀深度/(mm/a)
新疆站	10.4~20.0	14.3	1.48
伊宁站	9.3~22.0	13.16	1.24
大港站	19.2~34.6	4.61	0.59
敦煌站	16.1~33.0	8.03	—
成都站	21.3~35.2	4.57	0.33
沈阳站	23.1~29.8	3.94	0.60
大庆站	31.9~35.0	1.73	0.27
舟山站	26.6~35.2	1.73	0.20

土壤的物理环境中，含水量和孔隙度对土壤腐蚀影响较大。土壤中的水直接参与碳钢的腐蚀过程，是影响其腐蚀电化学反应的重要因素之一。一方面，土壤中的水分使其成为电解质，为土壤中腐蚀电池的形成提供条件；另一方面，土壤中含水量的变化会影响土壤中氧的渗透性及电解质的离子化过程，进而改变金属的土壤腐蚀行为。碳钢在多孔介质中的腐蚀行为研究表明，含水量会影响腐蚀过程的电阻率和氧的扩散速率：含水量高时，土壤中氧扩散困难，腐蚀速率较低；随含水量减少，氧去极化过程得以顺利进行，腐蚀速率增加。此时电阻率为主要控制因素；当含水量降至10%以下时，阳极极化和土壤电阻均加大，腐蚀速率又

急剧降低。土壤孔隙度可以通过影响土壤含气量，改变土壤中碳钢的腐蚀电位及其阴阳极反应速率，从而影响土壤的腐蚀性。大的孔隙度有利于氧气的渗透和水分的保存，良好的透气性会加速土壤中的金属腐蚀，在腐蚀初期起促进作用。随着腐蚀的发展，碳钢在透气性良好的土壤中更容易形成保护性锈层，减缓其腐蚀速率。

土壤空气主要是土壤孔隙中的自由气体、土壤水中的溶解态气体及被土壤颗粒所吸附的吸附态气体，主要来源于大气。土壤空气与近地表大气的差异主要体现在四个方面：①土壤空气中的二氧化碳含量高于大气；②土壤空气中的氧气含量低于大气；③土壤空气中的水汽含量高于大气；④土壤空气中含有较高的还原性气体。土壤的通气机理包括气体对流和气体扩散。土壤中的氧含量与土壤的湿度和结构都有密切关系，在干燥的土壤中，因为氧比较容易通过，所以氧含量比较多；在潮湿的砂土中，氧比较难通过，因而氧含量比较少，而在潮湿密实的黏土中，因为氧通过非常困难，所以氧含量最少；孔隙度不同和结构不同的土壤中，氧含量相差可达几万倍，这种充气不均匀正是造成浓差电池腐蚀的原因。

土壤中的热主要来自太阳辐射热、生物热和地球内热。土壤中的热流量影响土壤的温度。土壤的热力状况主要与它的导热能力、热容量和导温能力有关。土壤的温度主要受纬度、海拔、地形和土壤性质的影响。土壤的温度和热可能影响到电荷的转移，对金属的土壤腐蚀可能会造成一定影响。

温度同样也是影响腐蚀过程的一个主要因素，土壤电导率及氧化还原电位等指标与土壤温度相关性很大。受温度影响，碳钢的腐蚀速率随季节变化而改变：在春夏交替时(3~7月)腐蚀速率最大，在冬季(12月至次年3月)腐蚀速率最小，夏秋季节(7~12月)腐蚀速率处于上述两者之间。除了碳钢，Pb、Al、Cu在春夏交替时的腐蚀速率也是最大的。

4.2.3 含盐度

土壤中一般含有硫酸盐、硝酸盐和氯化物等无机盐类，如表4.3所示。在长期积水的土壤中，有亚铁、亚锰的化合物；在盐碱土中，有大量的可溶性钠、钾、钙、镁盐等。土壤中不同种类可溶盐对腐蚀电极的影响也不尽相同，土壤中的盐分对金属腐蚀的影响可从两方面考虑：第一，其影响了土壤介质导电性，盐分在土壤导电过程中起主导作用，是电解液的主要成分，含盐量越高，土壤电阻率越小，对于未受阴极保护的金属，其腐蚀速率将增加，但是某些离子则有相反的作用，例如，钙离子和镁离子会在金属表面上形成难溶的碳酸盐沉积，在富含石灰石和白云石的土壤中，金属表面石灰质沉积将降低金属的腐蚀速率；第二，溶解的盐离子还有可能参与金属的电化学反应，从而对土壤腐蚀性有一定影响。此外，含盐量还影响土壤溶液中氧的溶解度，含盐量越高，氧溶解度就越低，削弱了土壤腐蚀的阴极过程。

表 4.3　土壤中的离子

种类	主要成分(10^{-4}~10^{-2}mol/L)	次要成分(10^{-6}~10^{-4}mol/L)	其他
阳离子	Ca^{2+}、Mg^{2+}、Na^+、K^+	Fe^{2+}、Mn^{2+}、Zn^{2+}、Cu^{2+}、NH_4^+、Al^{3+}	Cr^{3+}、Ni^{2+}、Pb^{2+}、Hg^{2+}
阴离子	Cl^-、SO_4^{2-}、HCO_3^-	F^-、$H_2PO_4^{2-}$、HS^-	CrO_4^{2-}、$HMoO_4^-$
中性物	$Si(OH)_4$	$B(OH)_3$	

　　通常，土壤中含盐量为 0.008~1.5×10^{-3}(质量分数)，在土壤电解质中的阳离子一般是钾、钠、镁、钙等离子，阴离子主要是碳酸根、氯离子和硫酸根离子。土壤中含盐量增大，其电阻率相应减小，因而增加了土壤的腐蚀性。氯离子对土壤腐蚀有促进作用，所以在海边潮汐区或接近盐场的土壤的腐蚀性更强。但碱土金属钙、镁离子在非酸性土壤中能形成难溶的氧化物和碳酸盐，在金属表面上形成保护层，减少腐蚀。富钙、镁离子的石灰质土壤就是一个典型的例子，类似地，硫酸根离子也能和铅作用生成硫酸铅的保护层。硫酸盐和土壤腐蚀的另一个重要关系是和微生物腐蚀有关。碳酸根、氯离子、硫酸根、硝酸根等离子浓度的测量采用化学滴定法或比色法，不同离子选用试剂不同。

　　土壤中可溶性离子对腐蚀性影响很大(表 4.4)，含盐量会影响腐蚀介质的导电过程，部分盐离子还参与金属的电化学过程。一般来讲，随着土壤含盐量的增加，土壤电阻率减小，宏观腐蚀速率升高。

表 4.4　土壤中可溶性离子含量与腐蚀速率的关系

站名	Cl^-含量/%	SO_4^{2-} 含量/%	全盐量/%	腐蚀速率/[g/($dm^2 \cdot a$)]	最大腐蚀深度/(mm/a)
新疆站	0.15	0.40	0.78	14.3	1.48
伊宁站	0.03	0.43	0.65	13.16	1.24
大港站	1.56	0.13	2.80	4.61	0.59
济南站	0.02	0.02	0.04	3.74	0.45
成都站	0.00	0.01	0.05	4.57	0.33
沈阳站	0.00	0.02	0.04	3.94	0.60
大庆站	0.02	0.03	0.28	1.73	0.21
昆明站	0.01	0.01	0.04	3.32	0.39
舟山站	0.03	0.01	0.09	1.73	0.20
西安站	0.04	0.05	0.17	5.13	0.80

土壤电阻率是一个综合指标，与土壤的多种理化性质有关。影响土壤电阻率的因素有盐含量和组成、含水量、土壤质地、松紧度、有机质含量、土壤颗粒尺寸及分布、土壤温度等。一般情况下，土壤电阻率随含盐量、含水量、温度的升高而降低。土壤电阻率对腐蚀速率的影响体现在以宏电池作用为主的局部腐蚀过程中，因而对于均匀腐蚀过程，电阻率与腐蚀速率间的关系不大。埋地金属构件，尤其是长距离地下金属管线遭受宏电池腐蚀时，土壤电阻率往往起主导作用，金属构件在这种情况下的腐蚀过程一般是阴极-欧姆控制，有时甚至是纯粹的欧姆控制，因而土壤电阻率大小直接影响到金属构件的腐蚀程度。

4.2.4 土壤的酸碱度

土壤酸碱度是指土壤溶液的酸碱反应，是土壤的基本化学性质之一，取决于土壤溶液中所含 H^+ 和 OH^- 浓度的相对数量。由于土壤溶液中游离的 H^+ 和 OH^- 与土壤胶体吸附的 H^+、Al^{3+}、Ca^{2+} 等处于动态平衡中，所以土壤的酸碱反应不仅与溶液中的 H^+ 和 OH^- 浓度有关，而且与胶体上吸附的离子类型及其交换作用有关。

土壤的酸碱度可以反映土壤的许多其他化学性质，如土壤盐基组成；也可以制约土壤中许多其他物理、化学及生物学过程。酸碱度对于材料土壤腐蚀的作用比较明显。大部分土壤属中性范围，pH 为 6~8，但也有碱性土壤(如盐碱土)和 pH 为 3~6 的酸性土壤(如腐殖土、沼泽土)，随着 pH 的降低，土壤的腐蚀速率增加，但当土壤中含有大量有机酸时，虽然土壤的 pH 接近中性，但其腐蚀性仍很大。

土壤溶液中存在弱酸(或者弱碱)及其盐类组成的缓冲系统，土壤中存在着电性物质且土壤胶粒具有吸附中和 H^+ 和 OH^- 的功能，因此，土壤具有一定的抵抗土壤溶液中 H^+ 和 OH^- 浓度改变的能力，称为土壤的缓冲性。由于土壤的缓冲性，所以其在发生发展过程中产生酸性或碱性物质时，可以缓和土壤 pH 的变化。

我国地域辽阔，自然环境类型多，土壤种类也多。红壤是南方脱硅富铝化作用明显的酸性土壤；北亚热带地区土壤呈中性或者近中性，灰漠土发育于温带山前平原黄土母质上，有不明显的石灰、石膏淀基层，多数区域盐渍化、碱化普遍；盐土分布在东北、华北和宁夏一带，与非盐渍化土组合或与碱土伴生。

我国主要土壤的 pH 为 4.0~10.3，酸性最强的土壤为我国南方沿海地区的酸性硫酸盐土，碱性最强的是大庆苏打盐土。地理分布上有"东南酸、西北碱"的规律。长江以南的土壤多为酸性或强酸性，pH 大多为 4.5~5.5，如华南、西南地区分布的红壤、砖红壤和黄壤；华东、华中地区的红壤 pH 为 5.5~6.5，长江以北的土壤多为中性或碱性；华北、西北的土壤含碳酸钙，pH 一般为 7.5~8.5，部分碱土的 pH 在 8.5 以上。土壤中氢离子活度和总含量首先会影响金属的电极电位，对于 pH 小于 5 的酸性土壤，通常被认为是腐蚀性土壤，pH 在 6.5～7.5 间的为中性土壤，各种材料在中性土壤中的腐蚀是最轻的。

1) 酸性土壤

根据 H^+ 的存在形式，可将土壤分为活性酸和潜性酸。土壤活性酸指和固相处于平衡状态的土壤溶液中的 H^+。潜性酸指吸附在土壤胶体表面的致酸离子(氢离子和铝离子)，交换到土壤溶液中时才显示酸性。活性酸和潜性酸都属于一个平衡体系，活性酸是土壤酸度的起点，潜性酸是活性酸的主要来源和后备。土壤中潜性酸量远远大于活性酸量，土壤潜性酸度比活性酸度大得多，一般相差 3～4 个数量级。

土壤中酸性来源主要有：雨水中的碳酸、微生物和植物根部的代谢产物、有机物分解过程中生成的有机酸、硫化亚铁氧化生成的硫酸和化肥的分解等。在强酸性土壤中，它通过 H^+ 的去极化直接影响阴极过程，随着 pH 降低，土壤腐蚀性增加，在酸性条件下，氢的去极化过程能够顺利进行，强化了整个腐蚀过程。应当指出的是，当土壤中含有大量有机酸时，其 pH 虽接近中性，但腐蚀性仍然很强。

2) 中性和近中性土壤

中性和近中性土壤一般指 pH 在 6.5～7.5 之间的土壤。我国中性和近中性土壤主要集中在华中、华东地区，沈阳土壤腐蚀试验站的 pH 为 7.39，为中性土壤。实验室中采用最多的是 NS4 溶液，该溶液是由加拿大管道有限公司根据实地检测剥离涂层下电解液的平均成分配制而成的模拟液，实验室通常通入 5%CO_2+95%N_2 以模拟管线附近的 CO_2，也可以通过调整 CO_2 和 N_2 的比例调控溶液 pH。以碳钢为例，在中性土壤介质中，碳钢腐蚀的电荷转移电阻在中等湿度时较小，而高湿度和低湿度条件下较大；腐蚀产物结合层电阻随着湿度增大而减小，碳钢土壤腐蚀反应在低湿度土壤中受阳极过程控制，中等湿度土壤中受阴极过程控制，高湿度土壤中由阴、阳极混合控制。

3) 碱性土壤

当土壤溶液中 OH^- 的浓度大于 H^+ 的浓度时，土壤为碱性。土壤碱性反应及碱性土壤形成是自然成土条件和土壤内在因素综合作用的结果，土壤溶液中主要来源是碱金属和碱土金属的碳酸盐和重碳酸盐的水解，以及土壤胶体表面吸附的交换性钠水解的结果。石灰性土壤和交换钙占优势的土壤中碳酸钙水解，产生 OH^-，因为 HCO_3^- 与土壤空气中的 CO_2 处于同一个平衡体系，含 Ca^{2+} 的土壤中，pH 主要受土壤空气中 CO_2 分压的影响，pH 一般小于 8.5。碳酸钠的水解使土壤呈强碱性，在 $NaHCO_3$ 和 Na_2CO_3 含量较高的土壤中，由于盐的溶解度很大，溶液中 HCO_3^- 和 CO_3^{2-} 浓度很高，土壤 pH 也很高(pH 为 9～10)。交换性钠的水解呈强碱性反应，是碱化土的重要特征，在可溶性盐含量高的盐渍土中，胶体表面的钠离子发生水解作用,产生 NaOH,使土壤呈强碱性。

西北盐渍化土、海滨盐碱土都具有较高的 pH,腐蚀现象严重,但其腐蚀主要是土壤中氯离子含量较高所致。例如,新疆库尔勒地区的土壤是典型的盐渍土,该地区埋设大量的天然气管道,pH 高于 9.0,属高 pH 土壤,碱性土壤腐蚀的研究对于该地区相当重要。

在高 pH 土壤中,某些金属表面会形成一层致密的氧化物钝化膜对材料起保护作用。在氧去极化占主导作用的碱性土壤中,土壤酸度是通过中和阴极反应形成的 OH⁻而影响阴极极化的。阳极过程溶解下来的金属离子,在不同 pH 条件下生成的腐蚀产物的溶解度也不相同,因此 pH 也在一定程度上影响了阴极极化。

4.2.5　氧化还原性

氧化还原性是土壤的一个重要的基础化学性质。土壤中存在一系列参与氧化还原的物质,进行着包括纯化学的和生化的过程在内的复杂的氧化还原反应。氧化还原的实质是电子转移的过程,一种物质的还原伴随着另一种物质的氧化。氧化还原反应可表示为

$$O(\text{氧化态}) + ne^- \Longleftrightarrow R(\text{还原态}) \tag{4.7}$$

土壤中有多种氧化和还原物质,它们之间发生氧化还原反应。参与土壤的氧化还原反应的物质有:土壤溶液中的氧气和许多可变价元素,包括 C、N、S、Fe、Mn、Cu 等,对于污染的土壤中还可能有 As、Se、Cr、Hg、Pb 等。各类具有氧化还原特性的元素在土壤中构成了不同的氧化还原体系。

土壤氧化还原能力的重要指标——氧化还原电位(Eh),是由土壤溶液中氧化态物质和还原态物质的浓度的关系而产生的电位:

$$\text{Eh} = E_0 + \frac{RT}{nF} \lg \frac{[\text{氧化态}]}{[\text{还原态}]} \tag{4.8}$$

其中,E_0 为标准氧化还原电位,在恒温条件下 E_0、R、T、n、F 均为常数。氧化还原电位较高的土壤中氧化剂含量较高,土壤氧化性强;反之,还原剂占主导地位,土壤介质表现出还原性。

土壤通气性决定了土壤空气中氧的浓度,土壤孔隙率高,通气性良好,Eh 高;土壤孔隙率低,排水不良,通气性差,Eh 低。土壤 Eh 一般为-450～720mV。旱地土壤 Eh 为 200～750mV,当 Eh 大于 750mV 时,土壤具有高氧化性;当 Eh 小于 200mV 时,则土壤水分过多,通气不良。含水量较高的土壤 Eh 一般为-200～300mV。土壤与 pH 也有一定关系,理论上 ΔEh/ΔpH= -59mV。土壤的氧化还原性对土壤微生物活性有很大影响。Eh 越高,微生物活性越强,反之越弱。在氧化

还原电位较低时，土壤好气微生物受到抑制，如硝化细菌、好气性固氮菌数目减少、活性减弱；而硫酸盐还原菌等厌氧型微生物数量增加、活性变强，导致金属微生物腐蚀加剧。因此，在土壤介质表现出较强还原性时(Eh 较低)，氧化还原电位可作为微生物腐蚀的指标之一。

土壤污染是指人类活动所产生的物质，通过多种途径进入土壤，其数量和速度超过了土壤容纳的能力和净化的速度，因而其理化性质发生变化，污染物质的逐渐积累破坏了土壤在自然状态下的理化及生物平衡，导致土壤恶化。土壤污染的主要来源有大气污染中的二氧化硫、氢氧化物和重金属、非金属颗粒，它们通过沉降和降水的途径污染土壤；废水和生活污水未经处理直接排放，它们常含有重金属、无机盐和有机物等；农业中使用的化学农药和化肥。土壤污染导致土壤有机物、微生物数量增加，使得氧气消耗过多，形成厌氧环境，加速硫酸盐还原菌的繁殖，对地下金属材料产生极大威胁；含盐度大大提高，土壤电阻率下降，加速金属腐蚀过程。

4.3　土壤生物环境对材料土壤腐蚀演化的影响

土壤中生存着多种动物、植物和微生物。它们的生命活动会造成土壤环境发生变化。土壤中活的有机体，生活在土壤中的微生物、动物和植物等总称为土壤生物。土壤生物参与岩石的风化和原始土壤的生成，对土壤的生长发育形成和演变，以及高等植物营养供应状况有重要作用。

4.3.1　土壤生物的作用

土壤动物主要包括无脊椎动物，如环节动物、节肢动物、软体动物、线形动物和原生动物；土壤微生物为细菌、放线菌、真菌和藻类等类群。原生动物因个体很小，也可视为土壤微生物的一个类群。土壤生物除参与岩石的风化和原始土壤的生成外，对土壤的生长和发育、土壤肥力的形成和演变及高等植物的营养供应状况均有重要作用。其具体功能有：①分解有机物质，直接参与碳、氮、硫、磷等元素的生物循环，使植物需要的营养元素从有机质中释放出来，重新供植物利用；②参与腐殖质的合成和分解作用；③某些微生物具有固定空气中氮，溶解土壤中难溶性磷和分解含钾矿物等的能力，从而改善植物的氮、磷、钾的营养状况；④土壤生物的生命活动产物如生长刺激素和维生素等能促进植物的生长；⑤参与土壤中的氧化还原过程。所有这些作用和过程的发生均借助于土壤生物体内酶的化学行为，并通过矿化作用、腐殖化作用和生物固氮作用等改变土壤的理化性质。

土壤中一般肉眼能看到的活有机体主要为无脊椎动物，包括环节动物(蚯蚓、千足虫等)、节肢动物(昆虫,主要是昆虫幼虫)、软体动物(蜗牛、蛞蝓等)、线形动物(钩虫、蛔虫和蛲虫)和原生动物(阿米巴、草履虫等)等,根据个体大小、栖居时间和生活方式可分为若干类型,在土壤中分布极不均匀。土壤动物在其生命活动过程中,对土壤有机物质进行强烈的破碎和分解,将其转化为易于被植物利用或易矿化的化合物,并能释放出许多活性钙、镁、钾、钠和磷酸盐类,对土壤理化性质产生显著影响。土壤动物积极参与物质生物小循环。某些环节动物对土壤腐殖质的形成、养分的富集、土壤结构的形成、土壤发育及通气透水性能等均有较好作用。每公顷土壤中含有几百千克的各类动物,主要由蚯蚓、线虫、蠕虫、蜗牛、千足虫、蜈蚣、蚂蚁、螨、蜘蛛等组成。

　　蚯蚓是土壤中无脊椎动物的主要组成,农田每公顷蚯蚓的数量可达 30 万条,森林土壤、种植多年的牧草或绿肥的土壤中数量更多。蚯蚓将土壤中的有机质作为食料,矿物质成分也可通过在蚯蚓体内的生物化学作用发生变化。蚯蚓的代谢物如有机质、全氮、硝态氮、代换性钙和镁、有效态磷和钾、盐基饱和度及阳离子代换量都明显高于土壤。同时,代谢物是有规则的长圆形、卵圆形的团粒,这种结构具有疏松、绵软、孔隙多、水稳性强等特点。此外,蚯蚓的穿行活动明显增强了土壤的通气性。线虫是土壤中后生动物最多的种类,土壤中线虫取食微生物。螨类栖息在土壤中,主要以分解植物残体和真菌为食物,它们把残落物软化,代谢排出后呈散落分布。蚂蚁在土壤中进行挖孔打洞活动,对改善土壤通气性和促进排水流畅起着显著作用。土壤中的宏观动物大多可使土壤更加疏松,具有更好的透气透水性。

4.3.2　土壤中微生物的种类和数量

　　土壤中的微生物是指肉眼无法分辨,只能借助显微镜或电子显微镜才能观察到的活有机体,多为单细胞生物,包括细菌、放线菌、真菌、藻类和原生动物五大类群。土壤中以细菌量最多,其次为放线菌、真菌、藻类和原生动物等。土壤中微生物多以中温好氧和兼性厌氧菌为主。大部分微生物在土壤中靠现成的有机物取得能量和营养成分。土壤微生物的主要功能为:参与土壤有机物的矿化和腐殖化,以及各种物质的氧化还原反应;参与土壤营养元素的循环,促进植物营养元素的有效性;根际微生物及与植物共生的微生物,能为植物直接提供氮、磷和其他矿质元素及各种有机营养;能为工农业生产和医药卫生提供有效菌种;某些抗生性微生物能防治土传病原菌对作物的危害;降解土壤中残留有机农药、城市污物和工厂废弃物等,降低残毒危害;某些微生物可用于沼气发酵,提供生物能源、发酵液和残渣有机肥料。土壤中微生物的数量和种类与土壤的性质有关。土壤有机物越多,微生物越多。

　　细菌是土壤微生物中分布最广泛、数量最多的一类,占土壤微生物总数的

70%～90%，因为个体小、代谢强、繁殖快、与土壤接触面积大，是土壤中最活跃的因素。土壤中存在各类细菌群，其中纤维分解细菌、固氮细菌、硝化细菌、亚硝化细菌、硫化细菌、氨化细菌等在土壤碳、氮、硫、磷循环中担当重要角色。

放线菌分布在土壤淤泥中，在土壤中的数量仅次于细菌，其主要分解有机质。放线菌都是好气性的，土壤 pH 低于 5.5 时其生长受到抑制，适合在 pH7～8 的中性偏碱土壤中生活。蓝细菌是光合微生物，分布广泛，甚至两极都有，但以热带和温带较多。

黏细菌在土壤中数量较少，是已知最高级的原核生物，具备形成子实体和黏孢子形态发生过程，特别适宜在干旱、低温和贫瘠的土壤中存活。

真菌在土壤中的数量次于细菌和放线菌，生存在通气良好和酸性土壤(pH 3～6)中，要求较高的土壤湿度。

藻类为单细胞或多细胞的真核原生生物，土壤中藻类主要由硅藻、绿藻和黄藻组成。有很多表层藻类可进行光合作用，生长在中下层土壤的藻类可分解有机质，硅藻能分解高岭石使硅酸盐中的钾素释放出来。

原生动物为单细胞真核生物，简称原虫，细胞结构简单，分布广泛。原生动物在土壤中起调节细菌数量的作用，促进有效养分的转化，并参与土壤植物残体的分解。

根据营养分类，微生物一般分为四大类。①光能有机营养型：能源来自光，但需要有机物作为供氢体以还原 CO_2、合成细胞质；②光能无机营养型：利用光合作用，以无机物作为供氢体以还原 CO_2、合成细胞质；③化学有机营养型：所需的能量和碳源直接来自土壤有机质，土壤中大多数细菌和几乎全部真菌及原生动物都属于此类；④化学无机营养型：无需有机物质，直接利用空气中的 CO_2 或者无机盐进行生命活动，这类细菌数量、种类不多，可分为硫化细菌、硝化细菌、亚硝化细菌、铁细菌、氢细菌等。

微生物在土壤中的分布有水平分布和垂直分布两种。表 4.5 为中国不同类型的土壤中微生物数量的分布情况。水平分布指不同类型的土壤中所含微生物也不同。土壤的营养状况、pH 和温度等都对微生物分布有影响。例如，油田地区土壤中含有大量较多的碳氢化合物，以它们为碳源的微生物较多。

表 4.5　中国不同类型的土壤中微生物数量的分布情况

土壤类型	地点	细菌数量/(10^4 个/g)	放线菌数量/(10^4 个/g)	真菌数量/(10^4 个/g)
暗棕壤	黑龙江呼玛	2327	612	13
棕壤	辽宁沈阳	1284	39	36
黄棕壤	江苏南京	1406	217	6
红壤	浙江杭州	1103	123	4

续表

土壤类型	地点	细菌数量/(10^4个/g)	放线菌数量/(10^4个/g)	真菌数量/(10^4个/g)
砖红壤	广东徐闻	507	39	11
磷质石灰土	西沙群岛	2229	1105	15
黑土	黑龙江哈尔滨	2111	1024	19
黑钙土	黑龙江安达	1074	319	2
棕钙土	宁夏宁武	140	11	4
草甸土	黑龙江亚沟	7863	29	23
娄土	陕西武功	951	1032	4
白浆土	吉林蛟河	1598	55	3
滨海盐土	江苏连云港	466	41	0.4

垂直分布指同一土壤的不同深度，微生物的分布是不同的。土壤表层因紫外线照射和缺水，微生物较少；5～20cm 深处，微生物的数量最多；自 20cm 以下，微生物数量随深度增加逐渐减少。植物的根系通过根表细胞或组织脱落物、根系分泌物向土壤输送有机质，这些有机质改变了土壤养分循环、土壤腐殖质的积累和土壤结构。同时，输送的有机质可作为微生物养料，大大刺激了根部周围微生物的生长，使得根部周围微生物数量明显增加。

4.3.3　土壤微生物腐蚀

研究表明，输油输气管道、电缆、电子装备、地基等与土壤接触的地下构筑物，尤其是管线的腐蚀，半数以上是由微生物引起或参与的。与腐蚀有关的主要微生物有硫酸盐还原菌、硫氧化菌和铁细菌，其中土壤中存在的硫酸盐还原菌和硫氧化菌最具代表性。对与土壤腐蚀(大多是铁基合金)有关的细菌的特征总结在表 4.6 中。

表 4.6　通常与土壤腐蚀有关的细菌

细菌	相似的土壤条件	新陈代谢作用	产物
硫酸盐还原菌(sulfate-reducing bacteria, SRB)	厌氧、接近中性 pH、硫酸盐离子存在、经常与浸水的黏土壤有关	将硫酸盐转化成硫化物	硫化铁硫化氢
铁氧化菌(iron oxidizing bacteria, IOB)	嗜氧的、酸性的	将亚铁离子氧化成铁离子	硫酸硫酸铁
硫氧化菌(sulfur-oxidizing bacteria, SOB)	嗜氧的、酸性的	将硫和硫化物氧化成硫酸	硫酸
铁细菌(iron bacteria, IB)	嗜氧的、接近中性 pH	将亚铁离子氧化成铁离子	四氧化三铁

地下电子设备也面临微生物的腐蚀。南方地区地下环境温度适宜，系统电子设备常发生微生物腐蚀。这些微生物包括细菌、真菌及霉菌，它们以水、氢和氧为养分，同时，电子设备上的有机材料能够滋养真菌。微生物侵蚀作用主要有：霉菌是潮湿的，当它穿过绝缘表面繁殖时，引起短路；微生物的代谢过程产生酸；微生物生长形成堆积物，使得保护层产生松动、气泡和裂纹；破坏密封，导致表面形成水膜；涂层气泡下微生物堆积，形成半渗透胶囊，从而引起进入表面的缝隙腐蚀；霉菌通过消耗固态物质，破坏金属表面的电平衡，破坏钝化膜。

1. 土壤硫酸盐还原菌腐蚀

地下金属构件的损坏中有很大一部分是由硫酸盐还原菌(SRB)引起的。SRB引发的金属腐蚀是微生物腐蚀中的主要形式之一，在核电、石油工业、海洋结构、船舶及其他许多工业领域均有发生。图4.1为一铝合金管受SRB腐蚀后的状态。

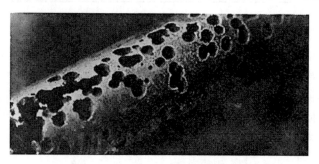

图 4.1　受到 SRB 腐蚀的铝合金管

20世纪初，国外学者发现了 SRB 在金属腐蚀中所起的作用，并开始对其进行研究，发现土壤中硫酸盐还原菌引起的腐蚀仅次于杂散电流的腐蚀作用。在我国，对 SRB 参与的腐蚀现象的研究始于20世纪50年代。但迄今，国内外对于土壤中管道的 SRB 腐蚀的研究并不多。

目前 SRB 已经有12个属，近40多个种。其中研究最普遍的 SRB 是脱硫弧菌属和脱硫肠状菌属。自然环境中的 SRB 大多属于脱硫弧菌属，这类细菌宽度小于 $2\mu m$，呈革兰氏阴性，无芽孢，以单根鞭毛运动。其通常以有机物丙酸盐、葡萄糖、乳酸盐等作为电子供体，利用有机物的同时可把硫酸盐、亚硫酸盐、连二亚硫酸盐等还原成 H_2S。脱硫肠状菌属的 SRB 也为革兰氏阴性菌，可形成芽孢。SRB 是一类以有机物为养料，广泛存在于土壤、海水、运输管道、油气井等环境中的厌氧细菌。其是在无氧条件下，用乳酸或丙酮酸等有机物作为电子供给体，用硫酸盐作为末端电子接受体，把 SO_4^{2-} 氧化为 S^{2-} 而生成的厌氧菌。SRB 在微量氧气中也可存活，其生长需要合适的盐含量(2%～6%)。SRB 正常条件下呈几何数级增加。目前,关于 SRB 的腐蚀机理解释主要为阴极去极化理论和代谢产物去极化理论。

SRB 的生长期研究表明:SRB 在 0~4 天为对数生长期,4~6 天为生长稳定期,6 天后为衰亡期。在 SRB 的对数生长期,SO_4^{2-} 浓度迅速降低,而 H_2S 含量迅速增加到最大值。6 天后,溶液里 SO_4^{2-} 及 SRB 所需的其他营养物质被消耗掉,使得 SRB 逐渐衰亡,H_2S 含量也随之下降。

SRB 可以在 -5~75℃ 条件下生存,并能很快适应新的温度,某些菌种可以在 -5℃ 以下生长,具有芽孢的菌种可以耐受 80℃ 的高温,少数可形成芽孢的 SRB,可以在 131℃ 的高温中存活 20min。SRB 可按生长温度范围划分为低温菌、中温菌和高温菌。中温菌最适生长温度为 30~40℃,也能在 10~15℃ 的温度中存活。低温菌包括专性嗜冷菌和兼性嗜冷菌,专性嗜冷菌最适的生长温度为 15~18℃,≥20℃ 时即可死亡;兼性嗜冷菌最适生长条件与中温菌相似,但也可在 ≤20℃ 的温度中缓慢生长。高温菌一般适合在 55~75℃ 的温度中生长,最低生长温度为 35~40℃。有些嗜热 SRB 适应范围更宽,最高温升至 92℃ 时仍可存活。

pH 是影响 SRB 活力的主要因素。SRB 可在 pH 为 5.5~9 的范围内生存,在 pH 6.5~7.5 时可以良好生长,最佳 pH 为 7.5。据报道,某些 SRB 可在酸性(5.9)至中性(7.0)环境中调节胞内外 pH 差,使胞内 pH 稳定在 7.1~7.5,维持生长与代谢。SRB 不是严格的厌氧菌,能在一定浓度的环境溶解氧存在的情况下存活甚至占优势,但在接近饱和的溶解氧浓度下不能存活。总体来说,SRB 属于厌氧菌,其生存环境的氧化还原电位必须低于 100mV。

我国东北、西北、西南和华北的腐蚀试验站的钢件周围及腐蚀产物中分离出了纯化硫酸盐还原菌,确定了我国广大区域的土壤中分布的钢铁腐蚀厌氧腐蚀细菌为普通脱硫弧菌和脱硫弧菌。除此之外,硫酸盐还原菌还对涂料有剥离破坏作用,南方水稻田中油气管线的细菌腐蚀极为严重,涂层遭受霉菌侵蚀,如图 4.2 所示。

2. 土壤硫氧化菌腐蚀

硫氧化菌是通过可溶或溶解的硫化物,从中获得能量,且能将低价硫化物氧化为硫,并将硫氧化成硫酸盐的一类嗜氧型细菌。硫氧化菌能氧化硫元素、硫代硫酸盐及亚硫酸盐。硫氧化菌通过还原无机硫化物来获取能量,包括许多硫酸盐和硫化物,将它们氧化成 SO_4^{2-},或者是将硫化氢氧化成高价硫化物,使酸性增加导致腐蚀;在厌氧环境下需要硝酸盐和溶解气态氮,NO_3^- 作为电子受体,本身被还原成 N_2。目前,大多数研究都是针对 SRB,硫氧化菌与硫酸盐同属硫细菌,硫氧化菌特别是可产生酸的硫杆菌逐渐引起关注。硫氧化菌在新陈代谢过程中产生

图 4.2　钢管被霉菌侵蚀

酸并将二价铁氧化成三价铁,土壤中硫氧化菌附着于埋地材料上,使局部 pH、氧含量、电解质成分发生变化,加上生物膜的形成,都对材料的腐蚀造成影响。

硫杆菌包括脱硫杆菌、排硫杆菌、氧化亚铁硫杆菌、氧化硫硫杆菌,以上四种菌种最适宜的生长温度为 28～30℃,其中脱硫杆菌是一种兼性厌氧菌,其余三种细菌是好氧菌。

硫氧化菌中研究较为普遍的是硫杆菌,其大多数为氧化能自氧型微生物,在氧气的作用下将硫化物氧化,主要发生反应为

$$2H_2S + O_2 \longrightarrow 2H_2O + 2S + \text{能量} \tag{4.9}$$

$$2FeS_2 + 2H_2O + 7O_2 \longrightarrow 2FeSO_4 + 2H_2SO_4 + \text{能量} \tag{4.10}$$

$$2S + O_2 + 2H_2O \longrightarrow 2H_2SO_4 + \text{能量} \tag{4.11}$$

大量研究表明,SOB 和 SRB 共存,硫酸亚铁在 SRB 作用下被还原成硫化氢,硫化氢又被氧化成硫酸,SRB 产生的硫化氢被 SOB 氧化,这就在钢表面形成一个持续的电解过程。SOB 可将氧化亚铁离子氧化成氢氧化铁,这个反应通常发生在钢结构上。

1945 年,有人从腐蚀的混凝土表面分离出了 5 种硫杆菌,该混凝土腐蚀与细菌产酸性能有关。有学者发现,排污管道和管道结构出现硫化富集,湿度较高和氧含量高的区域腐蚀严重,这与硫酸杆菌的生长和代谢活动密不可分。硫杆菌的产酸性与微生物腐蚀密切相关,值得一提的是,生物性硫酸腐蚀不同于化学性硫酸腐蚀,在化学性硫酸腐蚀中,氢离子的溶液和硫酸根离子的解离作用相结合,为化学反应创造了一个攻击位点,破坏了基本的稳定性;由于化学性硫酸腐蚀缺乏穿透性,使腐蚀仅发生于材料表面,腐蚀产物本身对于这类酸的进一步腐蚀有

阻碍作用；由于腐蚀前端具有较适宜的微生物生长环境，硫杆菌会在腐蚀产物中产生更多的酸，因此生物产酸的腐蚀都比化学性酸腐蚀要严重。

3. 土壤铁细菌腐蚀

铁细菌是一类将二价铁氧化成三价铁并从中得到能量的一群菌落，适宜生长在 pH 为 5.4~7.2、温度为 20~30℃ 的环境中。在有水存在的条件下，铁细菌能使亚铁离子氧化，并使之生成三价的氢氧化铁沉淀。铁细菌生存在氧含量低和含有 CO_2 的弱酸中，碱性条件下不易生长。铁细菌按式(4.12)和式(4.13)进行生物氧化反应：

$$2FeSO_4 + 3H_2O + 2CaCO_3 + 1/2O_2 \longrightarrow 2Fe(OH)_3 + 2CaSO_4 + 2CO_2 \quad (4.12)$$

$$4FeCO_3 + 6H_2O + O_2 \longrightarrow 4Fe(OH)_3 + 4CO_2 + 能量 \quad (4.13)$$

反应中生成的铁离子会与水电解形成的氢氧根离子迅速反应，生成氢氧化铁，由于氢氧化铁是不溶性的沉淀，因此上述过程不会因为氢氧化铁的增加而减弱；这些氢氧化铁在管壁表面形成沉淀，富集到一定程度形成厌氧区，为硫酸盐还原菌的生长繁殖提供了有利的环境。同时，这些氢氧化铁会在管壁聚集成沉淀，此时会有阳极点在管道的金属表面形成，与饮用水中的高浓度氧的大范围阴极区构成原电池，结果就是造成管道的局部点蚀。有研究表明，铁细菌和硫酸盐还原菌共同作用时会极大地加速腐蚀过程，能比普通电化学腐蚀的腐蚀速率高出 300 倍以上。

4. 土壤多种细菌共生腐蚀

在实际土壤环境中，存在大量不同种类的微生物，而微生物腐蚀过程往往是多种微生物共同作用的结果，不同菌种之间的交互作用会引起不同的腐蚀结果。当两种微生物群体共同依赖于同一营养基质或环境因素时，在这个群体中的一方或双方微生物群体在数量增殖速率和活性等方面受到限制，彼此产生生存空间或是营养物质的竞争。这种竞争关系势必影响彼此的正常代谢，进而改变微生物作用下的腐蚀过程。

SRB 与异养反硝化细菌混合生长时，挥发性脂肪酸是这两种细菌的主要碳源，而异养反硝化细菌在竞争中占优势，使得 SRB 的生长受到抑制，从而使腐蚀性代谢产物减少，起到抑制腐蚀的作用。

由于一种微生物类群生长时所产生的某些代谢产物，抑制甚至毒害了同一环境中的另外微生物类群的生存，而其本身却不受影响或危害，这种现象称为拮抗现象。一种短杆菌肽对 SRB 和铁氧化菌对碳钢腐蚀作用的影响研究发现，这种短杆菌肽对 SRB 和铁氧化菌的生长都有抑制作用，因此降低了这两种细菌的碳钢腐蚀速率。异养硝化细菌的代谢过程会产生 NO_2^- 等中间产物，这些物质的产生会抑制 SRB 的硫代谢过程中还原酶的活性，从而对硫化物的产生起到抑制作用，腐蚀作用降低。许多学者研究了脱硫杆菌的生长特性，发现它与 SRB 共存时，对 SRB 的腐蚀过程有明显的抑制作用。脱氮硫杆菌与 SRB 的生长环境因素相差不大，两者共存时，对彼此的生长基本没有影响。但脱硫杆菌自身的硫代谢会减少 SRB 产生的腐蚀性硫化物铁氧化菌的存在，使得 SRB 的腐蚀产物铁的硫化物转化成氢氧化铁或是铁的磷酸盐化合物，当 SRB 和铁还原细菌共存时，腐蚀作用减弱。

当好氧微生物和厌氧微生物共栖时，好氧微生物会消耗环境中的氧气，给厌氧微生物的生存和发展提供更有利的环境条件。因此，SRB 和铁细菌共同作用时，腐蚀作用比单一细菌作用更强。有学者发现，在好氧的假单胞菌和 SRB 共同作用下，奥氏体不锈钢的局部腐蚀速度加快。在生物膜形成的过程中，好氧生物会最先在金属表面附着，并在初步形成的生物膜下形成局部厌氧微区，厌氧的 SRB 在局部厌氧环境下进行硫代谢活动，从而积累大量的硫化物，进而造成金属腐蚀。需钠弧菌是一种兼性厌氧菌，它和 SRB 混合培养时，氧气的消耗同时促进了两种细菌的生长，使得腐蚀作用增强。在研究氧化亚铁硫杆菌和氧化硫硫杆菌的碳钢的腐蚀作用时，发现两种硫氧化菌的协同作用与单一细菌作用相比，加快了碳钢的腐蚀速率。这主要是由于氧化亚铁硫杆菌代谢产生的氢氧化铁会和另一种代谢产物硫酸反应，产物的减少会加快正反应的进行，金属腐蚀加快。

4.4　碳钢盐碱土腐蚀及其影响因素

土壤腐蚀是一个多因素影响的复杂过程，随季节更迭，随土壤温度和含水量等指标发生周期性的变化。现场埋样试验可以反映埋样位置的土壤腐蚀状态，是判断土壤腐蚀性及材料在特定土壤中腐蚀行为的最直接、最客观的方法。但是受试验周期的限制，其反映的是材料在土壤中经过一定周期腐蚀的总体结果，而温度和含水量指标的变化对腐蚀速率、腐蚀产物的结构和分布等影响并不能体现出来。实验室埋样试验是土壤腐蚀研究的一种主要方法，与现场埋样试验相比，土壤温度、含水量等指标在实验室更容易控制，便于研究温度、含水量等对材料腐蚀的影响。

4.4.1　碳钢在大港现场埋样试验中的腐蚀演化规律与形貌

Q235 钢在大港试验站现场埋样腐蚀失重及平均速度见图 4.3。Q235 钢在大港试验站埋样前 5 年的腐蚀速率随时间延长升高较快，5～8 年的腐蚀速率有所下降，这主要是由于试样表面腐蚀产物的聚集和试样周围氧浓度下降，抑制了腐蚀的进一步进行。进行幂函数拟合[式(4.14)]，其中，M 为 Q235 钢单位面积腐蚀失重(g/dm²)；t 为腐蚀时间(天)；D、n 为常数，拟合结果见表 4.7。

$$M = Dt^n \tag{4.14}$$

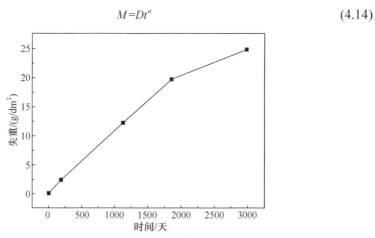

图 4.3　Q235 钢在大港试验站现场埋样腐蚀失重

表 4.7　Q235 钢在大港试验站现场埋样腐蚀失重拟合结果

时间/年	D	n
0~5	0.016	0.945
0~8	0.071	0.735

Q235 钢在大港试验站现场埋样 1 年，去除腐蚀产物前后的形貌见图 4.4(a)，可以看出：试样表面布满了黑色腐蚀产物，产物疏松，较容易去除；去除产物后的试样表现为均匀腐蚀和点蚀，其中点蚀形貌如图 4.4(b)所示，经点蚀深度测试，点蚀的演化发展规律也符合幂指数规律。

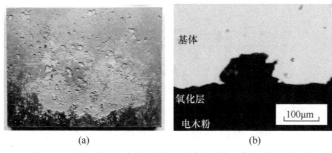

图 4.4　Q235 钢在大港试验站现场埋样 1 年的宏观形貌

去除腐蚀产物后试样表面扫描电子显微镜(SEM)照片如图 4.5 所示，试样表面以均匀腐蚀形貌为主，也有较多的孔洞与局部腐蚀的形貌。能量色散 X 射线谱(EDS)扫描结果表明，腐蚀产物主要为 Fe_3O_4。

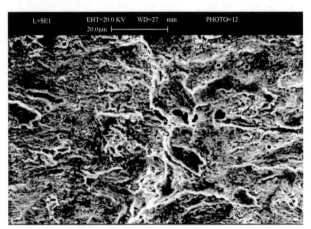

图 4.5 Q235 钢在大港试验站现场埋样 1 年的腐蚀形貌

4.4.2 碳钢在室内大港土壤埋样的腐蚀演化规律与形貌

Q235 钢在不同含水量、不同温度的大港土中，实验室内埋样 30 天后的腐蚀失重情况见图 4.6。

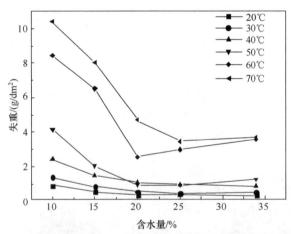

图 4.6 Q235 钢在不同含水量、不同温度的大港土中埋样 30 天后的腐蚀失重

在大港土中，Q235 钢单位面积腐蚀失重随温度升高而增加，相同温度下，10%含水量大港土中 Q235 钢的腐蚀失重最大，腐蚀失重随含水量增加逐渐降低，含水量到 20%后，随含水量增加，腐蚀失重变化不大，基本维持在一个恒定值。对大港土中的 Q235、16Mn 和 X70 三个钢种进行了半年的埋样试验，也得到了相同的腐蚀速率分布情况：三种钢在含水量 10%的土壤中腐蚀最为严重，含水量 20%

的土壤次之,而在含水饱和土壤中的腐蚀程度最低。

温度对 Q235 钢在大港土中腐蚀速率的影响很明显,对于 10%含水量大港土,其单位面积腐蚀失重由 20℃时的 0.835g/dm^2 增加到 70℃时的 10.326g/dm^2。不同温度下,腐蚀速率随含水量变化的规律却基本没有改变:腐蚀速率随含水量增加而降低,超过中等含水量(20%)后,腐蚀速率基本维持在一个恒定值,从前面的试验结果可以看出:降低含水量和提高温度都可以有效地加速 Q235 钢在大港盐土中的腐蚀。

由于大港地区地下水位较高,常年处于中、高含水量状态,这里以 Q235 钢在 20℃,20%、25%和34%含水量条件下的腐蚀失重平均值 0.28g/dm^2 为基准,从表 4.8 可以方便地获得实验室埋样试验中不同温度和含水量条件下 Q235 钢腐蚀的加速比。

表 4.8　Q235 钢在实验室埋样试验中不同温度、不同含水量条件下的加速比

含水量/%	温度/℃					
	20	30	40	50	60	70
10	2.96	4.64	8.43	14.50	29.82	36.89
15	1.68	2.71	4.96	7.00	23.00	28.46
20	0.93	1.71	3.57	3.11	8.89	16.46
25	1.18	1.29	3.14	3.04	10.36	12.07
34	0.89	1.57	2.86	4.25	12.50	12.96

从表 4.8 所示的数据可以看出:在 20%～34%含水量条件下,当温度从 20℃提高到 70℃时,可获得 12.07～16.46 倍的加速比;当含水量降低到 10%,温度提高到 70℃时,可获得 36.89 倍的加速比。

4.5　结　　语

土壤腐蚀的环境因素十分复杂,研究人员普遍认为土壤是世界上最复杂的电化学腐蚀体系。一是从总体看,在大气、土壤和水环境等三类自然环境腐蚀体系中,大气环境和水环境对土壤环境有着重要的影响,二是因为土壤自身的特性也是最复杂的,其自身因素可以分为物理学因素、化学因素和生物学因素等类型。

我国全境共有 61 种土类,种类繁多,地形也十分复杂,世界罕见。对我国土壤腐蚀规律及其主要影响因素的研究,对发展我国高品质耐蚀材料和埋地装备及基础建设都十分重要。1958 年,通过在 8 种土壤中投试试样 4300 件,对我国土壤环境腐蚀性分级分类有了初步认识。1986 年的第二阶段材料投试增加了 15 种土壤，投试试样 1.2 万件，获得了土壤均匀腐蚀机理和 22 种主要环境参数的影响规律。2002 年以后的主要工作是在我国 40 种土类投试了 3.2 万件试样，形成了规模最大的实土埋样腐蚀野外试验，部分试验延续上一阶段试验，埋设周期超过 40 年，取得的主要发现为：不锈钢和铝合金等钝态金属材料在酸性和中性土壤中腐蚀速率很小，但在盐渍土中失重很快，出现严重点蚀，1Cr13 和 1Cr18Ni9Ti 埋设 5 年点蚀深度分别达 1.9mm 和 0.2mm；碳钢、黄铜和铅等金属材料的土壤腐蚀形态明显不同于其在大气环境中的均匀腐蚀，为均匀腐蚀+点蚀，并发现了金属土壤腐蚀最大点蚀深度随时间演化符合幂函数规律。人们一直以来认为我国土壤不会诱发材料的应力腐蚀开裂，这一观点对地下管线安全服役极其有害。通过以上工作首次发现了典型金属材料在我国野外土壤环境中均存在 SCC 敏感性，SCC 规律为阳极溶解与氢脆(AD+HE)混合机理，HE 作用比大气和海水体系更为显著，强度级别越高，SCC 敏感性越强。

在环境因素作用方面，进一步把环境因素集中在土壤电阻率、含水量、pH、质地、氧化还原电位、管地电位、含盐量和 Cl⁻含量等诱发土壤局部腐蚀的八个关键环境因素上，并建立了不同地域上述因素和腐蚀速率之间的定量关系。建立了金属材料土壤环境"八因素"腐蚀性综合评价方法，被国家标准《基于风险的埋地钢质管道外损伤检验与评价》(GB/T 30582—2014)和《埋地钢质管道腐蚀防护工程检验》(GB/T 19285—2014) 采用，标准实施后，催生了我国高达数亿吨的高品质管线钢的生产与使用，达 15 万 km 的管线钢耐蚀性得到明显提升。

第5章　土壤腐蚀演化的材料影响因素

材料种类千差万别，现代社会中新材料以每年5000种以上的速度增长。近年来，国际上材料发展趋于多元化，并由以传统材料为主向传统与功能材料并重方向发展，加之服役环境逐渐向特殊、苛刻条件发展，并考虑声光热力电磁及生物物质影响，以及现代物理理论与试验技术基础上的微观与深度方向的发展，新的表征与腐蚀控制技术，在环境保护、新能源、资源节约、生物技术、电子信息技术、空间技术、国防技术等新兴领域，构成了各种耐蚀新材料广大的新生长点。

研究表明，在大气、土壤和水环境等自然环境中，在腐蚀的起始阶段，环境影响因素对腐蚀发生的贡献占比超过90%，随着腐蚀的演化发展，材料表面生成的腐蚀产物对腐蚀可能的抑制作用，加之其与环境的阻隔，使得环境因素对腐蚀演化发展的贡献占比大大下降，材料自身因素对腐蚀演化发展的贡献逐渐增大。考古发现给我们的启示是，最后在土壤中留存的青铜器、铁器、漆器和丝织品，都取决于自身的品质，留下的文物遗存都是品质良好的材料。这说明材料成分、组织和结构因素是在整个腐蚀演化进程中起决定性作用的，尤其是在腐蚀中后期。本章将探讨材料成分、组织和结构等材料学因素对土壤腐蚀的影响规律，在此基础上试图发展土壤耐蚀材料的设计原则。

5.1　材料表面状态对土壤腐蚀的影响

金属材料表面性质的不均匀性使金属材料表面存在许多微小的、电位高低不等的区域，可构成不同微观腐蚀电池，如图 5.1 所示。

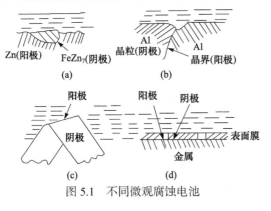

图 5.1　不同微观腐蚀电池

(1) 金属表面化学成分不均匀性引起的微电池。例如，工业纯锌中的铁杂质 $FeZn_7$，如图 5.1(a)所示，碳钢中的渗碳体 Fe_3C、铸铁中的石墨等，在腐蚀介质中，金属表面就形成了许多微阴极和微阳极，因此导致腐蚀。

(2) 金属组织不均匀性构成的微电池。传统的金属材料大多是晶态，存在着晶界和位错、空位、点阵畸变等晶体缺陷。晶界处由于晶体缺陷密度大，电位较晶粒内部要低，因此构成晶粒-晶界腐蚀微电池，晶界作为腐蚀微电池的阳极而优先发生腐蚀，如图 5.1(b)所示。金属及合金组织的不均匀性也能形成腐蚀微电池。

(3) 钢表面物理状态的不均匀性构成的微电池。低合金结构钢在机械加工、构件装配过程中，由于各部分应力分布不均匀或形变不均匀，都将产生腐蚀微电池。变形大或受力较大的部位成为阳极而腐蚀，如图 5.1(c)所示。

(4) 钢表面膜不完整构成的微电池。无论是钢表面形成的钝化膜，还是镀覆的阴极性金属镀层，由于存在孔隙或发生破损，该处裸露的钢基体的电位较负，构成腐蚀微电池，孔隙或破损处作为阳极而受到腐蚀，如图 5.1(d)所示。

综上所述，低合金结构钢腐蚀的起源一般是由其表面微电池引起的，表面成分差异、组织不同或其他缺陷是构成腐蚀微电池阴阳极的基础，表面腐蚀微电池的测量与表征是探索其腐蚀起源的重要工具，是研究各种腐蚀类型和腐蚀破坏形态下腐蚀起源的基础。

5.2　金属土壤腐蚀的材料影响因素

5.2.1　低合金钢成分组织结构因素对土壤的影响

1) 夹杂物对土壤腐蚀的影响

在冶炼过程中，为了降低钢中的氧含量，会通过添加合金元素作为脱氧剂进行脱氧处理，可以获得氧含量极低的钢，同时会在钢中生成大量的非金属夹杂物，如采用 Al 脱氧后生成的 Al_2O_3 夹杂、复合脱氧剂 Mn-Si-Al 系列、碱土金属合金及稀土合金等后生成的 $CaO-Al_2O_3-SiO_2$ 等复合夹杂物。钢中夹杂物不仅降低了钢材塑性、韧性和疲劳强度等加工性能和机械性能，而且还会对钢材的耐蚀性产生影响。

为了弱化钢中夹杂物带来的危害，"洁净钢"冶金生产工艺在全球得到大量研究者的重点关注。通过改善二次精炼和连铸的操作工艺，降低钢中夹杂物含量，加快夹杂物的分离去除和避免钢液的二次氧化。不同钢种对夹杂物尺寸的要求范围不同，只要夹杂物对钢种的加工和机械性能不产生明显的影响，基本都被认为是无害的。例如，弹簧钢的夹杂物数量较少，$CaO-Al_2O_3-SiO_2$ 和 Al_2O_3 的尺寸都在 $10\mu m$ 以下，就可以称为有较高的洁净度。在对夹杂物要求较高的轴承钢中，对夹杂物数量、形态和分布有着更高的要求。瑞典 SKF 公司利用真空炉技术生产的轴承钢中夹杂物数量和尺寸都明显减小,典型的 Al_2O_3 和 $Al_2O_3 \cdot MgO$ 夹杂物尺寸一般小于 5μm。日本产的轴承钢中全氧含量可以控制在 5×10^{-6} 以下,实现全部夹杂物小于 7.5μm。虽然我国部分钢厂炼钢过程的全氧含量控制水平已经达到世界先进水平,但是整体还和世界先进水平有较大的差距。差距主要是国产钢中碳化物均匀性和 DS 类金属夹杂物尺寸的稳定性较差,如氧化物夹杂物最大尺寸可以达到 50~52μm。

然而,"洁净钢"概念的提出,主要是从解决钢材的加工和机械性能角度出发的。针对其对钢材耐蚀性的影响,尚未有取得系统的研究成果。研究认为,夹杂物作为低合金结构钢中不可避免的组织结构缺陷,在诱发腐蚀的过程中起着重要的作用,这种材料表面化学或物理性质不均匀的地方,经常会诱发点蚀、缝隙腐蚀、应力腐蚀、疲劳开裂和电偶腐蚀等腐蚀行为的发生。

MnS 夹杂物是钢中最常见的夹杂物之一。一般认为 MnS 夹杂物和钢基体构成的腐蚀电偶可以促进超低碳钢的钢基体溶解,进而诱发早期局部腐蚀的萌生。研究发现,碳钢会在硫化物(一般为 MnS)周围发生点蚀,点蚀会最先在 MnS 周围的钢基体开始发生,因为此处的电位比其他区域的钢基体电位较负,更易引发点蚀;有些硫化物的活性较高,也会最先开始发生溶解。在电化学试验研究中发现,低硫含量下形成了一层保护膜,随着硫含量的增加,出现弱钝化甚至导致钝化区域消失。一般认为碳钢中点蚀萌生是由氯离子浓聚导致酸化催化使钢基体溶解造成的。在低碳钢中,腐蚀在硫化物和钢基体之间的缝隙处萌发,诱发缝隙腐蚀,在金属基体和硫化物界面处形成的氧化膜上有缺陷存在,当电位较高时,在氯离子的作用下,氧化膜的缺陷处发生破裂从而诱发点蚀。MnS 夹杂物和钢基体之间的腐蚀电偶作用可以造成夹杂物周围钢基体的溶解。同时,钢中的 M/A 岛和钢基体之间的腐蚀电偶可以加速点蚀的产生。随后,腐蚀起源处内和外的钢基体都发生腐蚀,腐蚀加重,并逐渐变成均匀腐蚀。

Al_2O_3 作为铝脱氧镇静钢中常见的夹杂物,其诱发局部腐蚀具有一定的代表性。研究表明,Al_2O_3 夹杂物可以促进裂纹的扩展进而降低管线钢抗氢致开裂的腐蚀能力,钢中 Al_2O_3 夹杂物诱发夹杂物和钢基体的界面处钢基体的溶解进而诱发局部腐蚀。有报道认为富 Al_2O_3 夹杂和其临近钢基体之间的腐蚀电偶作用是导致局部腐蚀发生的主要原因。在利用微区阻抗技术对 X100 钢中夹杂物对腐蚀开裂的影响进行研究时发现,钢中 Al_2O_3 的阻抗明显比和其接触的钢基体的阻抗要大,认为 Al_2O_3 夹杂在其和钢基体组成的电偶中作为阴极相存在。有研究认为,作为钢中的第二相,非金属夹杂物具有与钢基体不同的电极电位。因此,当含有非金属夹杂物的钢被浸入某些电解质时会发生电偶腐蚀。然而,也有研究认为具有更负电极电位的夹杂物可能优先被侵蚀为阳极。

采用一系列微区电化学试验方法,对 Al_2O_3 夹杂物诱发点蚀的过程进行了研究。通过原子力显微镜技术测量发现,Al_2O_3 夹杂物不具有电流敏感性,如图 5.2 所示,其作为一项绝缘体相，和钢基体之间无法构成腐蚀电偶。通过观测氩离子减薄试样和电子背散射衍射(EBSD)试验发现，Al_2O_3夹杂物周围存在大量的缝隙和晶格畸变，如图5.3所示。类似的晶格畸变或位错现象在镁合金中的夹杂物周围也被证实过。

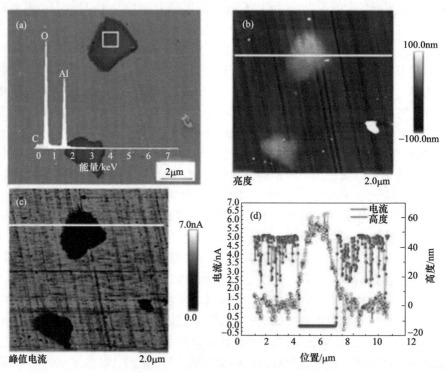

图5.2　(a)Al_2O_3夹杂物的场发射扫描电镜(FE-SEM)图像和EDS结果；(b)图(a)中夹杂物的原子力形貌图像；(c)图(a)中夹杂物的电流敏感度图像，原子力探针针尖施加电压为+6.0V；(d)图(b)和图(c)中的线分析数据

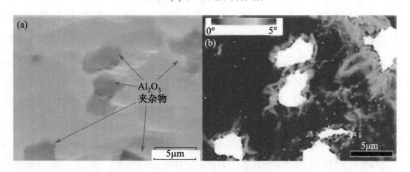

图5.3　氩离子减薄仪处理试样中Al_2O_3夹杂物的FE-SEM图(a)和由EBSD试验得到的夹杂物周围的应力集中区域(b)

　　在利用扫描振动电极技术对夹杂物诱发腐蚀的过程中进行电流跟踪测试时发现，夹杂物周围的区域出现较高的腐蚀电流，如图 5.4 所示。除锈后发现，夹杂物周围有较深点蚀坑的形成。

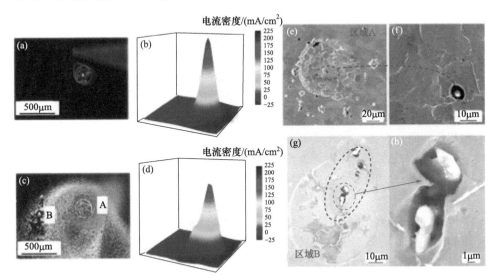

图 5.4　扫描振动电极试验过程中电流分布图及除锈后夹杂物处点蚀坑的形貌

　　钢中 Al_2O_3 夹杂物诱发点蚀的机理为：硬质 Al_2O_3 夹杂物周围的微缝隙中，侵蚀性离子的存在导致缝隙腐蚀。随着腐蚀时间的延长，该区域侵蚀性离子的浓度不断升高，导致周围应力集中区域溶解，进一步促进点蚀的发生。当锈层逐渐覆盖在点蚀坑的上部时，便会产生闭塞效应，诱发酸化自催化电池的产生。随着点蚀坑中 Cl^- 浓度的增加，点蚀坑中的溶液为了保持电中性，钢基体不断发生溶解，这进一步加速了点蚀的生长。同时，由于腐蚀产物的覆盖，点蚀坑处和周围钢基体处的氧含量浓度发生变化，产生氧浓差电池，进一步促进点蚀的生长。

　　稀土作为强脱硫剂和脱氧剂，经常被加入钢中，对钢中 MnS、Al_2O_3 夹杂物的形态和成分进行改性处理。稀土改性后，可以明显减小钢中夹杂物的尺寸，增加夹杂物的数量，提高夹杂物的弥散度，可以改善钢的机械性能、焊接性能和耐蚀性。研究表明，在含有 MnS 的钢中加入稀土后，钢中生成的稀土硫化物夹杂物具有更低的电导率，虽然电极电位较高，但无法充分发挥其阴极作用，可以提高钢的耐蚀性。虽然稀土改性夹杂物的尺寸明显小于常规夹杂物，但是由于其大于 $1\mu m$，所以依然具有诱发局部腐蚀的可能性。

　　目前在不锈钢耐蚀性研究领域，对稀土改善钢材耐蚀性的研究较多。研究发现，在不锈钢中添加稀土元素(RE)，可以明显提高钢材耐点蚀和缝隙腐蚀的性能。在不锈钢中，点蚀主要在(RE, Cr, Mn)-O-S 夹杂物和钢基体的界面处萌生，不含稀土的(Mn, Cr, Fe)-O-S 夹杂物比含稀土的(RE, Cr, Mn)-O-S 夹杂物更容易发生溶解而诱发点蚀的发生。针对低合金结构钢中稀土夹杂物耐蚀性的研究并不多见。经过研究发现，加入稀土后，钢中形成了含铝和不含铝两类夹杂物，分别为$(RE)_2O_2S$-$(RE)_xS_y$ 和$(RE)AlO_3$-$(RE)_2O_2S$-$(RE)_xS_y$。对于不含铝的$(RE)_2O_2S$-$(RE)_xS_y$夹杂物，其表面电位远低于钢基体，说明在腐蚀过程中夹杂物的稳定性要比钢基体差，由电流敏感度试验测试可知稀土氧硫化物不具备导电性，证明该类夹杂物和钢基体无法构成腐蚀电偶。对于含铝的$(RE)AlO_3$-$(RE)_2O_2S$-$(RE)_xS_y$ 夹杂物，夹杂物核心部分为$(RE)_2O_2S$-$(RE)_xS_y$，边缘部分为$(RE)AlO_3$。该类中心为稀土氧硫化物的复合夹杂物结构，复合夹杂物核心部分的电位低于钢基体，说明其稳定性差于钢基体，而复合夹杂物外壳部分的$(RE)AlO_3$的表面电位要高于钢基体，说明其稳定性优于钢基体。电流敏感度测试结果表明，该类夹杂物不具有导电性，说明夹杂物和钢基体之间无法构成腐蚀电偶。

2) 组织类型对土壤腐蚀的影响

传统的低合金结构钢的组织结构是铁素体加珠光体组织,随着强韧性的提高,典型的组织为贝氏体组织,以针状贝氏体或块状贝氏体为主,随着强度级别的进一步提高,马氏体组织将成为高强度低合金钢的主要组织形态。大多数学者认为显微组织只对新鲜金属表面的耐蚀性产生影响,当金属表面覆盖有腐蚀产物时,显微组织的影响基本可以忽略,成分的影响开始突出,内锈层中的合金元素能够增加锈层的致密性,阻止环境中的腐蚀介质与金属表面接触,有效地保护金属。但这种观点只对均匀腐蚀成立,对于点蚀、电偶腐蚀、缝隙腐蚀、应力腐蚀和腐蚀疲劳等局部腐蚀类型,组织结构的影响是深远和持久的。

在显微组织对腐蚀性能影响的研究中比较一致的观点认为,铁素体的耐蚀性优于珠光体和奥氏体,珠光体和奥氏体比板条马氏体具有更好的耐蚀性。采用Ag/AgCl 微电极研究了 20 钢和 16Mn 钢中各微区相在 1mol/L NaNO$_3$ 溶液中的电化学行为,认为铁素体相和珠光体相存在着明显的电位差,铁素体相、珠光体相及二者混合相的电位符合混合电位理论,以珠光体相零电流电位最负,铁素体相最正,二者混合相居中。珠光体相优先腐蚀,腐蚀电流密度最大,铁素体相腐蚀电流密度最小,腐蚀较轻。混合相的腐蚀从珠光体相开始,待珠光体相被完全腐蚀后,腐蚀就开始从铁素体/珠光体相界开始向铁素体相内部推进。研究发现,在盐雾试验中,组织单一的铁素体组织或贝氏体铁素体组织的耐蚀性优于铁素体/珠光体混合组织,均匀单一的铁素体组织或贝氏体铁素体组织试样表面倾向于形成含较少量裂纹的均匀腐蚀产物膜,在大气腐蚀初期有利于形成致密的锈层,对金属起到保护作用。研究还发现,微观组织是影响超低碳贝氏体高强钢海洋环境下耐蚀性的重要因素,其板条贝氏体组织细密均匀,没有明显的晶界,钢中微电池的数量大大减少,提高了钢的耐蚀性,其抗点蚀能力优于铁素体/珠光体混合组织。单相贝氏体钢的耐蚀性优于铁素体/珠光体复相组织钢。马氏体的形态和含量都影响双相钢的腐蚀性能,增加马氏体的含量和结构细化对材料的腐蚀性能产生不良影响,岛状马氏体组织能够提高抗腐蚀性能。铁素体/珠光体钢腐蚀时表面会留下片层状的 Fe_3C,作为阴极会加速铁素体相的溶解,在 Fe_3C 片层之间形成 Fe^{2+} 的局部集中,局部流动阻滞和高的 Fe^{2+} 浓度促使在 Fe_3C 片层之间形成 $FeCO_3$ 腐蚀产物,片层状的 Fe_3C 对腐蚀产物有锚固作用。如果腐蚀产物膜局部破坏,将以这种机理被很快修复。通常铁素体/珠光体钢的腐蚀产物膜较厚,$FeCO_3$ 晶粒排列紧密,成膜速度也比较快,膜/基剪切强度较高,这种膜阻挡了腐蚀离子与基体表面的接触,提高了钢的耐蚀性。马氏体钢组织中均匀弥散分布的球形 Fe_3C 作为阴极,不但能够加速腐蚀,而且对腐蚀产物不具有锚固作用,所以在腐蚀产物脱落的位置,局部腐蚀比较严重。在 $FeCl_3$ 溶液中浸泡时,点蚀优先产生于马氏体/奥氏体相界及奥氏体相上。研究发现,显微组织能够影响 $FeCO_3$ 产物膜的厚度和与基体的结合度,铁素体/珠光体钢的 $FeCO_3$ 锈层比淬火和时效后的组织表面的锈层更厚,与基体结合得更紧密,对基体的保护性能更好。

珠光体是奥氏体发生共析转变形成的铁素体和 Fe_3C 的共析体,其碳含量高于奥氏体和铁素体。铁素体和 Fe_3C 呈互相交替的片层状结构,两种结构均具有导电性,Fe_3C 为化合物,其电位较正,在腐蚀性介质中,珠光体中渗碳体与铁素体之间产生微电偶腐蚀,Fe_3C 电位较正为阴极,铁素体电位较低为阳极,发生腐蚀溶解,也导致珠光体片层之间及其周围发生选择性破坏。图 5.5 为低合金耐候钢 Q460NH 在海洋大气模拟液中的腐蚀过程中微观组织变化的观察结果,珠光体在腐蚀过程中自身的铁素体和 Fe_3C 可以构成腐蚀电偶,当自身的铁素体溶解完后,会导致周围先析出的铁素体溶解。

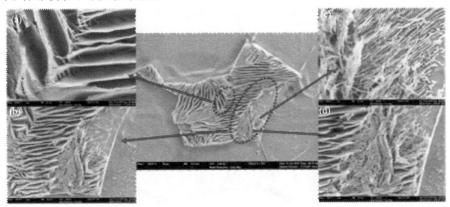

图 5.5　珠光体的腐蚀过程

当珠光体和稀土改性夹杂物共同存在时,可以看到夹杂物和珠光体同时发生溶解，点蚀形貌图及其诱发点蚀的机理如图 5.6 所示。这表明珠光体组织对诱发腐蚀的贡献与大尺寸夹杂物是等同的。

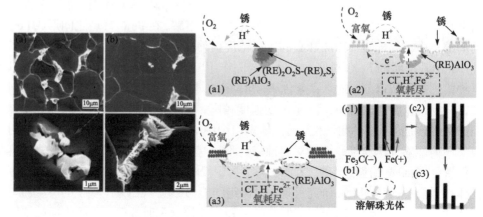

图 5.6　稀土夹杂物和珠光体同时存在时诱发点蚀的形貌图及机理

　　珠光体组织形态与含量对低合金结构钢腐蚀电化学行为的影响，对研究低合金结构钢相电化学具有重要的实用价值。对 X80 钢进行表面固体渗碳处理，可以得到从表面到内部珠光体含量和形态的连续变化情况，通过浸泡试验对其在酸性土壤模拟溶液中的腐蚀形貌进行研究，并利用 SVET 测试技术研究退化珠光体和碳含量变化对铁素体基体相电化学行为的影响。

　　图 5.7 为 X80 钢渗碳试样的显微硬度测试图，从图中可以看出试样边缘区域的硬度值明显大于中心，从边缘开始硬度逐渐降低，最外渗碳层的硬度高达 400HV，中心铁素体的硬度约为 200HV。说明渗碳处理达到了较好的效果，渗碳深度大约为 1mm，从边缘到中心，随着碳含量的降低，Fe_3C 含量逐渐降低，硬度降低。

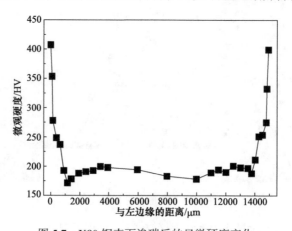

图 5.7　X80 钢表面渗碳后的显微硬度变化

图 5.8 为 X80 钢表面渗碳处理前后的基体组织，可以看到渗碳前 X80 钢的组织主要为贝氏体铁素体(BF)、多边形铁素体和第二相 M/A 岛。渗碳处理后，受到渗碳热效应的影响，X80 钢基体组织的部分 Fe_3C 发生球化，变为球状碳化物。球状碳化物的形成主要是加热过程中，较小的碳化物和 M/A 岛颗粒溶于基体，将碳输送给选择性长大的较大颗粒，碳化物从 400℃开始球化，600℃以后发生集聚性长大。

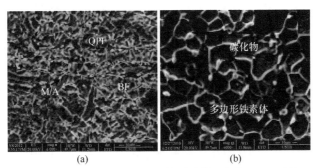

图 5.8　X80 钢表面渗碳处理前后基体组织的 SEM 照片

(a)渗碳前；(b)渗碳后

X80 钢渗碳试样从边缘开始的渗碳层显微组织变化为：边缘处为高碳区，含有夹杂和孔洞等缺陷，从高碳区开始随碳含量的降低，珠光体含量逐渐降低，铁素体含量逐渐升高。高碳区内侧碳含量大于 0.8%，为过共析层，是片状珠光体及块状碳化物的混合组织；次外层含碳量等于 0.8%，为共析层，是珠光体组织。第三层为亚共析过渡层，由珠光体、多边形铁素体和球状碳化物组成。亚共析层的含碳量从 0.8%逐渐下降，一直过渡到心部的含碳量，也就是从析出微量铁素体开始，逐渐进入心部，铁素体含量随之增多，珠光体含量逐渐减少，直至心部低碳铁素体基体组织为止。

从相腐蚀电化学的角度看，最外层由于都是粗大的 Fe_3C 阴极相，且其含量很高，仅在珠光体的片层间存在少量的铁素体相；接着就是纯珠光体相，含量为100%，由片层状的 Fe_3C 和铁素体相交错组成，局部构成腐蚀电偶；随着向心部深入，珠光体含量减少，先共析块状铁素体含量逐渐增加。从总体看，宏电池表面为阴极区，心部为阳极区。X80 钢渗碳试样的 Kelvin 电位随着碳含量的降低逐渐升高。在酸性土壤模拟溶液中的 SVET 电流密度随着碳含量的降低逐渐降低。最外侧高碳区和过共析层在酸性土壤模拟溶液中不腐蚀，形成厚度约 300μm 的保护区。共析层最早发生腐蚀，其中的片层状铁素体作为阳极优先腐蚀，片层状 Fe_3C 作为阴极而保留。然后腐蚀逐渐向先共析的块状铁素体蔓延，最后发展到中心组织。

3) 晶粒大小对土壤腐蚀的影响

晶粒细化是一种能同时提高钢铁材料的强度和韧性的技术手段，细晶化不仅可以改善钢材的机械性能，还可以对其腐蚀性能产生影响。研究表明晶粒细化可以减小不锈钢晶间腐蚀和点蚀速率，但会增加均匀腐蚀速率。普碳钢在 3.5% NaCl 溶液中，晶粒度为 15.8μm 的试样比 68.0μm 的试样的腐蚀速率更低。同样的结果在工业污染大气和普通大气环境下也得到了验证，当碳钢的晶粒尺寸减小时，可以明显提高钢材的耐蚀性。在超低碳钢中，晶粒尺度的增加会增加锈层中的空洞和裂纹，导致锈层电阻的下降，进而降低材料的耐蚀性。晶粒细化可以减轻 IF 低碳钢晶界局部腐蚀，有助于提高其耐候性，但晶粒细化增加了基体缺陷数量，从而降低了材料的耐候性，二者同时影响着 IF 钢的耐候性。在低碳耐候钢中研究发现，晶粒细化可以加速钢材前期的腐蚀速率，快速在钢材表面形成保护性锈层。同时在高强度低合金钢中，细晶粒钢尽管有较高的氢含量，仍比粗晶粒钢的抗氢脆性能优越，这是因为晶粒减小后，晶界区域增多，晶界捕获的可扩散氢可以更为有效地分布，同时每单位晶界捕获氢的标准数量减小，因此细晶粒钢表现出更良好的拉伸性能。晶粒细化是防止氢脆的有效方式之一。利用超声喷丸技术将低碳钢表面纳米化，使表面层晶粒尺寸大约为 20nm，整体随着距喷丸中心的距离而增加。随后测试其在 $Na_2SO_4+H_2SO_4$ 溶液的电化学行为，发现晶粒尺寸小于 35nm 时，对电化学行为有强烈的影响。低碳钢的腐蚀速率随晶粒尺寸的减小而增加，这可能是因为表面纳米化过程导致活性区域增多。晶界处的原子有着较高的能量，它们率先发生反应，晶界的体积分数越大，钢表面活跃的原子越多，进而导致阳极电流密度的增加。而对于表面纳米化的钢，晶界的体积分数随着晶粒尺寸的增大而减小，这导致了活性原子的减小，也就造成了阳极电流的减小，这个影响当晶粒尺寸大于 35nm 时则消失了。

疲劳腐蚀研究发现，裂纹在粗晶组织比细晶组织中扩展得快；低合金结构钢中细晶区的 Volta 电位比粗晶区的电位高，粗晶区的腐蚀电流密度较大，说明粗晶区的耐蚀性差于细晶区。

低合金结构钢属多晶体，物理化学特性通常情况下表现为各向同性。但组成多晶体的单个晶粒却是有着一定取向的单晶体，其物理化学特性为各向异性。由于常见的钢铁是由取向各异的许多晶粒组成，所以宏观上一般体现为各向同性。钢铁构件在腐蚀性环境中运行容易遭环境介质侵蚀而失效，但在相同的环境下，组成钢铁的各个晶粒并非以同样的速率被腐蚀介质消耗。例如，对 α-铁素体在 3% 硝酸乙醇溶液中，法向取向为 100 的晶面表现出最强的抗腐蚀性，法向取向为 111 的晶面，腐蚀速率最快，而法向取向为 001 的晶面腐蚀速率介于二者之间。晶格取向对管线钢的应力腐蚀开裂也有一定的影响，法向取向为 110 和 111 的晶格比法向取向为 100 的晶格的应力腐蚀敏感性低。晶界是影响材料扩散、迁移等性能的重要因素，大角度晶界的晶界能高于小角度晶界的晶界能，更易于腐蚀的萌生与扩展。

4) 析出相对土壤腐蚀的影响

近几十年，Nb、V、Ti 作为高强度低合金钢中重要的微合金化元素得到了广泛应用。Nb、V、Ti 与 C 有高的亲和力，在适当条件下将形成纳米尺寸的化合物析出，如图 5.9 所示。加热时阻碍原始奥氏体晶粒长大，在轧制过程中抑制再结晶及再结晶后的晶粒长大，使强韧性提高。析出相在低温时起到析出强化的作用，影响相变行为及显微组织，使强度提高。钢中 NbC 析出颗粒越多，组织越均匀，晶粒越细小，碳饱和度越低，内应力越低，钢的耐蚀性越好。含 Nb 和不含 Nb 钢焊缝区的母材区(BM)、回火区(TZ)、临界区(ICHAZ)、细晶区(FGHAZ)和粗晶区(CGHAZ)的电化学极化曲线如图 5.10 所示，表明含 Nb 钢相比不含 Nb 钢的耐蚀性更强。提高耐蚀性的主要因素是更均匀的显微组织，增加小角度晶界，以及含铌钢中 Nb 和 NbC 析出引起的过饱和度和内应力较低。另外，由于 NbC 纳米析出相能够充当氢陷阱，捕集一定量的 H，所以添加 Nb 会使 X80 钢的氢脆敏感性降低，同时降低了 X80 钢的腐蚀速率。

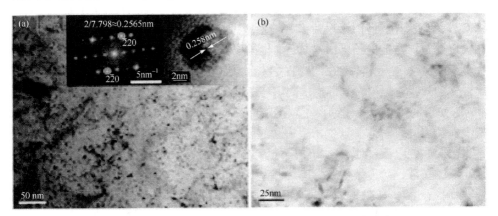

图 5.9 含 Nb(a) 与不含 Nb(b)HSLA 钢中 NbC 纳米析出相

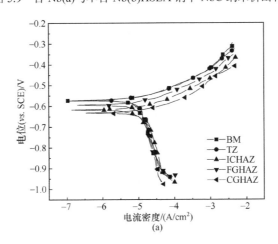

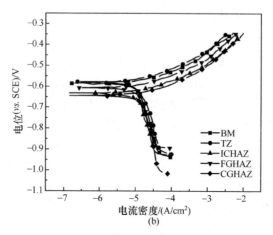

图 5.10　X80 钢和相应的热模拟影响区的电化学极化曲线
(a)含 Nb；(b)不含 Nb

　　NbC 的析出可以促使钢中微观组织结构均匀化，提高钢材的耐蚀性，虽然 NbC 作为阴极相，但由于尺寸多为纳米级别，不会造成较大的点蚀坑。NbC 析出相可以通过溶质拖曳和析出钉扎，细化奥氏体晶粒从而影响组织与性能。Nb 可以在奥氏体分解为铁素体的相变过程中发生相间沉淀，从 α-Fe 基体中析出，起到析出强化的效果，提高力学性能。固溶状态的 Nb 在亚稳态起始阶段，Nb 氧化生成 Nb_2O_5 使得钝化膜承受侵蚀离子攻击的能力增强。Nb 可以提高工业大气环境下钢材表面锈层的致密性，减少锈层中裂纹和空洞的数量，提高锈层的保护性、降低钢材阳极腐蚀电流密度，提高锈层的等效电阻和电荷传输电阻。NbC 析出相显著阻碍氢的扩散，延迟了氢在含有大量纳米 NbC 析出相的高强度低合金钢中的渗透；细小至几纳米的 NbC 颗粒与钢的 α 相基体形成存在错配的共格界面结构，不仅能提高钢的强韧性，还能提高钢的耐蚀性，特别是提高含氢条件下钢的耐应力腐蚀/氢致开裂能力，如图 5.11 所示。

　　微米级颗粒的析出对于低合金结构钢的耐蚀性能是有害的。低合金结构钢中 NbC 析出相偶尔也会和 MnS 复合，形成纳米尺寸的复合析出相。在腐蚀环境下纳米析出相诱发的点蚀坑多为小而浅的点蚀坑，这些点蚀坑并不能发展成为稳定的点蚀坑。这主要是由于当夹杂物小于 1μm 时，所形成的点蚀坑不足以维持让点蚀继续发展成为稳定点蚀坑的腐蚀环境。随着周围钢基体的溶解，纳米尺寸点蚀坑会随着溶解而消失。但是，微米级尺寸或更大尺寸的析出相，其作为微腐蚀电池阴极的持久作用，随着其尺寸的增加而增大，故其对耐蚀性能的有害作用随着尺寸的增加而增大。

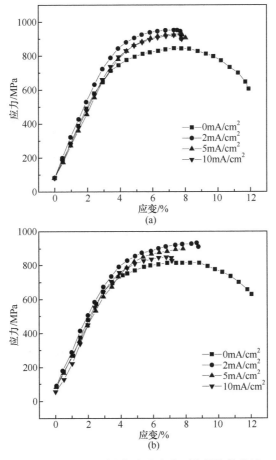

图 5.11　钢在不同充氢电流密度下的慢拉伸曲线
(a)含 Nb；(b)不含 Nb

在马氏体钢或退化珠光体钢中会有大量的碳化析出相，这些碳化物析出相也会诱发点蚀的萌生，当钢中碳化物析出数量较多或其尺寸较大时，会诱发大量的点蚀坑出现。当析出相较少时，对钢材的耐蚀性影响不明显；当数量较多时，会产生数量效应，减弱钢材的耐局部腐蚀性能。

5.2.2　其他金属材料的土壤腐蚀

1) 不锈钢土壤腐蚀

20 世纪 90 年代初，我国开展了不锈钢的土壤腐蚀研究试验工作，在 8 种(鹰潭、广州、深圳、大庆、大港、沈阳、成都、新疆)土壤中埋藏了 1Cr13 试片、1Cr18Ni9Ti 试片和 1Cr18Ni9Ti 管。在 8 个试验站埋藏 13 年，试件表面去掉浮土后发现，除新疆站外，两种不锈钢表面基本没产生明显的腐蚀，尤其是 1Cr18Ni9Ti 试件表面仍光亮如初，没有肉眼可观察到的腐蚀。在管状试件及片状试件表面也没观察到点蚀的存在。埋藏 3 年的 1Cr18Ni9Ti 试件与埋藏 1 年的相比，表面腐蚀状况没什么明显的不同。说明 1Cr18Ni9Ti 不锈钢具有优良的耐土壤腐蚀性能。埋藏 5 年、8 年后，取出试件，用化学方法去掉表面腐蚀层，然后称量失重，从 8 种土壤试验站的结果可以看出，不锈钢的腐蚀速率比碳钢的腐蚀速率低很多。例如，沈阳站埋藏 1 年的碳钢腐蚀速率为 2.43g/(dm^2 · a)，而 1Cr18Ni9Ti 不锈钢的腐蚀速率为 0.041g/(dm^2 · a)。不锈钢的耐土壤腐蚀性比一般的碳钢强得多，其主要原因是不锈钢中含有较高量的铬。在不锈钢中最容易钝化的就是铬。合金中铬的含量越高，越容易进入钝态。当然，不锈钢的耐蚀性与其所处的介质条件有关，如果介质环境有利于保持钝态，材料就表现为较好的耐蚀性，而如果介质环境是破坏钝态的，则表现出较差的耐蚀性。

1Cr13 材料与 1Cr18Ni9Ti 材料有些不同，在同一新疆站，同样的环境条件和埋藏试件，前者表面产生严重的点蚀，其余 7 个试验站埋藏的试件则没有产生可见的点蚀。这一结果可以从 8 个试验站的土壤氯离子的含量中找到答案，大港站和新疆站氯离子含量比较高，造成 1Cr13 钢表面发生点蚀，说明氯离子含量高的土壤中，1Cr13 不锈钢完全钝化是不可能的。大港站土壤中氯离子含量最高，但是该土壤含水量很高，基本达到饱和状态，因而氧的扩散困难，腐蚀过程难以进行。在新疆站埋设 1 年的 1Cr13 不锈钢的点蚀深度达 0.771054mm，而在大港站埋设的 1Cr13 不锈钢试件，经过 1 年的土壤腐蚀后，表面没有显示任何蚀坑。

在现场进行了 1Cr13 和 1Cr18Ni9Ti 的土壤腐蚀电位测量,结果如表 5.1 所示,从表可以看出，在不同土壤中不锈钢的腐蚀电位有较大的变化，与碳钢相比也有较大的不同。1Cr13 从成都站的–409mV 变化到鹰潭站的+311mV；1Cr18Ni9Ti 从大庆站的–426mV 变化到广州站的+253mV。在 pH 比较低的鹰潭站、广州站、深圳站，两种不锈钢的腐蚀电位都为正值；在 pH 比较高的大庆站、大港站和成都站，两种不锈钢的腐蚀电位都为负值；沈阳站土壤为中性，其腐蚀电位介于上述两类土壤之间。可以看出，1Cr13 和 1Cr18Ni9Ti 两种不锈钢在腐蚀性比较强的三种酸性土壤中的腐蚀电位都为正值。虽然材料在土壤中的腐蚀电位不是决定材料腐蚀的主要因素，但这也说明三种土壤中腐蚀的阴极过程容易进行，这两种不锈钢材料可以保持钝态，因而具有较好的耐蚀性。

表 5.1　土壤中的腐蚀电位测量

序号	站名	埋藏试件/年	平均腐蚀电位/mV		
			1Cr13	1Cr18Ni9Ti	碳钢
1	鹰潭	3	+311	+163	
2	广州	3	+265	+253	

续表

序号	站名	埋藏试件/年	平均腐蚀电位/mV		
			1Cr13	1Cr18Ni9Ti	碳钢
3	深圳	3	+125	+132	
4	大庆	1	−430	−426	
5	大港	1	−172	−396	−732
6	沈阳	1	+33	−83	−750
7	成都	1	−409	−383	−806

2) 铝及铝合金土壤腐蚀

铝是电位非常负的金属,它的标准电位只有−1.662V。由于铝的钝化倾向很大,它在水中、中性和一些弱酸性溶液中,以及在大气中有足够高的稳定性。在强酸强碱中,尤其是在强碱性土壤中铝就容易活化,电位强烈地变负。由于铝的电位非常负,它与电位较正的金属(Cu、Fe、Ni 等)及其合金接触,腐蚀就相当严重。由于这一原因,铝合金中电正性金属含量增大,铝的耐蚀性就下降。早在 1926 年美国就开始研究铝及铝合金的土壤腐蚀,后来还研究了铝的腐蚀与土壤环境因素的关系。一般认为,铝易于因充气不均而发生严重的溃疡腐蚀。并发现在含有氯化物、硫酸盐的土壤中及碱性土壤中,局部腐蚀很严重。

铝合金在新疆站及广州站、深圳站的 3 种土壤中腐蚀最严重,腐蚀形貌为在试件大面积上都产生局部腐蚀和点蚀,并逐渐连接起来,产生较大区域腐蚀。深圳站的试件上点蚀坑数量很多,大小都有,有的蚀坑很深。LY11 铝合金腐蚀严重,通过扫描电镜观察到 LY11 铝合金腐蚀产物表观形态很不规则,腐蚀产物比较疏松,还有小颗粒状物质填入其中。

在 8 个土壤腐蚀实验站测量不同土壤中 LY11 铝合金试件的腐蚀电位(对Cu/CuSO$_4$)发现,除大庆站外,腐蚀电位基本随 pH 的升高而变负。对一般金属而言,在 pH 较低时,金属的腐蚀速率增加,在 3 个弱酸性土壤中,LY11 铝合金埋设 3 年的点蚀平均深度和最大深度与腐蚀电位有很好的对应关系,点蚀深度随着电位的变负而增加。

LY11 铝合金在 8 个土壤腐蚀试验站进行埋设试验,埋设时间为 1 年、3 年、5 年,然后取出试件,用化学方法去掉表面腐蚀层,然后称重。从 8 个土壤试验站的结果可以看出,新疆站腐蚀最严重,其次是深圳站;在 3 个含水量比较高的近似水饱和的大庆、成都、大港土壤腐蚀实验站中,腐蚀速率比较低,三者中大港站最高。腐蚀比较严重的几种土壤,可能是由于含有较高的氯离子和硫酸根离子所致。在这种腐蚀性强的土壤中,铝合金产生的局部腐蚀比低碳钢更严重。铝和铝合金在不同土壤中的腐蚀速率相差很大。在透气性良好的土壤中，铝的腐蚀速率比低碳钢低很多；在透气性不好的土壤中，尤其是在碱性土壤中，铝的腐蚀速率与碳钢大致相同，甚至更高些。

铝具有很好的自钝化能力，钝化后在表面上生成薄而致密的保护膜，一般由 γ-Al_2O_3 等组成。保护膜可以溶解在强酸性、强碱性介质中，在中性及弱酸性土壤中是比较稳定的。但在土壤中有较高含量的氯化物时，保护膜受到破坏。由于铝合金中析出 $CuAl_2$ 相，基体相的电位比 $CuAl_2$ 相的电位负，构成腐蚀微电池，使合金腐蚀加速。

酸性土壤(鹰潭站、深圳站、广州站)中，铝腐蚀速率随时间的变化趋势较好地符合幂指数数学模型。铝在鹰潭站和广州站的腐蚀情况接近，深圳站的腐蚀是这三个站中最为严重的。LY11 铝合金在鹰潭站、深圳站、广州站三个酸性土壤中，腐蚀失重由大到小的顺序为：深圳站、广州站、鹰潭站。中碱性土壤(成都站、大港站、新疆站)中铝腐蚀速率随时间的变化趋势基本符合幂指数数学模型，而沈阳站 3 年、大庆站 5 年发生了穿孔，由于铝管内外受到双面腐蚀，腐蚀速率随时间的变化趋势不再符合幂指数数学模型。但将发生孔蚀的数据忽略后对腐蚀数据拟合，仍符合幂指数数学模型。LY11 铝合金在成都站黏土中基本上为均匀腐蚀，铝合金管表面仅有数个 0.20mm 的点蚀坑。在大庆试验站，由于试件埋在水位线以下，未产生点腐蚀，在其他类型土壤中都表现为明显的不均匀腐蚀。新疆站属于腐蚀最严重的地区。此外，还发现在中、碱性土壤中铝表现为局部点蚀及穿孔，在酸性土壤中都是均匀腐蚀。土壤微生物参与腐蚀过程。

3) H62 黄铜和铅的土壤腐蚀

土壤的类型及质地对 H62 黄铜的腐蚀影响很大，在新疆的碱性棕漠土中腐蚀最严重：在新疆站土壤中埋设 5 年，H62 黄铜表面脱锌腐蚀面积高达 95%，在鹰潭站的酸性黏土及成都站的中性黏土中腐蚀轻微。H62 黄铜在鹰潭站、深圳站、广州站 3 个酸性土壤中，腐蚀失重由大到小的顺序为：深圳站、广州站、鹰潭站。这显然是由于 3 处酸性土壤的质地有明显差别：深圳站属砾石土，广州站属沙质土，鹰潭站属轻质黏土，后者质地均匀不易产生腐蚀电池，故在鹰潭站的腐蚀远轻于前两个站。

埋设在酸性红壤、赤红壤、黄壤及碱性草甸土、紫色土中的铅为斑点腐蚀，腐蚀孔小而深，有的已穿孔，蚀坑中有白色粉末状 $PbCO_3$ 腐蚀产物。在酸性土壤中蚀孔分布面积较大且均匀，而碱性土壤中蚀孔多数聚集在小区域内。在冲积土、耕种褐土和盐土类中的铅则为均匀腐蚀，试件表面光滑平整，外层为铅灰色。铅在酸性土壤中和中性土壤中腐蚀速率随时间的变化趋势符合幂指数数学模型。含水量对铅腐蚀速率的影响是第一位的：深圳站、鹰潭站、广州站、贵阳站、南充站、成都站、长辛店站土壤含水量在 25% 左右，铅层出现斑点及穿孔，铅腐蚀较重。酸性土壤对铅具有较强的腐蚀性。土壤质地不全是形成铅局部腐蚀的原因：在广州站、深圳站土壤中含有大于 1mm 的花岗岩半风化物粗砂19.7%～34.8%，南充站的土壤中有很多颗粒页岩，被粗砂和页岩黏敷的铅表面氧气不易到达，形成氧浓差电池而被腐蚀成斑坑。NO_3^- 含量高的土壤对铅腐蚀性很强。土壤微生物参与铅的土壤腐蚀：嗜酸硫化菌危害最大。在南充站、成都站、长辛店站碱性土壤中，由于铅周围土壤中有相当数量的嗜酸硫化菌(10^2～10^3 个/mL)和硫酸盐还原菌(10^4 个/mL)，形成局部强酸环境，如成都站，铅周围pH 下降 3.0～3.5，造成铅严重点蚀及穿孔，蚀孔多数集中在小区域内。局部腐蚀主要是由含硫的微生物引起的，在其作用下，生成的 $PbCO_3$ 不能致密生长，而是呈枝晶状生长，还在腐蚀表面形成较大的裂纹，这种疏松的腐蚀产物不能将铅与土壤介质分开，因此腐蚀不断进行直至穿孔。

5.3　高分子材料土壤腐蚀的材料影响因素

5.3.1　高分子材料土壤腐蚀特性

1) 材料表面颜色的变化

在土壤环境中，使高分子材料变色的原因主要有两方面。一方面，土壤中含有的硫酸盐还原菌的代谢产物硫化物可与材料中的铅系稳定剂结合，在材料表面形成黑色的硫化铅。例如，在含有硫酸盐还原菌的不同土壤环境下聚氯乙烯表面会变黑，并且变黑程度随着含菌量的提高而增加。另一方面，高分子材料由于降解交联产生的一些生色基团(如共轭双键等)也可能导致材料表面颜色变深。

2) 机械性能的变化

土壤环境中，水分是影响高分子材料机械性能的最主要因素。如表 5.2 和表 5.3所示，土壤中的水分对聚氯乙烯中的配合剂有抽提作用，使材料的拉伸强度升高，断裂伸长率降低，变硬变形。土壤微生物和土壤压力可能也对聚氯乙烯材料表面机械性能有一定的影响。相比之下，聚乙烯和尼龙 12 的机械性能较为稳定，在填埋 8 年后变化不大(图 5.12)。另外，研究发现，不同土壤类型对材料机械性能的影响差别不大。

表 5.2　广州等地填埋后外护套材料机械性能的变化

试件名称		聚氯乙烯					聚乙烯		尼龙 12
站名		广州	大庆	大港	沈阳	成都	广州	大庆	广州
失重/(mg/cm²)	1 年	3.30	1.15	2.35	4.00	1.50			
	3 年	4.58	2.03	3.98	5.34	3.30			
	5 年	4.76	2.55						

试件名称			聚氯乙烯					聚乙烯		尼龙 12
站名			广州	大庆	大港	沈阳	成都	广州	大庆	广州
拉伸强度/MPa	原始值		22.4	19.9	20.9	20.9	20.9	15.9	16.7	60.2
	埋设后	1 年	24.2	18.4	22.5	21.1	21.1	17.8	16.4	51.7
		3 年	23.2	19.8	26.0	25.6	24.9	16.5	17.8	52.4
		5 年	23.9	21.6				16.8	15.7	56.5
	增长率/%		7	9	24	22	19	6	−6	−6
断裂伸长率/%	原始值		305	254	352	352	352	615	591	373
	埋设后	1 年	262	239	342	331	338	631	570	285
		3 年	238	217	276	269	285	623	668	309
		5 年	236	250				605	610	364
	增长率/%		−23	−2	−22	−24	−19	−2	3	−2

表 5.3　西安等地填埋对聚氯乙烯绝缘试片机械性能的影响

土壤类型	站名	埋藏时间/年	外观描述	变黑深度/mm	拉伸强度/MPa	断裂伸长率/%	吸水率/%
黄土	西安	31	变硬，不平，表面少量黄红、褐色斑点	0	25.1	301	0.17
黄壤	贵阳	38	变硬，不平，变黑	0.37	23.6	234	0.22
冲积土	济南	37	变硬，不平，变黑有褐色花斑	0.32	23	270	0.21
黄棕壤	三峡	33	变硬，不平，变黑	0.69	23.3	256	0.19
内陆盐土	张掖	34	稍硬，变黑	0.26	22.2	314	0.28
紫色土	南充	39	变硬，不平，局部变黑	0.13	25.4	313	0.19
黄土	西安	40	轻微不平，少量褐色、蓝紫色斑点	0	23.5	290	0.14
砾石荒漠土	冷湖	39	质软，呈乳白色	0	21.9	280	0.16
苏打盐土	大庆	24	轻微不平，变黑	0.32	25.4	326	0.24
标准值					≥15	≥180	

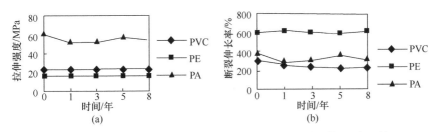

图 5.12　聚氯乙烯等材料在赤红壤中填埋 8 年后的机械性能比较(王永红等，1999)

Decoste(1972)将聚氯乙烯试片填埋在美国新墨西哥州的碱性土壤和佐治亚州的酸性土壤中，4 年后进行拉伸性能测试，得到了与我们试验结果相同的规律，并认为人为灌溉对土壤水分的补充可加重材料性能的变化，且聚乙烯可以很好地抵御土壤的侵蚀,影响其性能的最主要因素是不同种类聚乙烯材料结晶度的差异。同样，在新墨西哥州和佐治亚州的土壤环境中，对 36 种高分子材料进行了 8 年的埋设试验，发现土壤类型和填埋深度对机械性能的变化并无显著影响。在 26 种热塑性高分子材料中，纤维素、尼龙 6 和半硬质聚氯乙烯等材料拉伸性能的变化较大，体现为断裂强度及硬度的增加和断裂伸长率的减小。而聚乙烯、聚苯乙烯和硬质聚氯乙烯等材料的变化较小。在 10 种热固性高分子材料中，土壤环境对邻苯二甲酸二烯丙酯树脂的影响最小。对于酚醛树脂，与矿物质填充树脂相比，填埋后木粉填充树脂的拉伸强度的降低更为明显。相反，矿物质填充树脂的挠曲强度下降更多。受土壤环境影响最为严重的是玻璃纤维增强树脂(玻璃钢)，体现为挠曲强度、挠曲模量和硬度的大幅度降低。

研究认为，水分对填埋试片机械性能的影响主要有三方面因素：第一，水分对高分子材料配合剂(增塑剂等)的抽提作用；第二，含亲水基团较多的高分子材料(纤维素、木粉填充树脂等)可从土壤中吸收水分而产生溶胀；第三，对于玻璃纤维增强树脂，土壤对材料表面的磨蚀可使纤维外露，并通过"灯芯效应"吸收土壤中的水分，从而破坏玻璃纤维与树脂基体的结合力，降低复合材料的机械强度。除了水分的作用，乙烯-乙酸乙烯酯和乙烯-乙基丙烯酸酯共聚物试片的边缘还出现了虫咬迹象，可能也对材料的机械性能有一定的影响。

5.3.2　线缆及护套材料土壤腐蚀规律

聚乙烯绝缘材料长期(24~40 年)在各种土壤埋藏环境中自然老化速度缓慢，在土壤中各种性能保持良好。从聚乙烯、聚氯乙烯和聚酰胺 12(尼龙 12)护套材料在各种土壤中埋藏 8 年后的性能与原始值对比可以看出，聚氯乙烯体积电阻率、介电强度、拉伸强度都呈规律性增加，而断裂伸长率却呈规律性降低。作为护套材料，要求吸水率越低越好，聚氯乙烯护套材料的吸水率增长幅度却较大。但聚氯乙烯护套材料埋藏在各种土壤中性能变化不大，可以满足防蚀性能要求。聚乙烯护套材料在赤红壤中和苏打盐土中埋藏 8 年后，体积电阻率、介电强度、拉伸强度、断裂伸长率、吸水率都基本保持不变，聚乙烯护套材料耐土壤环境应力开裂试验大于 192 h 不开裂(国标 96 h 不开裂)。线型低密度聚乙烯及中密度聚乙烯在格尔木盐渍土壤中埋藏 0.5 年性能保持很好，聚乙烯护套材料在土壤中较好保持了原来的性能，耐土壤腐蚀性较好。尼龙 12 在赤红壤中埋藏 8 年后，体积电阻率、介电强度、拉伸强度、断裂伸长率降低幅度都较小，特别是拉伸强度保持得很好，硬度基本无变化，而且吸水率还有所下降。作为防白蚁护套材料，对电缆、光缆可以提供优越的保护。

三种材料比较：聚乙烯的体积电阻率不但保持得好，而且比聚氯乙烯及尼龙 12 高出几个数量级。聚乙烯的介电强度达到 45.3MV/m，而聚氯乙烯及尼龙 12 却分别只有 31.9MV/m 和 25.6MV/m，说明聚乙烯的电气绝缘性能高而稳定。从断裂伸长率来看，聚乙烯比聚氯乙烯及尼龙 12 高出 1 倍，显示出聚乙烯优良的机械性能。从吸水率来看，聚乙烯吸水性极小，埋藏 8 年后吸水率比聚氯乙烯和尼龙 12 小 1 个数量级。聚氯乙烯在土壤中，潮气和水分不易透过，且防蚀性能也最好。从强度看，尼龙 12 拉伸强度最高，是聚乙烯、聚氯乙烯的 3 倍，高的强度有利于防白蚁啃咬。总体来讲，聚乙烯、聚氯乙烯、尼龙 12 塑料材料在土壤中自然老化速度较慢，耐土壤腐蚀性能良好，其中聚乙烯在土壤中防蚀性能最好。

通信用塑料管在格尔木盐渍土中埋藏 0.5 年各种性能保持很好。铅护套材料、铝护套材料的土壤腐蚀规律见上面有关金属材料的土壤腐蚀规律。铜护套材料在盐渍土中埋藏 0.5 年的紫铜呈现斑点腐蚀，铜表面布满蚀坑及绿色腐蚀产物，最大孔蚀速率 0.25mm/a，平均腐蚀速率 $0.73g/(dm^2 \cdot a)$，腐蚀较重。涂漆钢带在赤红壤及棕漠土中严重腐蚀，主要原因是土壤不均匀性造成的氧浓差电池腐蚀。涂塑钢丝耐土壤腐蚀性能良好。电缆油麻外护层受土壤异氧菌和真菌腐蚀，完全失去保护作用，不宜作外护层。电缆结构中双层聚乙烯绕包带与沥青涂料组合的内衬层结构对铅层具有良好的保护作用。电缆、光缆外护套各种防蚀保护性能良好，光纤通光性能好。

5.3.3　有机涂层土壤腐蚀规律

土壤环境中有机涂层的失效形式可分为物理失效和化学失效两类。其中物理失效包括腐蚀介质的渗透、应力破坏和界面状态的变化。化学失效则包括涂层老化及生物降解等因素。这些涂层受氧、紫外线的影响很小，导致失效的主要因素是土壤应力、水分渗透及土壤中存在的生物和微生物等。表 5.4 总结了一些导致涂层破坏的常见环境因素及针对这些因素对涂层性能的特别要求。

表 5.4　土壤中导致涂层失效的环境因素

评价指标		对涂层的破坏性	特别要求的涂层性能
土壤质地	黏土	强土壤应力导致涂层开裂、起皱、剥离	黏结性能、耐土壤应力
	壤土	中等土壤应力，破坏性一般	黏结性能
	砂土	破坏性较弱	常规要求
	砾石土	冲击、硌压导致涂层破损	冲击强度、机械性能
埋设部位地下水	有	水进入涂层，降低涂层绝缘性能及黏结性	低吸水率、强抗渗湿性、良好黏结
	无	视土壤含水量高低而定	视土壤含水量高低而定
	时有时无	水一旦进入涂层，可能会形成涂层含水或封闭原局部腐蚀环境，降低涂层绝缘性，导致失黏	低吸水率、强抗透湿性、良好黏结不屏蔽阴极保护电流
含水量	高	水渗入涂层导致绝缘性能下降	低吸水率、较强抗透湿性、良好黏结
	低	无特别破坏性	常规要求
	干湿交替	易产生土壤应力、吸水	黏结性能、耐土壤应力、低吸水率、较强抗透湿性
根系植物	茂盛	根系植物穿透造成涂层破损	强耐植物根系穿透性
	中等	根系植物穿透造成涂层破损	耐植物根系穿透性
	无或很少	无特别破坏性	常规要求
微生物	强	微生物依附涂层生存、噬咬涂层	耐微生物破坏性
	弱	无特别破坏性	常规要求
杂散电流	有	导致阴极区涂层剥离	绝缘性能、耐阴极剥离
	无	无特别破坏性	常规要求
显著非水溶剂	有	化学反应或物理溶胀导致涂层材料加速老化	耐化学品性能
	无	无特别破坏性	常规要求

根据表 5.4 中总结的环境因素，表 5.5 列举了一些埋地管线常用防护层适用的土壤环境。

表 5.5　一些常用埋地管线涂层适用的土壤环境

涂层类型	使用温度/℃	适用环境	慎用或禁用环境
熔结环氧	-30~110	大部分土壤环境，特别适用于定向钻孔穿越段及黏质土壤中	多石土壤、石方段、埋设部位地下水或土壤含水量较高地区

续表

涂层类型	使用温度/℃	适用环境	慎用或禁用环境
煤焦油瓷漆	A 型：−13~35 B 型：−8~60 C 型：−3~80	环境要求不高的大部分土壤环境，特别适用于埋设部位有地下水或土壤含水量高、生物活动频繁、植物根系发达地区	多石土壤、石方段、黏质土壤环境要求较高
三层聚乙烯	≤70	各类环境通用，特别适用于对涂层机械性能、耐土壤应力及阻力屏障性能要求较高的苛刻环境，如多石土壤、石方段、生物活动频繁、植物根系发达地区	目前尚未发现其环境适用性的缺点，但由于其涂装工艺要求较严，且造价高昂，一般性环境中不推荐使用
石油沥青	≤80	对涂层性能要求不高的一般性土壤	埋设位置有地下水或含水量高

　　埋地钢质管道使用防腐层进行保护是目前主要手段。对于石油天然气及输水管道行业来说，钢质管用的防腐层目前主要有三层 PE、环氧粉末等，以往采用石油沥青、环氧煤沥青、聚乙烯热塑涂层等防腐绝缘材料。其主要原理就是使金属管道外加涂层，避免金属管道与土壤中的电解质和细菌及杂散电流的接触，从而不受腐蚀。对于输水管道目前也有先进行表面处理(如喷锌)后，再进行有机涂层的涂覆。目前常用的外防腐涂层有石油沥青、煤焦油瓷漆、熔结环氧、聚烯烃等。表 5.6 列出了几种外防腐涂层的主要性能。

表 5.6　埋地钢管常用外防腐涂层的主要性能

项目	石油沥青	煤焦油瓷漆	熔结环氧	二层 PE	三层 PE
防腐层厚度	≥7	≥5	≥0.4	≥2.5	≥2.5
延伸率/%	≥33.4	≥33.4	≥4.8	≥600	≥600
压痕硬度	0.25MPa ≤10mm	0.25MPa ≤10mm	10MPa ≤0.1mm	10MPa ≤0.2mm	10MPa ≤0.2mm
黏结力/(N/cm)	约 10	约 10	12	≥35	≥70
抗冲击(25℃)/J	<5	<5	约 10	>15	>15
耐化学介质浸泡	不耐碱、弱酸和有机介质	不耐弱酸、强碱和有机介质	好	除 60℃以上芳香族溶剂外，都好	除 60℃以上芳香族溶剂外，都好
防腐层电阻/(Ω·m²)	12×10⁴	12×10⁴	—	≥1×10⁵	≥1×10⁵
阴极剥离半径/mm	—	—	≤10	≤18	≤10
吸水率(60 天)/%	>0.1	<0.1	>0.1	<0.01	<0.01
耐候试验(开式气候测量仪，63℃)	龟裂	龟裂	有若干漏点	无异常	无异常
冷弯性能/(度/管径长度)	不能冷弯	不能冷弯	≥2.5	>2.5	>2.5

续表

项目	石油沥青	煤焦油瓷漆	熔结环氧	二层 PE	三层 PE
补口与补伤难易程度	容易	容易	较难	容易	容易
抗土壤应力	差	中等	好	好	好
对环境影响	不耐植根刺	毒性大	无	无	无
输送介质温度/℃	−10～80	−10～80	−30～100	≤70	−20～70
单价/(元/m²)	65	80	70	75	85～90

有机涂层在土壤中的使用寿命因涂层材料本身性能、施工工艺、环境的影响而不同,一般来说,目前沥青类的性能要低于环氧粉末及三层 PE,有的使用 3～5 年就会出现问题,但也有特殊,例如,大庆第一条输油管道采用的就是沥青涂层,运行 40 多年,涂层仍然完好,钢管光亮如初,至今这条管线仍在运行。原因之一是使用的沥青涂层较厚,另外一个非常重要的原因是施工质量非常好。

对于环氧涂层,原则上根据厚度和设计寿命的不同一般为 10～20 年,其中双层环氧粉末设计寿命是终身制。虽然都是环氧类涂层,根据固体含量添加剂的不同,性能差别很大。同时,施工工艺和质量是决定涂层性能的关键因素之一。目前,石油管道业内公认最高级别的涂层是三层 PE,西气东输就是采用这种涂层,未发现大的问题。

利用室内加速试验研究双层聚乙烯(2LPE)、三层聚乙烯(3LPE)、熔结环氧、冷缠带、热缩管等埋地管线常用防护层在土壤应力作用下的失效行为,发现了五种失效形式:①在黏结较差的涂层边缘处产生翘起,使土壤及土壤中的水分进入涂层/涂层或涂层/金属的界面;②当土壤摩擦力远大于涂层与胶黏剂之间的剪切强度时,涂层表层可能产生起皱或脱落;③由于胶黏剂内聚力较低产生的涂层迅速起皱;④在保护层重叠部分层间黏结力较差,易受土壤侵蚀;⑤土壤摩擦导致的涂层表面的划痕。此外,在涂层保护的基础上,埋地管线还通常配备阴极保护装置进行综合腐蚀防护。然而,不当的涂装工艺和过度的阴极保护则可能导致涂层缺陷处的阴极剥离。

5.4　混凝土土壤腐蚀的材料影响因素

碱性土壤对混凝土材料的腐蚀属于弱腐蚀,混凝土材料在中碱性土壤中是耐久的。如果选材合理、设计正确、施工科学,混凝土结构物在中碱性土壤中可以安全使用 50 年以上。我国酸性土壤对混凝土材料的腐蚀属于中等腐蚀。混凝土材料在酸性土壤中,混凝土内水泥继续水化使其抗压强度增长,土壤中各种腐蚀性介质对混凝土的腐蚀使其强度下降。强度增长速度大于下降速度，所以混凝土总的强度是增长的。在酸性土壤中进行永久性建筑时，地下部分混凝土结构要进行防腐处理。内陆盐土特别是盐渍土对混凝土材料的腐蚀属于强腐蚀。内陆盐土试验站土壤中含有大量的硫酸盐、碳酸盐、硫酸镁、氯化物等强腐蚀性介质，通过化学或物理作用，产生盐类结晶，对混凝土产生很大的膨胀破坏作用，其中，硫酸盐化学腐蚀及水分蒸发而导致盐类析晶的物理侵蚀作用最为突出。在腐蚀的初始阶段，盐在混凝土孔隙中逐渐积累而使混凝土更为密实，从而混凝土强度有所增长；但当混凝土孔隙和毛细孔中盐类结晶体继续增长而明显膨胀时，特别是含有 32 个结晶水的水化硫铝酸钙生成和膨胀时，混凝土中硬化水泥石结构被破坏，混凝土强度迅速降低，体积膨胀至全部松散。

滨海盐土对混凝土的腐蚀主要是硫酸盐腐蚀和盐类结晶侵蚀。大港站氯离子(Cl^-)含量为 2.62%，它能够穿透钢筋表面的氧化膜，使钢筋出现"坑蚀"现象；硫酸根(SO_4^{2-})含量为 0.28%，其对混凝土的腐蚀属于硫酸盐侵蚀；碳酸氢根(HCO_3^-)含量为 0.36%，其对混凝土的腐蚀属于弱酸性腐蚀。钢筋混凝土桩在大港试验站遭受大气和土壤的综合性腐蚀破坏。吸附区的混凝土同时受硫酸盐的化学侵蚀和盐类结晶侵蚀，破坏得严重；其次是大气区，土壤区相对较轻。从试验结果及对沿海地区建筑物的腐蚀调查可知，遭受腐蚀破坏最严重的是地面以上($0\sim40cm$)的范围。在该范围内，钢筋锈蚀较快，往往出现顺筋裂缝，混凝土剥落，混凝土强度降低较多，削弱了构件断面，影响构件的承载力。

5.5　结　语

研究土壤腐蚀理论的目的就是发展高品质、长寿命的埋地耐蚀新材料。在土壤腐蚀早期，环境因素起到了很大的作用。随着腐蚀的进行，材料因素在整个腐蚀进程中所占份额逐渐增加。在土壤中保存数千年之久的铜器铁器取决于其自身的品质，即材料的成分、组织、结构决定了埋地材料的寿命，因此埋地耐蚀材料设计和耐蚀新材料开发至关重要。

埋地材料最主要的失效形式就是土壤腐蚀，一般情况下，土壤腐蚀会贯穿于埋地材料的整个服役过程并且腐蚀过程是动态的，因此，埋地耐蚀材料的设计必须考虑到腐蚀演化的动力学及其主要影响因素规律。目前，埋地材料的选材与设计原则均未考虑以上问题，这是目前埋地材料品质不高和寿命较短及安全事故频发的关键原因，只有建立了基于腐蚀机理与演化动力学的埋地材料设计原则，并把这种设计思想贯穿于埋地材料选材设计、制造、耐蚀技术采用、运行管理、安全评定直到判废整个使用寿命的每一个环节中，才能真正提高埋地耐蚀材料品质。

　　与环境因素对腐蚀进程的影响不同，材料是腐蚀的主体，材料成分、组织和结构等因素对材料土壤腐蚀动力学演化过程的影响是动态的。例如，对同一种金属材料，其阴极弥散析出相若小而细密，则能有效阻碍腐蚀的萌生与发展。析出相在使用过程中聚集长大，尺寸上粗大，形状复杂，则会加速腐蚀的萌生与发展。这导致材料因素对土壤腐蚀动力学演化的影响规律极其复杂，对这些基础问题若没有澄清，就不可能发展出性能优异的埋地耐蚀新材料。另外，对高分子材料、混凝土材料、复合材料和特殊埋地材料等材料因素对土壤腐蚀演化的影响规律研究较少，必须加大研究力度，发展出高品质、长寿命埋地高分子材料、埋地混凝土材料、埋地复合材料和特殊埋地材料。

第6章 土壤缝隙腐蚀演化与影响因素

目前，世界各国埋地输气管线普遍采用防腐涂层与阴极保护联合保护的方式来进行外部防腐，联合保护方法可使两种腐蚀控制手段相互补充。输气管线防腐涂层在生产、运输与施工中无法保证不受损坏，且不断从土壤中吸收水分，在土壤应力和生物降解等作用下使涂层与管线基体金属之间的附着力下降，使涂层的机械性能降低。另外，人为因素、技术应用不当、机械碰撞及阴极剥离等原因也会造成防腐涂层的损坏，使涂层出现各种各样的涂层缺陷，如起泡、开裂、破损和剥离等。

防腐层一旦发生剥离或破损后，会使涂层与金属基体之间产生缝隙，腐蚀介质通过缝口进入缝隙中，使缝隙内的金属发生缝隙腐蚀。保护电流难以到达缝隙深处以及高绝缘涂层的屏蔽作用，导致阴极保护效果大大降低，使涂层缺陷处钢基体发生局部腐蚀乃至穿孔，管线的使用寿命大大降低，甚至造成重大事故。因此，在防护涂层与阴极保护的联合保护情况下，涂层缺陷导致的涂层下面金属基体的缝隙腐蚀及其对阴极保护效果的影响不容忽视。我国新疆和青海的土壤构成极为复杂，新疆盐渍土的含盐量是海滨盐碱土含盐量的几倍，多达 5%～10%(质量分数)，这样的土壤环境对金属具有极强的腐蚀性，极易产生局部腐蚀，如点蚀和缝隙腐蚀等。通过在新疆库尔勒埋片试验半年和一年的取样分析发现，X70 钢裸样半年的点蚀非常严重，超过了普通碳钢，达 0.7mm/a。这对输气管线的外防腐提出了更高的要求，在这种土壤环境下急需尽快理清管线钢，如 X70 钢涂层缺陷下的缝隙腐蚀规律和机理，为防止管线在服役过程中产生的各种腐蚀提供理论依据。

本章针对 X70 钢在西部典型土壤环境中的缝隙腐蚀机理进行研究，研究 X70 钢在自然腐蚀状态和阴极保护状态下，当存在涂层缺陷时产生缝隙腐蚀的影响因素和腐蚀机理，并在室内人为制作 X70 钢楔形缝隙模拟构型，以库尔勒土壤模拟溶液为基础腐蚀介质，研究不同种类离子和不同离子浓度下管线钢的缝隙腐蚀，以寻找这些离子对管线钢缝隙腐蚀的作用机理及影响规律。

6.1 缝隙腐蚀研究进展

6.1.1 缝隙腐蚀的基础理论

缝隙腐蚀是金属与金属或金属与非金属的表面存在缝隙，并有电介质存在时发生的一种局部腐蚀。缝隙腐蚀的特征是：①缝隙腐蚀可以发生在所有的金属与合金上，特别容易发生在钝性耐蚀的金属与合金上；②任何侵蚀性介质都可以引发缝隙腐蚀，特别是含氯离子的溶液最易引起缝隙腐蚀；③在同一种合金上与点蚀相比，缝隙腐蚀更容易发生，缝隙腐蚀的临界腐蚀电位要低于点蚀的临界腐蚀电位。

30 年前，Fontana 等指出了蚀孔或缝隙闭塞电池的自催化理论，其要点是：①孔(缝)内外溶液的对流和扩散受阻，导致闭塞区贫氧；②氧化还原反应使缝隙内金属产生溶解，缝隙内溶质的不易交换性使缝隙闭塞区产生过多的正电荷，为使缝内保持电中性，外部阴离子(Cl^-)将向缝内迁移；③高浓度的金属离子在闭塞区内发生水解：$M^{n+}+nH_2O \longrightarrow M(OH)_n+nH^+$，使闭塞区溶液的 pH 下降；缝隙外仍然富氧，缝隙内贫氧，造成的氧浓差电池使缝隙内金属的电位低于缝隙外金属的电位，pH 的降低及 H^+ 和 $Cl^-(HCl)$ 的作用使金属处于活化状态，促进闭塞区内金属的溶解，使 Cl^- 向缝内迁移量增加，pH 进一步下降，产生自催化效应。托马晓夫用图 6.1 来说明钝化金属和合金的缝隙腐蚀机理。随着时间的延长，在腐蚀过程中缝隙内的氧化剂被消耗，它在缝隙中的浓度降低，阴极过程效应减小(从曲线 K_1 变到 K_2)。当氧化剂的浓度减少时，阴极电流保证维持在钝态，合金的腐蚀电位仍处于钝化区，腐蚀电流实际没有变化(从点 1 到点 2)。当进一步减小氧化剂的浓度时，阳极电流减小(曲线 K_3)，使金属的电位朝负方向移动，缝隙中的金属转变为活化状态，腐蚀速率增加(点 3)，腐蚀产物在溶液中出现及腐蚀产物水解使溶液酸化。在有限的电解液输送到缝隙的情况下，腐蚀过程引起缝内 pH 进一步降低，使金属的阳极溶解变得容易(曲线 A_2)，有时可能进行氢去极化过程(曲线 K_4)，这就增加了腐蚀电流(点 4)。缝内电位负移时，与暴露的外表面相比，是腐蚀电池中的阳极使酸化和腐蚀过程加速，这在实际缝隙腐蚀情况中经常发生。

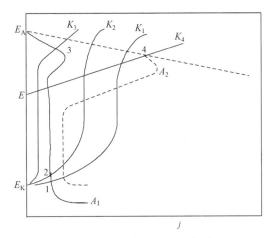

图 6.1　缝隙腐蚀机理极化图

A_1、A_2 代表阳极曲线；$K_1 \sim K_4$ 代表阴极曲线；E_A 代表阳极平衡电位；E 代表析氢平衡电位；E_K 代表阴极平衡电位

Pickering 提出的电位转变机理(potential shift mechanism)特别强调了闭塞区电位的重要性。他用图 6.2 的电位关系解释了电位的关键作用，缝外电位处于钝化区，随着距缝口距离增加，电极电位越来越负，缝内外电位降为 IR。只有当电位降 IR 达到某一特定值 IR* 时，才能发生不可逆转的局部腐蚀。在腐蚀区右边缘，IR=IR*，即处于钝化、活化转变边界，电极电位为致钝电位(Flade 电位)。再靠左，电位低于致钝电位，金属腐蚀加速，形成稳定的局部腐蚀。在腐蚀区的左边界，电极电位由于混合电位的作用达到极限值或缝内无氧时达到金属的平衡电位。总之，闭塞区内的环境和电位是决定缝隙腐蚀热力学和动力学的两个重要因素，两者对腐蚀电池各个阶段的作用既有区别又有联系而达到统一。外部电位正于临界电位是形成闭塞电池的前提，微区环境由此而发生变化，微区 pH 降到临界值以下时，闭塞电池发生钝化-活化转变，导致电位突降，内部氢去极化开始作用，外表面极化作用增大，腐蚀速率骤增。

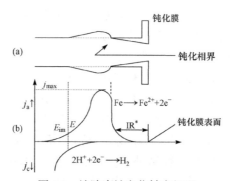

图 6.2　缝隙腐蚀电位转变机理

j_a 代表阳极电流密度；j_c 代表阴极电流密度；E_{im} 代表平衡电位；E 代表混合电位；IR 代表电位降

一些学者利用半直接法或模拟缝隙法测试缝内电位，所得结果不尽相同。缝内外电位差由扩散电位差和电迁移欧姆降组成。一般而言，自然腐蚀条件下，铁和碳钢缝内外电位差在 60mV 以内，不锈钢在 100～200mV 范围之间。Pourbaix 根据试验结果得出了铁在 0.01mol/L Cl⁻ 溶液中蚀孔和裂缝内外电位与 pH 的关系，如图 6.3 所示。缝外电位为 0.2V(vs. SCE)，缝底为-0.5V (vs. SCE)，pH 为 4.7。缝

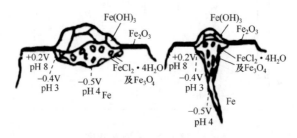

图 6.3　蚀孔和裂缝内外的电位和 pH 示意图

口由于 Fe^{3+} 水解生成 $Fe(OH)_3$，pH 最低，约为 2.7。由于缝内外电位差构成腐蚀电池，缝底金属溶解，并有一部分氢气放出。

室温下对 304 不锈钢的 3.5% NaCl 溶液进行缝内外电位测试，发现缝内外电位差在 80~150mV 内，其随时间有明显改变。这些改变对应着缝隙腐蚀发展的三个阶段：缺氧、钝化膜破裂和酸性增加。Pouthaix 等利用模拟闭塞电池研究闭塞区内外电位变化，认为闭塞区内的电位和 pH 与外部极化电位呈函数关系。在临界电位以上阳极极化时，极化电位越正，缝内电位也越正，但低于外部电位，pH 则越来越小，落在活化区内。在临界电位以下阴极极化时，极化电位越负，缝内电位也越负，但高于外部电位，pH 越来越大，落在钝化区，如图 6.4 所示。

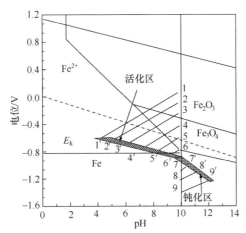

图 6.4　碳钢外部极化对缝内电位和 pH 的影响

6.1.2　缝隙腐蚀的影响因素

1) 缝隙的几何因素

影响缝隙腐蚀的重要因素包括几何形状、缝隙宽度和深度及缝隙内外面积比等，它们决定着氧进入缝隙的程度、电解液组成的变化、电位的分布和宏电池性能有效性等。

(1) 缝隙尺寸：研究表明，2Cr13 不锈钢海水腐蚀，当缝隙变窄时，腐蚀速率增大；腐蚀宽度为 0.10~0.12mm 时腐蚀深度最大，50 天腐蚀深度约达到 90μm；缝隙非常窄时，深度虽有所降低，但总腐蚀量却增大了，这可能是缝内介质酸化导致缝隙内整个钝态表面的活化；缝隙宽度在 0.25mm 以上时，在 0.5mol/L NaCl 中不产生缝隙腐蚀。

(2) 缝隙内外面积比：不锈钢在海水中的缝隙腐蚀随腐蚀面积的减小或缝隙外材料裸露面积的增大而增加。缝隙内区域被认为是阳极，而缝隙外区域为阴极，故上述影响可用与双金属电偶电池类似的行为来解释，即大阴极小阳极情况下，在给定电流时，小阳极上的电流密度大，因而腐蚀速率大。

2) pH

试验和研究都证实了缝隙腐蚀缝尖 pH 低于主体溶液，很多人用各种方法研究了闭塞区内溶液 pH 的变化结果，虽然在数值上不完全一致，这是由于试验条件的差异，如试验时间、探头位置、通过电量、外部电位和溶液成分差异等，但是总的趋势是一致的，即各类合金在发生局部腐蚀时闭塞区内 pH 下降，并与外部溶液相差很大。微区环境诸多参数中，pH 是最重要的参数之一。

金属离子水解生成氧化物或氢氧化物使 pH 下降，其中 Cr^{3+}、Mo^{2+} 水解对 pH 影响最大。对铁、碳钢、低合金钢及其他铬、钼含量较低(Cr 含量<13%，Mo 含量<2%)的铁基合金，闭塞区溶液以 $FeCl_2$ 为主，pH 主要由 Fe^{2+} 水解决定。Cr 含量大于 13%的不锈钢，Cr^{3+} 水解起主要作用。闭塞区内溶液浓度升高造成氢离子活度系数增大也会使 pH 下降。闭塞区的 pH 主要与合金的种类和成分有关。化学成分相同或相近的合金，即使冶金工艺条件不同、热处理状态不同、合金相不同，闭塞区内溶液的 pH 也很接近。同一合金在相同或相似的介质中，蚀孔、缝隙及应力腐蚀裂缝中的 pH 也很接近。综合前人研究，缝隙形成后，内部 pH 迅速下降，下降趋势渐趋缓慢，如图 6.5 所示。

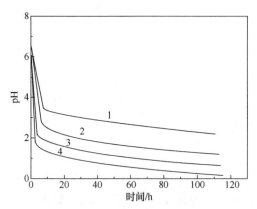

图 6.5　闭塞区内 pH 随时间的变化

1. j=0.20mA/cm²；2. j=1.00mA/cm²；3. j=2.00mA/cm²；4. j=3.50mA/cm²

缝隙外部电位和通过闭塞区的电量也是影响闭塞区 pH 变化的重要因素之一。缝内 pH 与缝隙形状、距缝口的距离有关，不同位置的 pH 不同。缝内溶液的 pH 接近或低于临界 pH 时，缝内金属腐蚀速率骤增。表 6.1 为常见材料在典型介质体系中的 pH 平衡值。

表 6.1　常见的材料/介质体系的闭塞区 pH 平衡值

材料	介质	闭塞区 pH
铁、碳钢、低合金钢	Cl^-、NO_3^-	$3.80\sim6.60$, $2.00\sim4.00$
13%Cr 不锈钢	Cl^-	$3.50\sim3.70$
17%Cr 不锈钢	Cl^-	$2.00\sim3.00$
18%Cr9%Ni 不锈钢	Cl^-	$1.00\sim2.00$
锰及锰合金	Cl^-	$3.00\sim4.00$

3) 溶液成分

闭塞电池理论表明闭塞区内溶液成分在金属离子、阴离子氧浓度、放氢等方面与主体溶液有区别，大量的研究工作揭示了以下区别。

(1) 金属离子：在铁和碳钢形成的闭塞区内，金属离子以 Fe^{2+} 为主，但在出口处 Fe^{2+} 氧化成 Fe^{3+}。铬镍不锈钢缝隙中的金属离子有 Fe^{2+}、Cr^{3+}、Ni^{2+} 等。铝合金缝隙溶液中阳离子有 Al^{3+}。例如，18-8 不锈钢闭塞区内，Fe^{2+}、Cr^{3+}、Ni^{2+} 的比例与合金成分比例相同，而与 KNO_3 浓度、电流密度、时间长短都无关。

(2) 阴离子：缝隙腐蚀过程中，由于维持电中性的需要，外部溶液中的阴离子迁入缝隙内。Cl^- 是水中常含的离子，在缝隙内的富集很重要，已证明缝隙中的 Cl^- 浓度可高达 $4\sim6$mol/L，为外部溶液 Cl^- 浓度的 $3\sim10$ 倍甚至更高。腐蚀速率越大，金属离子浓度就越大，Cl^- 迁移速度也越大。

(3) 氧浓度：闭塞区中氧的浓度在试验开始时迅速下降，随后下降速度变慢。氧浓度下降还与缝隙的构型及邻近金属的特性有关，缝隙越窄，氧浓度下降越快。

(4) 放氢：最初的闭塞电池理论认为闭塞区贫氧，阴极过程(氧还原)只发生在外表面，后来发现缝内有氢气析出。缝内放氢表明电极电位低于放氢电位，缝内的氢去极化作用使缝隙尖端的溶液几乎不受外部阴极的控制。

4) 电导率和沉淀物的影响

阴极保护可以使缝隙内部的 OH^- 浓度上升，带负电荷的 OH^- 的积累将吸引缝隙外介质中的阳离子如 Na^+、Ca^{2+}、Mg^{2+} 等向缝隙内迁移，使缝隙内离子强度增大，电导率上升，在电导率较低的介质中，阴极保护可使缝隙内溶液的电导率上升 $6\sim7$ 倍。向缝隙内迁移的 Ca^{2+}、Mg^{2+} 和向外迁移的 OH^- 在缝口附近相遇，产生 $Ca(OH)_2$ 和 $Mg(OH)_2$ 沉淀。如果介质中存在 HCO_3^-，缝口附近还可能产生 $CaCO_3$ 沉淀。缝口附近上述沉淀的产生可能促使缝隙内阴极电流重新分布，即向缝隙深处传输，从而使缝隙深处的金属得到更有效的保护。

5) 合金元素

研究表明，材料中的 Cr、Mo、Ni、N 等合金元素对闭塞电池腐蚀都有抑制作用。从 Cr13 和 Cr18Ni9Ti 两类不锈钢的闭塞区腐蚀来看，Cr13 不锈钢的临界

pH 为 3.7，比 Cr18Ni9Ti 的 1.5 高，说明 Cr13 不锈钢更易发生闭塞电池腐蚀。但是发生腐蚀后，Cr18Ni9Ti 不锈钢的腐蚀速率反比 Cr13 不锈钢快 10 倍，可见合金中钝化元素铬、镍在局部腐蚀形成和扩展阶段的作用是不同的，有的甚至相反，开发耐蚀合金时要综合考虑。双相不锈钢中含氮量对孔蚀和缝隙腐蚀有影响，发现含氮量增加，腐蚀敏感性下降，闭塞区溶液中存在氨离子，双相钢中的氮原子消耗了闭塞区的氢离子，起到了缓蚀作用。

　　合金元素对材料耐缝隙腐蚀性能的影响是很复杂的，因材料不同而不同。如合金元素氮、钼、锰可提高耐缝隙腐蚀性能，但这些效果不能累加，此外，合理设计，尽量避免缝隙存在、选用耐蚀性好的材料和进行适当的热处理也是防止缝隙腐蚀的有效方法。

6.1.3　阴极保护条件下的土壤缝隙腐蚀

　　阴极保护防止缝隙腐蚀机理与缝隙内介质的电阻率和缝隙尺寸有关。缝隙内介质电阻率越高，缝隙厚深比越小，缝隙内介质的欧姆电阻越大，保护电流越难以深入缝隙。如果缝隙处于低阻介质环境中，缝隙内介质的电阻率始终很低。若缝隙内介质的电阻率较高，缝隙内介质的初始电阻率也较高；阴极保护可能显著地降低缝隙内介质的电阻率。溶液中氧含量的降低可使金属的极化电阻显著增大，而阴极保护有效深度将随电导率和极化电阻的上升而增加。因此，在环境介质电阻率较低和缝隙厚深比不是太小的情况下，阴极电流可能深入到缝底，将缝隙内的金属极化到免蚀区而得到保护。低阻介质中缝隙内电位分布的测量确实证实了这一结论。如果缝隙处于高阻介质中，特别是缝隙厚深比又很小时，阴极电流难以深入缝隙，此时，缝隙内只有缝口附近的金属表面能够被极化的免蚀区而得到充分的电化学保护，缝隙深处的金属表面则得不到或仅能得到部分电化学保护。下面对这两种情况分别进行讨论。①氧耗尽机理：在含氧的中性环境中，钢的腐蚀一般为氧还原控制。阴极保护电流可耗尽缝口附近介质中的溶解氧，从而有效地阻止溶解氧向缝隙内扩散。缝隙内局部溶解氧浓度可以降低到缝隙口处本体溶解氧浓度 1‰以下。由于基本上无溶解氧向缝隙更深处扩散，那里的腐蚀速率大大降低。②pH 上升和钝化机理：阴极保护可使缝隙内介质的 pH 显著上升。根据铁的电位-pH 平衡图，在 pH=9～13 的条件下，钢铁表面可能形成 Fe_3O_4 保护膜而处于钝化状态。当溶液 pH=7.90 时，管线钢处于活性腐蚀状态，腐蚀为氧扩散控制；当溶液 pH=12.30 时，钢则处于钝化状态，此时氧的阴极还原为电化学步骤控制。因此，当阴极保护使缝隙内溶液的 pH 上升到钝化范围内时，缝隙深处未得到阴极保护的金属表面将由活性状态转变为钝化状态而使其腐蚀速率大大下降。此外，阴极保护可使缝隙内溶液中氯离子向缝隙外迁移，从而使缝隙内金属更容易钝化。

6.2　碳钢土壤缝隙腐蚀现场试验

　　Q235 钢和 X70 钢裸样和楔形缝隙试样在库尔勒土壤中的现场埋片试验表明，腐蚀的阴极反应不仅有氧的去极化，还有硫酸盐还原菌参与的还原反应。

　　图 6.6 是裸样库尔勒土壤埋设半年后的宏观形貌，埋设半年时是以均匀腐蚀为主，埋设 1 年后，两种钢都发生了明显的点蚀。图 6.7 是楔形缝隙腐蚀试样库尔勒土壤埋设半年和 1 年的宏观形貌，其中上部为缝口。由于新疆库尔勒荒漠土中的 Cl⁻浓度较高，试验材料产生了较严重的不均匀腐蚀，随着时间的延长，缝隙腐蚀程度明显增加；X70 钢的缝隙腐蚀程度明显高于 Q235 钢。在两种钢的缝口处，明显有疏松的腐蚀产物堆积，随着缝口到缝底距离的增加，腐蚀程度增加，尤其是点蚀程度明显增加。腐蚀产物的腐蚀形态各异，厚薄也不均匀，对腐蚀产物进行能谱分析发现，腐蚀产物还是以 Fe 的各种氧化物为主，发现存在 Cl⁻但没有发现 S 的化合物。

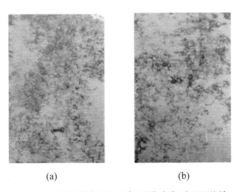

(a)　　　　　　　　(b)

图 6.6　裸样库尔勒土壤埋设半年宏观形貌

(a)Q235 钢；(b)X70 钢

(a)　　　　(b)　　　　(c)　　　　(d)

图 6.7　楔形试样库尔勒土壤埋设半年(a)和 1 年(b)的宏观形貌

(a)Q235 钢，半年；(b)X70 钢，半年；(c)Q235 钢，1 年；(d)X70 钢，1 年

6.3 碳钢在库尔勒土壤模拟溶液中的缝隙腐蚀试验

图 6.8 是 X70 钢在库尔勒模拟溶液中，在缝隙开口尺寸 $\delta=0.30\text{mm}$ 时通过模拟构型测定的楔形缝隙内部电极电位 E、Cl$^-$浓度和 pH 随时间的变化曲线，其中 pH 是在一个试验周期 120h 试验刚结束时测定的。

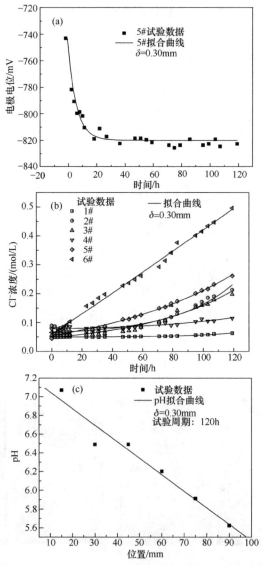

图 6.8　缝内电极电位 E、Cl$^-$浓度随时间的变化和缝内 pH 分布的拟合曲线

(a)电极电位 E-时间拟合曲线；(b)Cl$^-$浓度-时间拟合曲线；(c)pH-位置拟合曲线

从图 6.8(a)发现，缝内各试样随着腐蚀时间的延长，电极电位 E 降低，降低的幅度达到 106mV，在时间为 80h 时，缝内电极电位 E 基本上趋于稳定，各试样的电极电位 E 降低的幅度都比较一致。从拟合曲线也能发现，缝底附近试样的电极电位 E 也能随时间较迅速地达到稳定状态，出现上述现象的原因是随着时间的延长，缝内试样都发生了缝隙腐蚀，产生了阳极溶解，使电极电位 E 降低。

从图 6.8(b)发现，随着腐蚀时间的延长，缝内不同距离处的 Cl^- 浓度显著高于本体溶液的 Cl^- 浓度；随着缝口距离的增加，Cl^- 浓度增加的幅度较大。产生该现象的原因是缝隙腐蚀的自催化效应，本试验应用的是楔形缝隙模型，越往缝深方向缝隙的开口尺寸越小，缝隙深处因阳极溶解产生的 Fe^{2+} 不易扩散到缝外进行溶质交换，过多的阴离子滞留在缝隙深处，为保持电中性，Cl^- 则从缝外向缝内扩散，提高了缝隙深处的 Cl^- 浓度。

从图 6.8(c)发现，缝内的 pH 随着离缝口距离的增加而单调线性降低，距离缝口 15mm 和 90mm 处的 pH 差别可达 1.50。这种单调下降的原因是楔形缝隙内距缝口不同距离处阳离子 Fe^{2+} 浓度的差别较大，缝底和缝口的酸化程度差别也较大，缝内高浓度的氯离子又促使缝内金属被进一步阳极溶解。宏观腐蚀形貌为从缝口到缝底缝隙腐蚀程度逐渐增加。图 6.9 是 X70 钢在库尔勒土壤模拟溶液的缝隙试样的 SEM 形貌，缝隙腐蚀程度随着缝口距离的增加而愈加严重，也能看到点蚀，与现场获得的形貌大体是一致的。

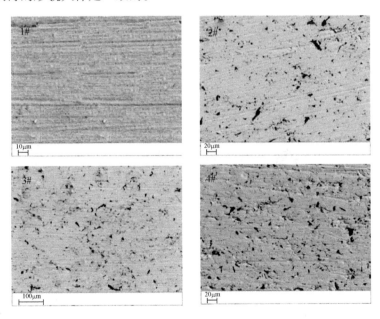

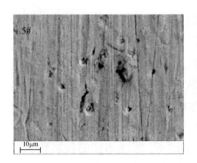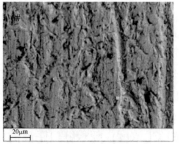

图 6.9   X70 钢缝隙模拟构型试样的 SEM 形貌

选择了距缝口 30mm、60mm 和 90mm 缝内的 3 个位置进行了缝内氧浓度的测试，从图 6.10(a)发现，随着时间的延长，缝内的氧浓度持续降低；从图 6.10(b)发现，在缝内的不同位置氧浓度降低的程度逐渐趋于一致，并且达到一个较低的水平。

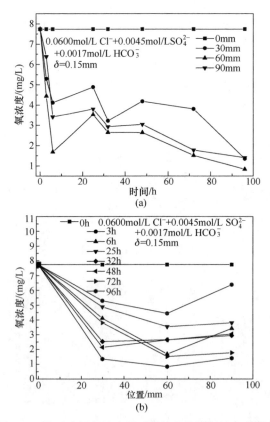

图 6.10   缝隙内部氧浓度随时间的变化及氧的分布情况

通过 XPS 测定了缝内金属试样缝隙腐蚀后表面膜的组成，腐蚀产物中不存在

S—Fe、S—O 和 C—O 结合键,只存在 Fe—O 键和 O—H 键,说明在库尔勒模拟溶液中,X70 钢楔形缝隙内部的 Cl^-、SO_4^{2-} 和 HCO_3^- 没有最终形成腐蚀产物,如 $FeCl_2$、$FeSO_4$、FeS 等,它们是通过间接或中间反应产物来参与整个缝隙腐蚀进程的。所以,从缝隙腐蚀结果上看,X70 钢在具有复杂离子结构的库尔勒模拟溶液中缝隙腐蚀过程与在简单离子(Cl^-)模拟溶液中的缝隙腐蚀过程具有相似性。说明多离子(Cl^-+SO_4^{2-}+HCO_3^-)本体溶液中 X70 钢的缝隙腐蚀有着与单离子(Cl^-)相似的缝隙腐蚀机理:①缝内贫氧与缝外形成氧浓差电池;②缝内阳极溶解,产生 Fe^{2+};③为保持电中性,缝外 Cl^- 向缝内扩散;④Fe^{2+} 水解使缝内的 pH 降低,又进一步促进阳极溶解;⑤Cl^- 进一步向缝内扩散(Cl^- 的自催化效应)。硫酸根离子和碳酸氢根离子在缝隙腐蚀过程中也起到了中间环节的作用,减缓了腐蚀的进程。

6.4　阴极极化 X70 钢在库尔勒土壤模拟溶液中的缝隙腐蚀试验

表 6.2 为本节 X70 钢缝隙腐蚀的试验条件。图 6.11(a)、(b)分别为在缝口控电位为-1000mV(vs. CSE)、缝口尺寸为 0.15mm 的情况下,在库尔勒模拟溶液中于不同的极化时间内缝隙中 X70 钢试样的极化电位和极化电流密度随缝口距离的分布曲线。随着极化时间的延长,极化电位逐渐降低,极化电流密度也逐渐减小;在同一极化时间内,极化电位随着缝口距离的增加而逐渐升高,但极化电流密度逐渐减小。换言之,在不同的极化时间内,从缝口到缝底都存在着明显的极化电位梯度和极化电流密度梯度,且随着极化时间的延长,两梯度都逐渐减小。极化电流密度梯度随极化时间减小说明,在阴极极化的初期,极化电流密度主要集中在缝口表面附近,随着极化时间的延长,缝内和缝外的极化电流密度将逐渐趋于一致。

表 6.2　X70 钢缝隙腐蚀试验条件

条件	缝口控电位/mV(vs. CSE)	缝口尺寸/mm	时间/h
1	−850	0.15	30
2	−1000	0.15	30
3	−1000	0.30	30
4	−1000	0.45	30
5	−1150	0.15	30

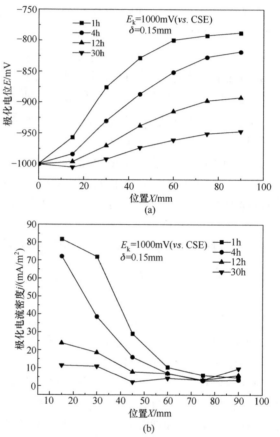

图 6.11　不同的极化时间内缝内极化电位与极化电流密度的分布

(a)极化电位 *E-X* 分布曲线；(b)极化电流密度 *j-X* 分布曲线

假设流经缝隙溶液中的电流满足欧姆定律，且溶液的电导率(σ)是恒定不变的，在缝隙钢中的极化电位和极化电流密度可用如下的 Laplace 方程来表示：

$$\frac{\mathrm{d}^2 E(x)}{\mathrm{d}x^2} = -\frac{1}{\sigma\delta} j(x) \tag{6.1}$$

流经缝隙中的极化电流密度在 $1\mu A/cm^2$ 数量级，因此，下面的线性极化方程成立：

$$E(x) = E_{corr} - R_p j(x) \tag{6.2}$$

其中，E 为腐蚀电位；R_p 为阴极反应的线性极化阻。边界条件为：$x=0$ 时，$E(x)=E_0$，$x=\infty$ 时，$E(x)=E$。

式(6.1)和式(6.2)合并并解微分方程获得极化电位与缝口距离的关系为

$$E(x) = E_{corr} + (E_0 - E_{corr})\exp(-x/C) \tag{6.3}$$

其中，$C = \sqrt{R_p \sigma \delta}$。

设 $A = E_{corr}$，$B = E_0 - E_{corr}$，则有

$$E(x) = A + B\exp(-x/C) \tag{6.4}$$

由式(6.4)可获得缝隙内的极化电位梯度为

$$\frac{\mathrm{d}E(x)}{\mathrm{d}x} = B'\exp(-x/C) \quad (B' > 0) \tag{6.5}$$

将式(6.2)和式(6.3)合并，则极化电流密度和缝口距离的关系为

$$j(x) = \frac{E_{corr} - E_0}{R_p}\exp(-x/C) \tag{6.6}$$

设 $D = \dfrac{E_{corr} - E_0}{R_p}$，则有

$$j(x) = D\exp(-x/C) \tag{6.7}$$

又由式(6.6)获得缝隙内的极化电流密度梯度为

$$\frac{\mathrm{d}j(x)}{\mathrm{d}x} = D'\exp(-x/C) \quad (D' < 0) \tag{6.8}$$

试验结果很好地符合指数变化规律，符合 Laplace 方程。本缝隙腐蚀模拟构型的电化学等效电路如图 6.12 所示，E_k 为缝口控电位；E_{s_n} 为从缝口到 n 试样处的溶液电压降；E_n 为缝内 n 试样处的极化电位；R_s 为溶池内的溶液电阻；R_{s_n} 为从缝口到 n 试样处的溶液电阻；R_{t_n} 为 n 试样电阻与 n 试样处溶液反应电阻之和；ΔR_n 为距缝口每 15mm 缝内的溶液电阻。

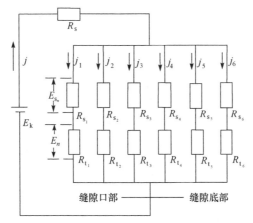

图 6.12 阴极极化条件下缝隙体系的等效电路示意图

则有

$$E_k = E_{s_n} + E_n = j_n (R_{s_n} + R_{t_n}) \tag{6.9}$$

$$j_n = \frac{E_k}{R_{s_n} + R_{t_n}} \tag{6.10}$$

又由于 $R_{s_1} = \Delta R_1$ ，有

$$R_{s_2} = R_{s_1} + \Delta R_2 \tag{6.11}$$

$$R_{s_n} = R_{s_{n-1}} + \Delta R_n \tag{6.12}$$

故

$$j_n = \frac{E_k}{(R_{s_{n-1}} + \Delta R_n) + R_{t_n}} \tag{6.13}$$

在极化初始阶段(1h，4h)，缝内各段溶液电阻近似，即 $\Delta R_1 \approx \Delta R_2 \approx \cdots \approx \Delta R_6$，则有

$$j_n = \frac{E_k}{n\Delta R_1 + R_{t_n}} \tag{6.14}$$

由于缝口附近电力线易于到达，因而阴极上进行氧的还原反应较为充分，致使缝内溶液反应电阻(R_{t_n})减小，又因缝口附近 n 值较小，根据式(6.13)，导致缝口附近试样的极化电流密度(j_1、j_2、j_3)增大；缝隙内部由于氧的还原反应进行的程度较弱，所以溶液反应电阻 R_{t_n} 较大，又因 n 值较大，致使缝隙内部试样的极化电流密度(j_4、j_5、j_6)较小。

随着极化时间的延长(如 12h、30h)，缝口附近介质中的溶解氧浓度由于氧还原反应(阴极反应)的进行而被迅速降低，使溶液反应电阻 R_{t_n} 增大。楔形缝隙缝口附近的开口尺寸较大，缝口附近的缝内溶液易与大溶池的溶液进行扩散交换，缝口附近的缝内溶液电阻 R_{s_n} 随时间变化较小。根据式(6.2)，随与缝口距离增大的极化电流密度(如 j_1、j_2、j_3)迅速降低。缝隙内部一方面由于贫氧使氧的还原反应速率降低，使 R_{t_n} 增大；另一方面，前期阴极反应产生的 OH^-、原模拟溶液中的 Cl^-、SO_4^{2-} 和 HCO_3^- 及静电迁移的 Na^+ 使缝隙内介质的电导率逐渐增加，使缝内的溶液电阻 R_{s_n} 减小，二者的综合作用使缝内试样的极化电流密度(j_4、j_5)变化不大。缝底试样(6#)由于附近的溶液离子扩散最为困难，使 R_{s_n} 减小幅度较大，从而导致 6# 试样极化后期的极化电流密度(j_6)反而有所增加。

图 6.13 是在极化时间为 12h、缝口尺寸为 0.15mm 的情况下，在库尔勒模拟溶液中于不同的缝口控电位(E_k)时，缝内 X70 钢试样的极化电位和极化电流密度随缝口距离的分布曲线。随着缝口控电位的降低，不同距离处试样的极化电位都

逐渐降低，极化电位梯度逐渐增大；而极化电流密度都逐渐增大，极化电流密度梯度也逐渐增大。

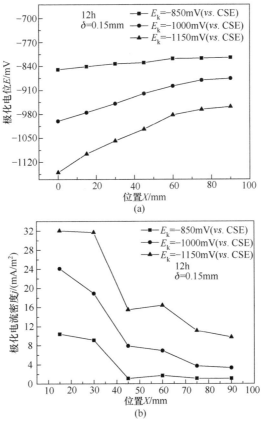

图 6.13　不同缝口控电位下缝内 X70 钢的极化电位与极化电流密度的分布
(a)极化电位 E-X 分布曲线；(b)极化电流密度 j-X 分布曲线

在缝口控电位为-850mV($vs.$ CSE)时，由于缝内溶液的 IR 致使缝内试样的极化电位都高于有效的阴极保护电位-850mV($vs.$ CSE)，产生了缝隙腐蚀，此时缝内极化电流密度很低；随着缝口控电位的降低[-1000mV($vs.$ CSE)、-1150mV($vs.$ CSE)]，缝口附近由于电力线易于到达，极化电位迅速降低，缝内试样的极化电位都低于有效的阴极保电位-850mV($vs.$ CSE)，此时缝内的试样不发生腐蚀，极化电流密度迅速增大，但缝内相对于缝外极化电位仍然较高，极化电流密度也较低，产生了较大的电位梯度和电流密度梯度。缝口控电位为-850mV($vs.$ CSE)时，缝内试样的腐蚀形貌如图 6.14 所示。

图 6.15 为在不同缝口控电位条件下极化时间为 30h 时 pH 随缝口距离的分布状况，由图发现，随着控电位的降低，不同缝口距离处的 pH 呈现增加的趋势，但

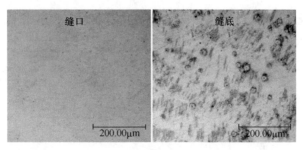

图 6.14　缝内试样的腐蚀形貌

在控电位为−850mV(*vs.* CSE)时，pH 却随缝口距离的增加而降低；当缝口控电位为−1000mV(*vs.* CSE)和−1150mV(*vs.* CSE)时，缝内 pH 随着缝口距离的增加而增加，且缝口距离增加到一定程度时，pH 大小趋于稳定。当缝口控电位为−850mV(*vs.* CSE)时，由于缝内的极化电位不能达到保护电位−850mV(*vs.* CSE)，缝内将发生如下电极反应。

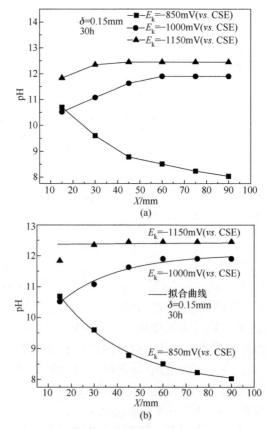

图 6.15　不同缝口控电位 E_k 下缝内 pH 的分布及拟合曲线

(a)pH-X 分布曲线；(b)pH-X 分布拟合曲线

阳极反应:

$$Fe - 2e^- \longrightarrow Fe^{2+} \tag{6.15}$$

阴极反应:

$$O_2 + 2H_2O + 4e^- \longrightarrow 4OH^- \tag{6.16}$$

Fe^{2+}水解导致缝内 pH 逐渐降低。当缝口控电位为$-1000mV(vs.\ CSE)$和$-1150mV(vs.\ CSE)$时,缝内极化电位低于保护电位$-850mV(vs.\ CSE)$,此时缝内金属将进行阴极反应:

$$O_2 + 2H_2O + 4e^- \longrightarrow 4OH^-$$

$$O_2 + 4H^+ + 4e^- \longrightarrow 2H_2O \tag{6.17}$$

$$2H^+ + 2e^- \longrightarrow H_2 \tag{6.18}$$

在辅助电极上进行阳极反应:

$$4OH^- - 4e^- \longrightarrow O_2 + 2H_2O \tag{6.19}$$

极化初期(1h、4h),阴极极化反应使缝内和缝外产生了 OH^-和溶解氧[O]的浓度差,在外加电场的作用下,OH^-向缝外扩散迁移,而溶解氧向缝内扩散迁移,缝口和缝内的电位梯度也导致 OH^-向缝内进行扩散。缝口附近由于氧的扩散相对容易进行,阴极反应进行较为充分,极化初期含有较多的 OH^-,缝内含有较少的 OH^-。随着极化时间的延长(12h、30h),缝口附近迁移仍旧容易进行,使 OH^-浓度逐渐降低,pH 减小;缝内因迁移较为困难,使反应产生的 OH^-滞留在缝内,缝口附近的 OH^-向内迁移也使缝内的 OH^-浓度逐渐提高,使 pH 逐渐增大,增大到一定程度时,由于缝内的氧被完全耗尽,阴极极化反应停止,pH 将逐渐趋于稳定。

图 6.16 是在极化时间为 30h、缝口控电位为$-1000mV(vs.\ CSE)$时在不同的缝口尺寸情况下,缝内 X70 钢试样的极化电位和极化电流密度随缝口距离的分布曲线。随着缝口尺寸的增加,不同缝口距离处的极化电位都呈现降低的趋势,且降低的幅度随着缝口尺寸的增加而逐渐减小,极化电流密度则呈现出与极化电位相反的变化规律;从图 6.16 又发现,缝内极化电位随着缝口距离的增加而增加,增加幅度随着缝口尺寸的增大而减小,极化电流密度却呈现出相反的变化规律,即随着缝口距离的增加而减小,在各缝口尺寸下,缝内试样的极化电流密度(j_4、j_5、j_6)最终趋于一致。随着缝口尺寸的增加,缝内与缝外溶液的溶质交换易于进行,阴极极化时电力线更易于到达缝内,使极化电位降低,极化电流密度增大。在缝口尺寸增加到一定程度时,由于缝隙腐蚀的尺寸敏感性降低,缝内极化电位和极化电流密度的变化程度将趋缓。

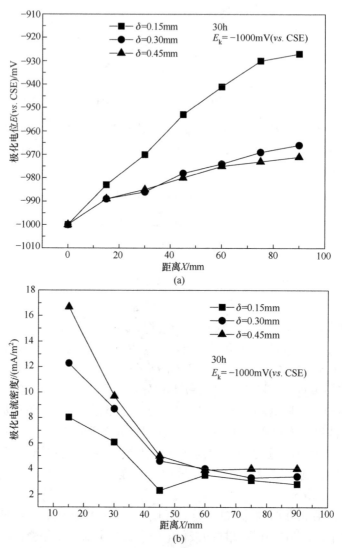

图 6.16 不同缝口尺寸时缝内 X70 钢试样的极化电位与极化电流密度的分布曲线

(a)极化电位 E-X 分布曲线；(b)极化电流密度 j-X 分布曲线

图 6.17 是极化时间为 30h、缝口控电位为-1000mV($vs.$ CSE)时在不同缝口尺寸情况下缝内 pH 随缝口距离的分布曲线。由图 6.17 发现，随着缝口尺寸的增加，不同缝口距离处的 pH 都呈现增加的趋势，随着缝口尺寸增加的幅度逐渐减小；随着缝口距离的增加，pH 也呈现增加的变化趋势。

随着缝口尺寸的增加，溶池环境中的腐蚀介质与缝内闭塞区溶液的溶质交换更为充分，通过阴极极化缝内产生的极化电流密度也更大，缝内消耗的氧将增多，促使了 OH⁻浓度的提高，使 pH 增加。随着离缝口距离的增加，由于缝内与缝外溶质的交换困难,所以缝内保持了较高的 pH,距离缝口较近时因不断有溶池中氧的迁入从而导致了较低的 pH。

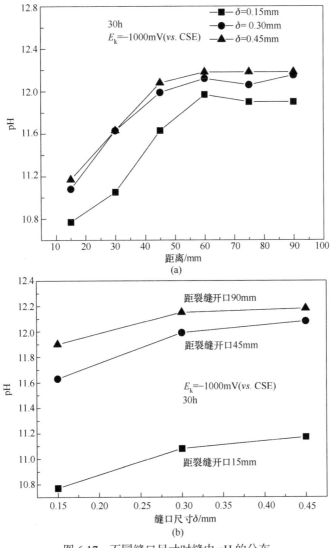

图 6.17　不同缝口尺寸时缝内 pH 的分布

(a)pH-X分布曲线;(b) pH-δ分布曲线

6.5　结　　语

Q235 钢和 X70 钢在新疆库尔勒荒漠土中埋设半年和 1 年后,均以均匀腐蚀为主，埋设 1 年后，两种钢都发生了明显的点蚀。楔形缝隙腐蚀试样产生了较严重的不均匀腐蚀，随着时间的延长，缝隙腐蚀程度明显增加；X70 钢的缝隙腐蚀程度明显高于 Q235 钢。在两种钢的缝口处，明显有疏松的腐蚀产物堆积，随着缝口到缝底距离的增加，腐蚀程度增加，尤其是点蚀程度明显增加。腐蚀产物的腐蚀形态各异，厚薄也不均匀，腐蚀产物还是以 Fe 的各种氧化物为主，发现存在 Cl⁻但没有发现 S 的化合物。

在库尔勒土壤模拟溶液中，X70 钢缝隙腐蚀从缝口到缝底随着缝口距离的增加，电极电位逐渐降低，80h 后趋于稳定；Cl⁻浓度随缝口距离的增加也逐渐升高，越往缝底方向 Cl⁻浓度增加的幅度越大；缝内的 pH 随着缝口距离的增加而逐渐下降。X70 钢试样在缝隙中的腐蚀程度从缝口到缝底依次增强。缝隙腐蚀的腐蚀产物不存在 S—Fe、S—O 和 C—O 结合键，只存在 Fe—O 键和 O—H 键，说明在库尔勒模拟溶液中，X70 钢楔形缝隙内部的 SO_4^{2-} 和 HCO_3^- 没有最终形成腐蚀产物，它们可能是通过中间反应产物来参与整个缝隙腐蚀进程的。这与现场埋样结果一致。对 X70 钢楔形缝隙内部溶液中溶解氧含量的测定发现，随着时间的延长，缝内溶解氧含量持续降低，虽然在降低过程中不同位置处降低的速度有所不同，但最终缝内各位置处的氧含量逐渐趋于一致，并达到一个较低的水平。在 X70 钢模拟构型缝隙和钢板缝隙中，Cl⁻浓度随腐蚀时间变化呈现指数规律，随时间的延长，钢板缝隙中的 Cl⁻浓度随距缝口距离的变化规律更为明显。

随着阴极极化时间的延长，从缝口到缝底 X70 钢缝隙试样的极化电位和极化电流密度随缝口距离的梯度呈现逐渐降低的变化趋势，这与缝隙中溶解氧随缝口距离的梯度逐渐减小密切相关。随着缝口控电位的降低，缝隙中试样的极化电位逐渐降低，极化电流密度和相对应介质的 pH 逐渐增大；在控电位为 $-850\mathrm{mV}(vs.\,\mathrm{CSE})$ 时，缝内 pH 随缝口距离的增加而降低，在其他缝口控电位时，缝内 pH 随缝口距离先增加，增加到一定程度时趋于稳定。随着缝口尺寸从 0.15mm→0.30mm→0.45mm 的增加，缝内试样的极化电位梯度逐渐减小，极化电流密度梯度逐渐增加，缝内的 pH 也随之逐渐增大。

第7章 土壤应力腐蚀演化与影响因素

应力腐蚀开裂(SCC)是埋地钢质管道和压力容器的主要破坏形式之一，其在世界上很多国家发生过，如美国、加拿大、澳大利亚、伊朗、苏联和巴基斯坦。近年来，我国长距离、大管径、高强钢油气管道及其站场设施建设高速发展，已初步形成横贯东西、通达南北的能源大动脉网。这些管线的完整、畅通是国家能源供给安全、经济发展和社会稳定的重要基础和保障。到目前为止，国际上还没有能有效解决 SCC 的方法和技术，特别是其萌生条件的判定模型和裂纹扩展速率(CGR)的预测理论模型还不成熟，严重阻碍了油气管线相关寿命预测和安全性评价技术的发展。我国管线钢应力腐蚀潜在风险不容乐观，因为我国重要能源管线基本都分布于 SCC 敏感性土壤地区。

根据埋地管线 SCC 发生位置介质的特征，SCC 被分为低 pH-SCC(包括近中性 pH-SCC 和弱酸性 pH-SCC)和高 pH-SCC 两类。高 pH-SCC 的发生机理一般认为是阳极溶解(AD)机理，但其主要发生在阴极保护电位较负的条件下，是否存在氢脆(HE)机理仍存疑；低 pH-SCC 一般认为是阳极溶解和氢脆混合机理(AD＋HE机理)。SCC 敏感环境的形成与阴极保护条件及涂层类型密切相关，同时与土壤的腐蚀性有密切的相关性。当外加阴极保护电位较低且涂层有限屏蔽外加电位的情况下，破损的涂层剥离区会浓聚碳酸盐而产生高 pH 环境；如果阴极保护电位较弱或涂层的屏蔽性较好时，在涂层下一定区域会形成近中性 pH 环境，这种环境接近土壤浸出液环境且有较高浓度的碳酸氢盐；在阴极保护条件失效的情况下，涂层剥离缝隙内还会形成弱酸性环境。

本章总结了作者课题组在高强度管线钢土壤环境 SCC 的最新研究成果，即土壤环境应力腐蚀的非稳态电化学机理及建立的理论判定模型，系统介绍了实验室模拟环境和实际土壤环境中 SCC 的相关性，提出了管线钢土壤环境应力腐蚀的量化机理模型与腐蚀寿命评估方法。

7.1 土壤应力腐蚀研究进展

目前，土壤应力腐蚀最关注高 pH 和近中性 pH 这两类土壤腐蚀环境，高 pH-SCC(又称经典 SCC)发生的案例较为普遍，近中性 pH-SCC(又称低 pH-SCC 或非经典 SCC)发现较晚，案例相对较少。

7.1.1　高 pH-SCC 土壤应力腐蚀

高 pH-SCC 破坏形态为沿晶型应力开裂(IGSCC)，发生在浓的碳酸盐和碳酸氢盐中，介质的 pH 通常为 8～10.5，温度为 22～90℃。最早于 1965 年 3 月因美国路易斯安那州发生一起油气管道沿晶型应力腐蚀开裂事故而被确认，称为高 pH-SCC 或经典 SCC。后来，加拿大、澳大利亚、巴基斯坦、苏联和伊朗等国家报道了一些类似案例。

英国 Parkins 研究发现，高 pH-SCC 是一种新环境体系下的应力腐蚀开裂，于是定义了高 pH 的标准试验环境：1N Na_2CO_3+1N $NaHCO_3$、75℃。绝大多数高 pH-SCC 试验都是采用 1N Na_2CO_3+1N $NaHCO_3$ 作为实验室的模拟溶液。

由于 SCC 发生在管道涂剥离涂层下或土壤/管道接触界面上，实际溶液为钢-涂层缝隙内的滞留液或钢-土壤界面土壤凝出的薄液层，滞留液的组成和性质与涂层外周围土壤中地下水的性质是不同的，但与实际土壤相关。高浓度 HCO_3^-/CO_3^{2-} 介质一般认为是由土壤中的液相或地下水通过阴极保护浓化和蒸发浓化作用形成的，发生下列反应：

$$H_2CO_3 \longrightarrow HCO_3^- + H^+ \tag{7.1}$$

$$HCO_3^- + OH^- \longrightarrow CO_3^{2-} + H_2O \tag{7.2}$$

上述反应使 CO_2 转化为 HCO_3^- 和 CO_3^{2-}，形成了发生高 pH-SCC 的 HCO_3^-/CO_3^{2-} 缓冲性溶液环境。由于阴离子浓度不断增加，被吸引的阳离子会通过涂层进入滞留液中，以维持滞留液中电荷的平衡。二价阳离子如 Ca^{2+}、Mg^{2+} 沉淀在涂层的外表面，而 Na^+、K^+ 等一价阳离子就成为剥离涂层下滞留液溶液中的主要阳离子。最早发生高 pH-SCC 的涂层体系是透氧的，因此，高 pH-SCC 的研究介质允许溶解氧存在。

通常施加的阴极保护电位为–1100～–850mV(*vs.* CSE)，而高 pH-SCC 敏感电位范围为–830～–600mV(*vs.* CSE)，二者不一致。因此，有学者认为，对于同一地况，湿季时阴极保护电流易到达管道金属表面，产生 IGSCC 的高 pH 环境；干季时，由于涂层的屏蔽作用，阴极保护电流不易到达金属表面，使金属表面电位正移至 SCC 敏感区内而导致 SCC 发生。这两种作用不断循环积累就会发生高 pH-SCC。作者课题组研究发现，高 pH-SCC 敏感的电位范围更宽。此外，高 pH-SCC 与温度关系大，在低温和常温下不易发生，在 75℃以上的条件下容易发生。

管线钢在 pH 为 8～10.5 的土壤中 SCC 的机理一般认为是保护膜破裂+裂尖阳极溶解机理，即沿晶的 AD 机理(IGSCC)。X80 级以上的钢种对 HE 作用更敏感，有时能够观察到穿晶断裂的特征。因此，单纯认定高 pH-SCC 是 AD 机理是不正确的。传统的观点认为，高 pH-SCC 的 IGSCC 特征是晶界偏析产生的微电偶作用导致的。随着冶金纯净化技术的不断提高和晶粒不断细化，晶界偏析已经难以产生，但仍能观察到 IGSCC 现象。因此，有必要重新认识管线钢在碳酸盐介质中的 IGSCC 机理。

7.1.2 近中性 pH-SCC 土壤应力腐蚀

1985 年，加拿大管道的聚乙烯带剥离涂层下首次发现了穿晶型应力腐蚀开裂 (TGSCC)，一般在 pH 为 6～8、含 CO_2 的稀电解液中形成，称为近中性 pH-SCC，也称为低 pH-SCC。澳大利亚、伊朗、伊拉克及沙特阿拉伯等管线也发生了类似的开裂。近中性 pH-SCC 随后成为管线钢应力腐蚀开裂的国际性研究热点之一。近中性 pH-SCC 的特征与高 pH-SCC 明显不同，见表 7.1。

表 7.1 近中性 pH-SCC 和高 pH-SCC 的条件和特征

项目	近中性 pH-SCC	高 pH-SCC
与温度关系	无明显的相关性	相关性大
电介质	pH 为 6～8 的稀 HCO_3^- 溶液	pH > 9.3 的浓 CO_3^{2-} / HCO_3^- 溶液
电位	发生在自由腐蚀(开路)电位，$-790 \sim -760\text{mV}$ (Cu/CuSO$_4$)。由于涂层的屏蔽或其他因素作用，阴极保护(CP)无法到达管子表面	发生在特定的开裂电位区，电位范围随温度的不同而不同。室温下的开裂电位范围为 $-750 \sim -600\text{mV}$(Cu/CuSO$_4$)
开裂形貌	主要为穿晶，裂纹宽，裂纹壁明显腐蚀	主要为沿晶，裂纹致密，裂纹壁无明显腐蚀
共同点	均沿着与管道轴向平行的方向发展，裂纹主要在管道的下底侧形核，裂纹侧壁通常覆盖有磁铁矿膜或者碳酸铁膜	

近中性 pH-SCC 环境浓度比高 pH-SCC 环境浓度要低得多，HCO_3^- 浓度远远高于溶液中其他组分的浓度。有的实验室采用稀 $NaHCO_3$ 溶液进行近中性 pH-SCC 试验研究，如含不同浓度 Cl^- 的 0.005～1mol/L $NaHCO_3$ 溶液。实验室中使用最多的近中性 pH-SCC 模拟溶液是 NS4 溶液，它是根据实地检测剥离涂层下电解液的平均成分配制而成的模拟溶液，采用 5%CO_2+95%N_2 以模拟管线邻近土壤中高含量的 CO_2，也可通过调整 CO_2 和 N_2 的比例来调节溶液 pH。另外，还有其他模拟溶液，如 NS3、NOVA 等溶液。上述模拟介质的组成见表 7.2。涂层下低 pH 的滞留液的成分分散度较大，具有明显的地域性。其共同点是 pH 范围较为接近，含有低浓度的碳酸氢根。该滞留液成分与地下水的成分接近，实地 pH 更偏酸性。近中性 pH 是在无氧的环境下产生的，因此实验室研究要严格除氧。

表 7.2　近中性 pH-SCC 模拟土壤溶液的成分

溶液	组分含量/(g/L)						
	$NaHCO_3$	KCl	$CaCl_2 \cdot 2H_2O$	$MgSO_4 \cdot 7H_2O$	$MgCO_3$	$CaSO_4 \cdot 2H_2O$	$CaCO_3$
NS3	0.559	0.037	0.008	0.089	—	—	—
NS4	0.483	0.122	0.181	0.131	—	—	—
NOVA	0.437	0.155	—	—	0.354	0.0345	0.230

　　与对高 pH-SCC 机理的认知相比,人们对近中性 pH-SCC 机理的认知经过了以下演变。首先是 HE 机理。由于近中性 pH-SCC 的 TGSCC 特征是中高强度钢氢脆断裂的典型特征,近中性 pH 介质能够进行析氢反应,很容易将其归因于 HE 机理。但是最终未形成统一的认识,因为 HE 或氢致开裂(HIC)的发生需要充氢电流达到临界值,而在近中性 pH-SCC 实际发生的条件下难以达到足够的充氢条件。其次,认为近中性 pH-SCC 为 AD 机理。由于近中性 pH 介质中存在 AD 作用,在裂纹萌生阶段能够观察到裂纹较宽(局部腐蚀促进裂纹萌生)。有人认为是阳极溶解和膜破裂机理导致的。此后较长时间里,逐渐认识到近中性 pH-SCC 不可能是单纯的 AD 机理,于是发展出了阳极溶解和氢脆的混合机理(AD+HE 机理)。AD+HE 机理认为 AD 和 HE 在 SCC 的不同阶段的作用是变化的,AD 过程控制着裂纹的形核和初始阶段,在裂纹形核和长大之后,HE 机理控制着裂纹的扩展过程。也有人提出近中性 pH-SCC 是点蚀-TGSCC 的机理,其实就是上述 AD+HE 机理的一种表现。

7.1.3　应力腐蚀的非稳态电化学机理

　　经典的应力腐蚀研究方法一般是通过应力腐蚀试验结合断口形貌学来获取应力腐蚀行为和机理,然后根据稳态电化学方法来分析和判断应力腐蚀发生的电化学机理。这类方法对于强阳极氧化体系或强氢脆机理体系是适用的,因为这两类情况下应力腐蚀的特征是清晰且容易界定的。但在管线钢涂层下滞留液介质的腐蚀性较弱、阴极析氢能力也较弱,兼具电化学腐蚀和还原性的特性,因此通过常规研究方法难以界定其 SCC 机理,从而陷入停滞不前的境地。

　　高 pH-SCC 一般认为是裂尖的沿晶 AD 机理,但当外加电位低于–1000mV 时,管线钢表现出明显的 HE 机理的 SCC 行为,这表明对高 pH-SCC 机理的认识仍是片面的。近中性 pH-SCC 的机理很长一段时间未形成统一的认识,出现了 AD 机理、HE 机理和 AD+HE 机理等多种认识。这些研究通常根据稳态电化学方法来判定 SCC 机理。应力腐蚀是发生在电化学体系下的断裂力学行为,其电化学过程是稳态过程和非稳态过程的复合过程。对于 SCC 的萌生过程,裂纹萌生前试样表面是稳态的电化学过程;裂纹萌生后裂纹形核区为非稳态过程,非形核区表面仍为稳态过程。对于裂纹扩展过程，裂纹尖端由于不断暴露出新鲜金属表面，其电化学过程较强烈，具有非稳态的电化学过程特征；而非裂尖区的表面已经充分极化，处于稳态电化学过程下。裂纹尖端非稳态的电极过程是决定应力腐蚀机理的关键。通常情况下，应力腐蚀的实质是裂纹尖端的非稳态电化学过程和非裂尖区的稳态电化学过程耦合与协同的结果。利用稳态电化学测试的过程中，非稳态的电化学信息往往会被掩盖掉。因此，采用稳态电化学技术来研究应力腐蚀必然难以接近SCC 过程中真实的电化学过程，从而无法逾越认识的屏障。所以，利用非稳态电化学方法模拟裂纹尖端的电化学过程，从而进一步从电化学的角度认识 SCC 机理是一种更合理的途径。

　　对应力腐蚀过程来说，其非稳态的电化学过程涉及两个方面。其一是裂纹扩展使得裂纹尖端不断暴露出新鲜金属表面，其电化学过程为新鲜金属的极化过程，且电化学过程受到腐蚀介质在裂纹缝隙中扩散的限制。其二是裂纹尖端处于不同的应力和应变状态之下，应力能够导致位错和空位的运动，这些过程时刻改变着电极表面的状态，从而使得电极表面状态是非稳态的，这将直接影响电极反应的控制机理，甚至完全改变电极动力学过程。

　　基于上面的分析，可以发现过去管线钢的 SCC 研究方法存在局限性，必须逐一弥补才能建立合理准确的 CGR 预测方法。首先，SCC 扩展是裂尖新鲜金属的非稳态电化学过程和非裂尖区的稳态电化学过程协同作用的结果，这是揭示阴极电位下 SCC 萌生及快速扩展的电化学本质的关键。虽然曾有许多研究者关注了新鲜金属表面的作用，但是未考虑非裂尖区充氢及其促进 AD 的作用。其次，SCC 裂尖是高应变区，对高应变率下应力、应变速率对电化学反应协同作用的研究还很有限。再次，涂层下薄液或裂纹的闭塞作用引起的裂尖离子浓聚和酸化能够大大加速电化学反应速率，加剧 AD 和 HE 作用，但是目前的研究基本以涂层下滞留液为主，这无法真实反映 SCC 扩展速度与裂尖电化学的相关性。最后，组织结构对 SCC 萌生、扩展和裂尖非稳态电化学过程有重要影响，如焊缝区组织劣化和粗化的影响、夹杂物的影响等。上述四种效应加上它们之间存在多重协同效应，是建立管线钢 SCC 扩展速率预测模型的关键。

　　因此，基于非稳态电化学理论，综合考虑离子浓聚及扩散、应变状态、应力状态、材料组织结构、阴极电位及这些因素的协同作用，建立管线钢 SCC 扩展预测理论及方法，能更加科学地逼近管线钢 SCC 的真实过程。

7.1.4　土壤应力腐蚀的影响因素

1) 材料因素的影响

　　合金元素是影响材料 SCC 性能的内在因素之一。管线钢化学成分及不同的生产和热处理工艺对钢的显微组织起决定性作用，从早期的铁素体+少量珠光体组织(16Mn、20 钢)逐渐过渡到针状铁素体(X70)或贝氏体(X80)，以及贝氏体+马氏体组织(X100、X120)，使钢的力学性能显著提高。研究发现，Cr、Ni、Mo、Ti、Nb、V、Cu 等微合金化元素有助于管线钢抗应力腐蚀性能的提高。

管线钢显微组织抗 SCC 能力由强到弱的顺序为：贝氏体铁素体、贝氏体、铁素体+珠光体。夹杂物是诱发应力腐蚀裂纹的重要因素，MnS 夹杂物和富 Al 的氧化物夹杂物能够诱发点蚀和 SCC。弥散分布且夹杂物尺寸在 $1\sim2\mu m$ 以下时对 SCC 的促进不明显。随着高纯净钢冶炼技术及夹杂物控制技术的不断进步，夹杂物的不利影响在逐渐减弱。利用弥散碳化物作为氢陷阱来提高抗 HE 性能，对提升近中性 pH-SCC 抗力具有有益作用。

X65 以下级别的管线钢的 SCC 裂纹或点蚀易萌生于晶界、珠光体区域及钢中的带状组织等冶金缺陷处；X70 级以上的管线钢由于钢水纯净度的提升、晶粒度的细化，晶界偏析和相间微电偶的影响逐渐减弱，针状铁素体组织在高强钢系列中具有最好的耐近中性 pH-SCC 的性能，X70 的 SCC 萌生时间比 X60 的长将近一个数量级。对于 X100 或 X120 钢，粒状贝氏体等微观组织与铁素体基体的电位差别较大，能够促进析氢过程，这对其抗 AD 作用或 HE 破坏是不利的，会加剧 SCC 敏感性，包括高 pH-SCC 和近中性 pH-SCC。焊缝热影响区组织对管线钢的 SCC 行为影响显著。热影响区退火态(950℃，1h，炉冷)组织，或称退火粗晶组织为实际焊缝中 SCC 最敏感的组织。

管线钢土壤 SCC 首先起源于钢的表面，表面加工工艺及加工状态对 SCC 敏感性有重要影响，表面微缺陷一般是 SCC 裂纹形核处。在管线钢出厂时表面存在脆性氧化皮时，SCC 敏感性增强，这是由于微裂纹多形核于氧化皮开裂处的点蚀。对 X65 管线钢的高 pH-SCC 的研究证实了上述观点。

经冷加工处理的材料，由于其强度更高，阳极溶解活性点较多，则更易发生 SCC。涂层施工前，管线的表面喷丸处理可以提高涂层黏结性，避开 IGSCC 电位，可有效防止 SCC 的发生。

2) 受力状态的影响

埋地管道的应力主要来源于管线内压引起的周向应力，管线的局部弯曲或轴向拉伸所产生的次生应力、残余应力和应力集中等。SCC 的开裂方向与管壁局部最大应力的方向有关，沿与最大应力垂直的方向扩展。大部分的 SCC 裂纹是沿轴向的。SCC 的方向垂直于管壁局部最大应力的方向。径向 SCC 裂纹扩展是不连续的，裂纹扩展一定距离后，休止一段时间，然后再继续扩展。管线钢在静载荷作用下裂纹很难萌生，更不会扩展；如无交变载荷或慢拉伸环境，TGSCC 很难萌生和扩展(萌生速率小于 10^{-7}mm/s)。发生 SCC 需要一个最小应力(或阈值应力强度 K_{ISCC})，只有当应力超过 K_{ISCC} 时 SCC 才能发生。应力高于阈值应力强度时，裂纹的扩展也不是连续发生的；应力低于阈值应力时，裂纹停止扩展。

SCC 不仅受应力水平的影响，而且与应力波动有关。循环应力也影响 SCC，在高 pH 溶液中天然气输送管道压力较小波动可加速 SCC。压力波动对 SCC 的影响随裂纹尺寸而变，通过减小压力波动幅度来减轻压力波动造成的严重程度，可使已经存在 CGR 减小。与静载相比，交变加载可在更低的应力下产生 SCC，交变应力能大大加速裂纹扩展。

恒载测试的 SCC 扩展的控制参数不是初始应力强度因子，而是有效的应变速率。在应力低于阈值应力的条件下，腐蚀裂纹将萌生并扩展到一定程度，但由于应变速率随时间而降低，当应变速率低于其临界值时，裂纹将停止扩展，所以应变速率是 SCC 扩展的控制参数。应变和应变速率的影响比实际应力更重要。应变速率反映了压力或径向应力的变化速率，大部分情况的应变速率相对恒定，均值为 $10^{-9}s^{-1}$ 或更低，极少数为 $10^{-6}s^{-1}$。另外，应变速率对 IGSCC 和 TGSCC 均有很大影响。应变速率增加，CGR 也单调增加，应变速率对 IGSCC 的加速效率比对 TGSCC 的大。

3) 环境因素的影响

溶液 pH 对应力腐蚀有重要影响，在近中性 pH 环境中，pH 下降会使 SCC 敏感性增大，破裂时间变短；在高 pH 介质中，pH 的升高有可能增加 SCC 敏感性。这是因为高 pH 环境的 pH 升高基本上由外加电位降低导致，阴极保护电位较负可使氢较易析出，促进 SCC 发生或裂纹的扩展。地下水或土壤溶液中某些特性介质的浓度和溶氧量对破裂有明显影响。温度对发生高 pH-SCC 有着重要作用。通过阴极极化或者阳极极化，只要使电位脱离破裂电位区，就可以减缓应力腐蚀破裂。杂散电流和土壤微生物对土壤应力腐蚀也有明显影响。

7.2 管线钢土壤应力腐蚀现场试验

图 7.1 为所用 U 形试样的初始状态及现场埋设 1 年后的试样宏观照片。其中，单 U 形试样是为了研究金属表面裂纹萌生的情况，双 U 形试样是为了研究存在缝隙(涂层缝隙或者深裂纹缝隙)时裂纹的萌生和生长情况。

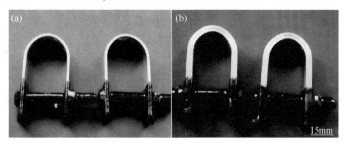

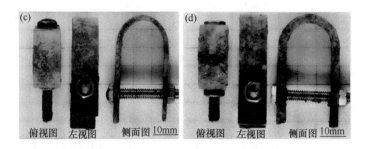

图 7.1　U 形试样现场试验前后对比图

(a)和(b)分别是试验前单 U 形试样和双 U 形试样；(c)和(d)分别是埋设 1 年后的单 U 形试样和双 U 形试样

图 7.2 和图 7.3 是对 U 形试样表面去除腐蚀产物层之后进行 SEM 微观观察的形貌图，可见四种钢在酸性土壤环境中腐蚀 1 年后均出现了不同程度的微裂纹，其中 X70 钢的裂纹较浅，而其余三种钢的裂纹长且深，说明高强度管线钢在我国酸性土壤环境中具有明显的 SCC 敏感性，且随着钢级的提高，其敏感性有升高的趋势。

图 7.2　在酸性土壤环境下现场腐蚀 1 年后 U 形试样表面微观形貌的 SEM 图像

表 7.3 汇总了系列高强度管线钢在三种土壤环境中现场埋片试验 1 年后的 SCC 特征与规律。选择对比这三种环境是因为鹰潭土壤是典型的酸性土壤，其含水量高、CO_2 含量偏高、质地为黏土；后两种是典型的高盐碱土，库尔勒土壤是

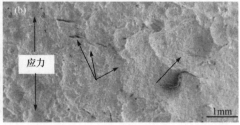

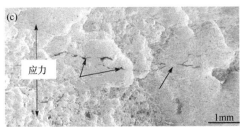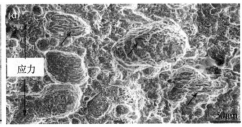

图 7.3　在酸性土壤环境下现场腐蚀 1 年后 U 形试样局部应力腐蚀裂纹形貌

(a)~(d)分别为 X70 钢、X80 钢、X100 钢和 X120 钢

典型的西部干旱和半湿润地区的高盐碱土，含水量低，而大港土壤是东部滨海高盐碱土，含水量高，二者 pH 接近，纬度(温度)接近，含水量差异大。因此，这三种土壤中的结果代表性强。

表 7.3　三种土壤中管线钢 SCC 现场试验结果对比

试验地点	材料钢级	试样	是否存在裂纹	裂纹特征
鹰潭	X70	单 U	是	群裂纹、裂纹宽短，腐蚀严重
		双 U	外 U 是、内 U 否	群裂纹、裂纹宽短，腐蚀严重
	X80	单 U	是	裂纹深长，局部腐蚀严重
		双 U	否	局部腐蚀严重
	X100	单 U	是	裂纹深长，局部腐蚀严重
		双 U	否	局部腐蚀严重
	X120	单 U	是	裂纹深长，局部腐蚀严重
		双 U	外 U 是、内 U 否	裂纹深长，局部腐蚀严重
库尔勒	X70	单 U	否	严重点蚀
		双 U	否	严重点蚀
	X80	单 U	是	裂纹微小，严重点蚀
		双 U	否	严重点蚀
	X100	单 U	是	裂纹微小，严重点蚀
		双 U	否	严重点蚀
	X120	单 U	否	严重点蚀
		双 U	外 U 是、内 U 否	群裂纹、裂纹微小且与点蚀伴生

续表

试验地点	材料钢级	试样	是否存在裂纹	裂纹特征
大港	X70	单 U	否	均匀腐蚀
		双 U	否	外 U 均匀腐蚀，内 U 点蚀较重
	X80	单 U	否	均匀腐蚀
		双 U	否	中度局部腐蚀和均匀腐蚀
	X100	单 U	是	群裂纹，裂纹与局部腐蚀伴生
		双 U	外 U 否、内 U 是	外 U 均匀腐蚀，内 U 微裂纹
	X120	单 U	是	中度均匀腐蚀
		双 U	外 U 是、内 U 否	群裂纹、裂纹宽短

　　由表 7.1 可见，酸性土壤环境中 SCC 敏感性最强，裂纹严重；而两种高盐碱土中的 SCC 敏感性较低，但试验 1 年也发现了 SCC 裂纹萌生；同时，对比不同含水量的高盐碱土中的腐蚀情况可见，含水量低的西部盐渍土的 SCC 敏感性略高。现场试验表明，高强管线钢在我国实际土壤环境中具有很强的 SCC 敏感性，管线将会发生严重 SCC。

　　实验室分析认为，X70～X120 钢在我国酸性和碱性的土壤环境中应力腐蚀均为 AD+HE 机理。在碱性土壤环境中，SCC 萌生更加困难，一般在点蚀底部萌生，其裂纹萌生初期 AD 作用较强，随着点蚀深度增加、锈层下酸化作用增强，HE 作用增加；在酸性土壤环境中由于环境析氢作用更强，其 SCC 可以直接萌生，不需要点蚀坑内介质酸化的辅助作用。

7.3　土壤环境应力腐蚀实验室研究

7.3.1　实验室模拟试验

　　为了保证室内外试验的一致性，土壤模拟溶液的建立需要遵循三个原则：①土壤模拟介质的化学成分要基于对现场土壤中的可溶性离子成分的理化性质分析，包括离子成分、pH 和可溶性气体。②要遵循电荷守恒进行阴阳离子配平，应优先配平含量少的阴离子，对于关键性的碳酸氢根、氯离子、硝酸盐成分不可忽略；配平时取高不取低，以含量高的离子为准，不能用可溶性无害的阳离子配平。③尽量选择常见化学试剂作为土壤介质的调配试剂进行模拟溶液成分设计。

图 7.4 是 X70 钢在水饱和鹰潭酸性土壤中和在其模拟溶液中的 SSRT 曲线，呈现的规律比较一致。在-650mV(*vs*. SCE)、-850mV(*vs*. SCE)和-1200mV(*vs*. SCE)三种外加电位条件下其强度均发生了不同程度的下降；延伸率随着外加电位的降低而降低，在-1200mV(*vs*. SCE)时大大降低，表明这些条件下 X70 钢均表现出不同程度的 SCC 敏感性，且随着外加电位的负移，HE 的作用增强。

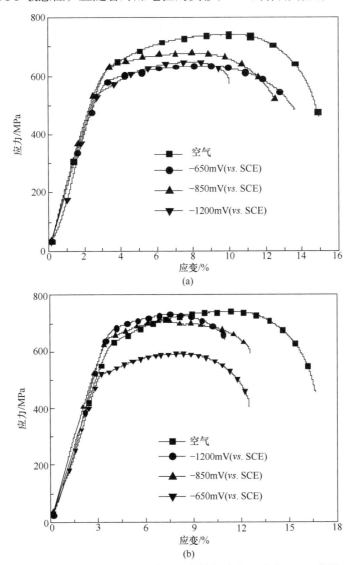

(a)

(b)

图 7.4　X70 钢在水饱和土壤(a)及其模拟溶液(b)中的 SSRT 曲线

通过在模拟溶液与水饱和土壤中的 SSRT 结果对比，发现浓度为 5～10 倍的酸性土壤浸出液或 2～5 倍的西部高盐碱土浸出液的模拟溶液浓度与其水饱和土壤的腐蚀性最接近。因此，推荐典型华南酸性土壤(鹰潭土壤)环境的模拟溶液配制条件为 $CaCl_2$ 0.222g/L、NaCl 0.936g/L、Na_2SO_4 0.284g/L、$MgSO_4·7H_2O$ 0.394g/L、KNO_3 0.596g/L、$NaHCO_3$ 0.302g/L，pH=4，常温；推荐西部高盐碱土(库尔勒土壤)环境的模拟溶液配制条件为 $CaCl_2$ 1.220g/L、NaCl 15.513g/L、Na_2SO_4 12.640g/L、$MgCl_2·6H_2O$ 1.570g/L、KNO_3 1.075g/L、$NaHCO_3$ 0.731g/L，pH=9.5，常温。同时，配制溶液应注意溶质的可溶性问题，以免程序不当生成大量沉淀。试验前和试验过程中应除氧。另外，土壤中化学成分的地域性差异比较明显，同一区域不同地点或同一地点的不同深度所取土壤的理化性质都会存在差异。

7.3.2 非稳态电化学理论及应用

如前所述，应力腐蚀机理均具有非稳态电化学特征，利用非稳态的电化学技术可以研究 SCC 的非稳态电化学机理。作者课题组在 Parkins 的快慢扫极化曲线方法(认为快扫极化曲线反映裂纹尖端的电化学行为，而慢扫极化曲线反映非裂纹尖端的电化学行为)的基础上，发展了土壤应力腐蚀非稳态电化学理论。

X70 钢在不同浓度的酸性土壤介质中的快慢扫极化曲线如图 7.5 所示，可见不同浓度的土壤介质中快慢扫极化曲线非常相似，表明快慢扫极化曲线能够稳定地反映电化学机理。以图 7.5(a)为例，快、慢扫极化曲线的相对差异可以把腐蚀电位附近的电位范围分为 4 个电位区间，其中快扫极化曲线的电流密度记为 j_f，慢扫极化曲线的电流密度记为 j_s。可见：①在大约−600mV(vs. SCE)电位以上，$j_s > j_f > 0$；②在−700~−600mV(vs. SCE)电位区间，$j_f > j_s > 0$，表明 X70 钢裂纹尖端新鲜金属表面的腐蚀速率大于非裂尖区(金属表面+裂纹壁的成膜表面)的腐蚀速率，阳极溶解作用会导致 SCC 裂纹增长，SCC 机理为 AD 机理；③在−1000~−700mV(vs. SCE)区间，由于此时慢扫电流转变为阴极电流密度($j_s < 0$)，而快扫电流密度仍处于阳极区($j_f > 0$)，故裂纹尖端为 AD 作用，非裂尖区为阴极析氢过程，

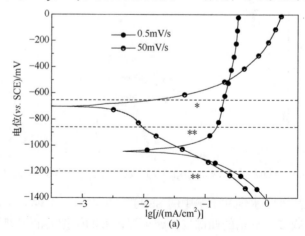

(a)

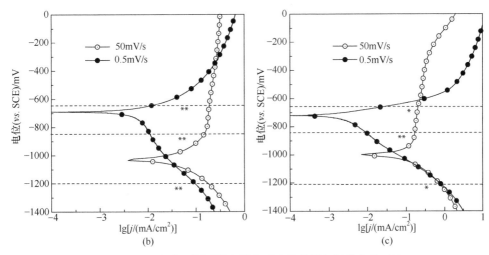

图 7.5　X70 钢在不同酸性土壤介质中的快慢扫极化曲线对比

(a)水饱和土壤；(b)1 倍浓度的土壤浸出液模拟溶液；(c)10 倍浓度的土壤浸出液模拟溶液

存在 HE 的作用，因此该电位区间 SCC 由 AD 和 HE 作用共同控制；④电极电位低于约−1000mV($vs.$ SCE)时，$j_s < 0$ 且 $j_f < 0$，X70 钢完全处于阴极析氢过程控制，X70 钢受到渗入氢产生的 HE 和 HIC 的作用，此时 SCC 机理为 HE 机理。

图 7.6 是采用 SSRT 方法测试的 SCC 敏感性指数随外加电位的变化规律。由图可见，断面收缩率损失系数 I_ψ 随外加电位变化的转折点对应的电位范围与图 7.5 的快慢扫极化曲线界定的不同 SCC 机理区间吻合度非常高。X70 钢在 AD

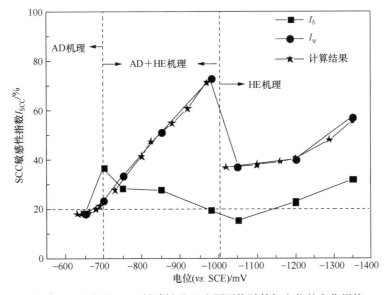

图 7.6　X70 钢的 SCC 敏感性及理论预测值随外加电位的变化规律

机理区的 SCC 敏感性较低；在 AD+HE 机理区的 SCC 敏感性最高，且在趋近 −1000mV($vs.$ SCE)时存在峰值。当电位进一步负移至 HE 机理的电位区间 [<−1000mV($vs.$ SCE)]时，SCC 敏感性出现阶跃型降低后又随着电位的降低而继续增大。这说明 AD+HE 机理下 SCC 的敏感性要高于其电位接近的 HE 机理下的 SCC 敏感性。同时，由延伸率损失系数 I_δ 的变化规律可见，其在 HE 机理电位区间的变化规律与 I_ψ 一致，但在 AD+HE 区间的变化规律不一致，这不能认为是合适的阴极保护条件可以降低 SCC 敏感性。这种现象是因为在 AD+HE 区间，抗氢性能较好的材料会存在氢致塑性(HIP)现象，这种现象能够推迟裂纹的萌生(延长孕育期)，但不能阻碍 SCC 因 AD 和 HE 的耦合作用扩展，其不会降低 SCC 的敏感性；而且，抗氢性能差的材料不存在 HIP 现象。所以，I_ψ 更适合作为管线钢的 SCC 敏感性评价指标。

依据上述发现，建立了应力腐蚀非稳态电化学机理的量化理论模型。该模型为 SCC 敏感性指数 I_{SCC} 与非稳态电化学参数的相关性模型，首次实现了管线钢 SCC 敏感性的清晰界定，能够准确揭示不同外加电位条件下 SCC 敏感性的控制因素，并能够通过参数测定量化计算 SCC 敏感性，实现 SCC 行为的快速定量评价。所建立的量化模型表述如下：

$$I_{SCC} = \begin{cases} k_a \cdot j_f \cdot \left(\dfrac{j_f - j_s}{j_s} \right) + I_0 & (j_f > j_s > 0) \\ k_{he} \cdot |j_s| + k_{ad} \cdot j_f \cdot \left| \dfrac{j_f}{j_s} - 1 \right| + I_{ac} & (j_f > 0, j_s < 0) \\ k_c \cdot |j_s| \cdot \left(\dfrac{j_s}{j_f} \right) + I_c & (j_f < 0, j_s < 0) \end{cases} \tag{7.3}$$

其中，I_{SCC} 为 SCC 敏感性指数，%；k_a、k_{ad}、k_{he}、k_c 为与材料、介质和电流密度有关的常数；j_f 和 j_s 分别为快扫极化曲线和慢扫极化曲线对应的电流密度；I_0 为 $j_f = j_s$ 时的名义 SCC 敏感性指数；I_{ac} 为与 HE 和 AD 作用相关的余项；I_c 为 $j_s = j_{corr,s}$ 时的名义 I_{SCC}。由图 7.5 可见，上述理论模型的计算结果与实测结果的规律吻合得非常好。

应用式(7.3)测定了酸性土壤环境下介质浓度及 pH 对 X70 钢 SCC 敏感性的影响规律，结果如图 7.7 和图 7.8 所示。由图 7.7 可见，介质浓度对 X70 钢 SCC 敏感性的影响有三个特点：①以土壤浸出液为基准模拟溶液，随着溶液浓度的增加，SCC 的敏感电位区间负移，介质浓度由基准模拟溶液浓度增加到 20 倍土壤浸出模拟溶液浓度时，敏感电位区间负向缩小约 150mV。②溶液浓度增加到高于水饱和土壤中的浓度以后，在 AD+HE 机理区的 SCC 敏感性变化梯度增加。HE 机理区的 SCC 敏感性强度降低。高 SCC 敏感性的范围集中到 AD+HE 区。而在低浓度模拟溶液中，SCC 敏感性强度随电位的降低增加较缓慢，高 SCC 敏感性的区域集中于低电位[-1300mV(*vs. SCE*)]以下。③实际土壤中的 SCC 敏感性强度高于模拟介质中的，且稀溶液中 X70 钢具有更高的 SCC 敏感性强度。随着介质浓度的升高，SCC 敏感的电位范围变窄。

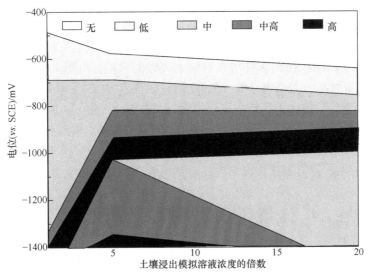

图 7.7　X70 钢在不同浓度介质中的 SCC 敏感性强度随电位的分布规律

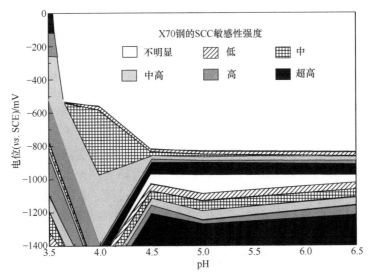

图 7.8　X70 钢在不同 pH 介质中的 SCC 敏感性强度分布图

由图 7.8 可见,在 pH=3.5 附近 SCC 的敏感范围很宽,在整个-1.4V～0(*vs. SCE*)

电位范围内均具有较高的 SCC 敏感性，且在-200mV～0(*vs.* SCE)、-770～
-560mV(*vs.* SCE)和-1100～-850mV(*vs.* SCE)范围内具有三个高 SCC 敏感性的区
域。pH=4.0 时 SCC 敏感电位区间为-1400～-550mV(*vs.* SCE)，但 SCC 敏感性变
化比较缓和。在 pH=4.5 以上，SCC 敏感性强度分布规律比较接近，其 SCC 敏感
电位区间明显负移，SCC 敏感区均在-800mV(*vs.* SCE) 以下。同时在
-1000mV(*vs.* SCE)附近还有一个 SCC 敏感性不明显的区域。而且在-980～
-850mV(*vs.* SCE)和-1400～-1200mV(*vs.* SCE)电位区间分别存在一个高 SCC 敏
感性区域。该电位范围正对应着实际阴极保护时的外加电位控制范围。这意味
着目前的管线钢阴极保护条件潜在高应力腐蚀的风险。由图 7.6 推断，如果提高
管线钢的抗氢性能，提高其 HIP 性能能够有效推迟 SCC 的萌生。这在一定程度
上能够降低当前阴极保护条件下高强管线钢发生 SCC 的风险，但长期运行下不能
降低阴极保护下 SCC 的风险。同时，需要指出图 7.8 是以管线钢基材的腐蚀性能
绘制的，焊缝区域的 SCC 敏感性应该高于该图的预测。实践中应加强管体缺陷检
测及细致的 SCC 行为规律研究来提高对其风险准确评价的能力。

7.4　土壤环境应力腐蚀寿命预测模型

目前，公认的 SCC 发展规律符合 Parkins 的浴缸模型(图 7.9)。该模型认为
SCC 断裂分为五个阶段：孕育阶段(Ⅰ阶段)、裂纹萌生阶段(Ⅱ阶段)、裂纹聚合
生长阶段(Ⅲ阶段)、主裂纹恒速扩展阶段(Ⅳ阶段)和裂纹失稳扩展机械断裂阶段
(Ⅴ阶段)。

传统的应力腐蚀裂纹预测方法存在四个问题，无法逼近应力腐蚀过程中的
实际力学-电化学特征。针对这四个方面的问题，需要结合应力腐蚀的非稳态电
化学机理综合考虑如下四个方面的因素。首先，裂尖区域存在一个低 pH、高
Cl⁻浓度的闭塞环境，该环境会促进裂尖金属的溶解和氢的析出。其次，裂尖区
域存在较高的塑性变形并产生大量的位错。位错的生成会产生新鲜金属表面，
提高金属的表面活性，并产生局部附加电位。再次，裂尖区域会产生氢富集，
氢的富集一方面会促进金属的阳极溶解，另一方面会产生氢脆效应，促进裂纹
扩展。最后，裂尖区域存在明显的非稳态电化学过程，裂尖新鲜金属表面使裂
纹尖端的阳极溶解速度大大高于稳态电化学极化状态下的腐蚀速率。由图 7.9
可见，非稳态电化学机理适合 SCC 的全寿命周期。以上几种因素是构成管线
钢土壤环境应力腐蚀寿命预测模型的基础。这些因素的综合作用可以用图 7.10
表示。

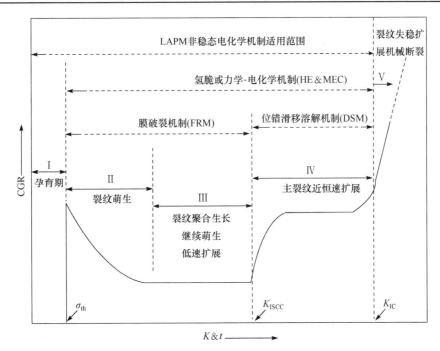

图 7.9 应力腐蚀裂纹全寿命周期的浴缸模型示意图

LAPM 代表局部附加电位模型；CGR 代表裂纹生长速率；K_{IC} 代表应力强度因子；σ_{th} 代表阈值应力；$K\&t$ 代表强度因子或者时间

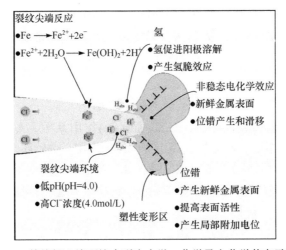

图 7.10 管线钢土壤环境中裂尖力学、化学及电化学状态示意图

油气管道都是带压输送,因此压力波动会在管壁产生频率低于 0.01Hz 的周期性的载荷波动。这导致管线钢的应力腐蚀具有特殊性,其存在一定的腐蚀疲劳过程。所以管线钢应力腐蚀裂纹扩展速率用线性叠加模型进行计算。线性叠加模型

的表达式为

$$\frac{\mathrm{d}a}{\mathrm{d}N}(\text{total}) = \frac{\mathrm{d}a}{\mathrm{d}N}(\text{fatigue}) + \frac{1}{f}\frac{\mathrm{d}a}{\mathrm{d}N}(\text{SCC}) \tag{7.4}$$

其中，$\frac{\mathrm{d}a}{\mathrm{d}N}(\text{total})$为裂纹总的扩展速率；$\frac{\mathrm{d}a}{\mathrm{d}N}(\text{fatigue})$为载荷波动导致的裂纹扩展速率，其实际贡献值比例很小，可以忽略；$\frac{1}{f}\frac{\mathrm{d}a}{\mathrm{d}N}(\text{SCC})$为应力腐蚀导致的裂纹扩展速率，该项为 CGR 的主要贡献项；f为载荷波动的频率。

同时，由于裂纹的屏蔽作用和裂尖的酸化作用，无论是高 pH-SCC 还是近中性 pH-SCC，其裂纹扩展过程均受到 AD 和 HE 的共同作用，只是在不同的具体条件下二者的贡献比例不同，有些案例条件下其中某项的贡献可以忽略。因此，考虑一般的情况，管线钢裂纹扩展速率可以由阳极溶解和氢致开裂两部分组成：

$$\frac{\mathrm{d}a}{\mathrm{d}t}(\text{SCC}) = \frac{\mathrm{d}a}{\mathrm{d}t}(i_{\text{ct}}) + \frac{\mathrm{d}a}{\mathrm{d}t}(\text{HE}) \tag{7.5}$$

根据法拉第定律，阳极溶解导致的裂纹扩展速率可以由式(7.6)进行计算：

$$\frac{\mathrm{d}a}{\mathrm{d}t} = i_{\text{ct}} \cdot \frac{M}{zF\rho} \tag{7.6}$$

其中，i_{ct}为裂尖受到析氢、受力、介质浓聚实际因素耦合作用下的阳极溶解电流密度；M为 Fe 的摩尔质量；F为法拉第常数；ρ为 Fe 的密度；z为价电子数。

综合考虑裂尖各种因素的作用因子，裂纹尖端的阳极溶解电流可以用式(7.7)表示：

$$i_{\text{ct}} = k_{\text{f}}k_{\text{e}}k_{\text{s}}k_{\text{H}}k_{\text{sH}}i_{\text{a}} \tag{7.7}$$

其中，k_{f}为新鲜金属表面(fresh metal surface)作用系数；k_{e}为裂尖介质环境(environment)作用系数；k_{s}为裂尖高应变(strain)作用系数；k_{H}为无应力作用下环境充氢(hydrogen)对阳极溶解的作用系数；k_{sH}为氢和高应变的协同作用系数；i_{a}为金属的非稳态阳极溶解电流密度。另外，裂纹扩展过程中形成的新鲜金属表面会暴露在裂尖介质环境中。

在浅裂纹阶段($K_{\text{I}} < K_{\text{ISCC}}$)，由于裂纹较浅，裂纹内部离子浓聚程度、裂尖应力应变集中程度、裂尖的应力水平都比较低，此时 k_{f}、k_{e}、k_{s}、k_{H}、k_{sH}均接近 1。此时，裂纹扩展速率即为式(7.6)，i_{ct}接近无裂纹金属表面的电化学腐蚀速率。该公式计算结果与 SCC 的Ⅱ阶段和Ⅲ阶段早期的裂纹扩展速率能很好地吻合。

当裂纹为深裂纹($K_{\text{I}} \geqslant K_{\text{ISCC}}$)时，以非贯穿 SCC 为例，当考虑管道周期性加压

的应力波动时，由式(7.5)和式(7.7)可得到应力腐蚀导致的裂纹扩展速率为

$$\left(\frac{\mathrm{d}a}{\mathrm{d}N}\right)_{\mathrm{SCC}} = \frac{1}{f}(k_{\mathrm{total}}K_{\mathrm{I,max}}\Delta K^2 + 3k_{\mathrm{total}}K_{\mathrm{I,max}}^2 K_{\mathrm{I,min}})i_a \qquad (7.8)$$

其中，f 为管壁载荷周期变化频率；k_{total} 为与拉应力、裂尖应变率、氢等因素有关的常量系数，$k_{\mathrm{total}} = k_{\mathrm{str}}k_{\mathrm{H}}k_{\mathrm{sH}}$，$k_{\mathrm{str}}$ 为应力应变状态作用系数，$K_{\mathrm{I-max}}$ 为上限裂尖应力强度因子；$K_{\mathrm{I-min}}$ 为下限裂尖应力强度因子；ΔK 为应力强度因子幅值。

在Ⅳ阶段，裂纹深度较深，ΔK 与 $K_{\mathrm{I-max}}$ 和 $K_{\mathrm{I-min}}$ 在同一个数量级且相对固定，此时总的裂纹扩展速率为

$$\left(\frac{\mathrm{d}a}{\mathrm{d}N}\right)_{\mathrm{total}} = c(\Delta K)^m + \frac{M}{f}K_{\mathrm{I-max}}\Delta K^2 i_a = A\frac{K_{\mathrm{I-max}}\Delta K^2}{f^{0.1}} + B \qquad (7.9)$$

其中，c、m 为疲劳裂纹扩展常数；$A = \dfrac{M}{f^{0.9}}i_a$、$B = c(\Delta K)^m$，特定裂纹深度附近其近似为常数。式(7.9)与文献中其他研究人员用断裂力学方法测得的管线钢土壤环境 SCC 的Ⅳ阶段 CGR 的拟合公式相同。

需要注意的是，式(7.8)和式(7.9)使用时要注意考虑单纯由 HE 作用导致的裂纹扩展速率及其与裂尖应力强度因子的交互作用，即式(7.5)中的第二项。

7.5　结　　语

土壤环境应力腐蚀是埋地油气管线最具破坏力的腐蚀失效形式，随着服役年限的增加，管线钢的土壤 SCC 敏感性不断增大。目前，土壤应力腐蚀最关注高pH 和近中性 pH 这两类土壤腐蚀环境。

在开路电位和常规阴极保护电位下，土壤环境应力腐蚀受 AD+HE 机理控制，在强阴极保护条件下，其 SCC 过程受 HE 机理控制。根据土壤环境应力腐蚀的非稳态电化学机理，建立了其理论判定模型，SCC 的机理随着外加电位的变化而不同，各机理电位区可以通过快扫和慢扫电流密度的对比关系确定。快扫电流密度 $j_f > j_s$ 且慢扫电流密度 $j_s > 0$ 的区域为阳极过程控制，其 SCC 机理为 AD 机理；$j_f < 0$ 且 $j_s < 0$ 的区域为阴极过程控制，SCC 机理为 HE 机理；介于这两个区间之间时，电极过程受混合电极过程控制(AD+HE 机理)，裂纹尖端受阳极过程控制，非裂尖区受阴极极化过程控制。该模型适用于高 pH-SCC、近中性 pH-SCC 和酸性 pH-SCC 体系，可以量化计算不同电位下的 SCC 敏感性。

基于非稳态电化学技术和 SCC 敏感性测试技术给出了土壤介质浓度和 pH 对管线钢 SCC 行为的影响规律：在 AD 机理、AD+HE 机理和 HE 机理电位区内，

其 SCC 敏感性均随电位的降低呈单调增加趋势。pH 及浓度变化仅影响各机理区的分布范围。基于应力腐蚀的非稳态电化学理论，讨论了土壤环境应力腐蚀寿命评估的机理模型。该方法相较传统的 SCC 寿命预测模型具有更广的适用性，可以用于评估 SCC 不同阶段的 SCC 扩展速率。

第8章　土壤杂散电流腐蚀演化与影响因素

有关土壤中物理化学因素对材料土壤腐蚀演化过程的影响规律，已经开展了很多研究。近年来，随着能源、电力、交通等基础设施的大规模建设，交直流杂散电流腐蚀及其干扰问题日益严重，也成为威胁油气管道安全运行的重要隐患之一，其腐蚀机理、检测评估及防护技术也成为土壤腐蚀学科的重要研究内容之一。

杂散电流是指在设计或规定回路以外流动的电流，又称作迷走电流或"迷流"。杂散电流分为直流杂散电流和交流杂散电流。尽管交流杂散电流引起的腐蚀要比直流杂散电流的强度小得多(大约为直流的2%或更小)，但当高压输电线与管道平行架设时，由于静电场和交变磁场的影响，在钢管上就会感应出交流电压和电流，对管道的危害是不可疏忽的。随着能源、电力、交通运输业的快速发展，埋地钢质管道与高压交流输电线路、交流电气化铁路等强电线路平行或交叉的情况越来越多，埋地管道遭受的交流干扰问题日益严重。交流干扰主要包括长期存在的稳态的交流感应电压、交流感应电流等，以及输电线路发生故障时产生的瞬态干扰。无论是埋地管线、接地极，还是钢筋混凝土中的钢筋，在杂散电流作用下都会产生很大危害。土壤中的金属结构物在杂散电流作用下发生腐蚀，往往比其他已研究的所有影响因素导致的腐蚀都要大得多。埋地管线目前普遍采取的是涂层加阴极保护联合防护的措施，杂散电流腐蚀对阴极保护系统的干扰问题已经越来越严重，研究杂散电流腐蚀及其缓解对于地下构筑物具有非常重要的意义。

本章针对埋地材料，尤其是X80管线钢，选择实土埋样试验，对典型土壤环境中的杂散电流腐蚀机理及其主要影响因素进行研究，并在室内人为制作X80钢杂散电流腐蚀模拟构型，以土壤模拟溶液为基础腐蚀介质，研究不同种类离子和不同酸碱度下管线钢的杂散电流特性对腐蚀演化的影响，以寻找杂散电流特性对管线钢腐蚀的作用机理及影响规律。

8.1　土壤杂散电流腐蚀研究进展

8.1.1　直流杂散电流腐蚀

直流(DC)干扰大多来自直流电解设备、直流输电线路、电焊机等，其中最具代表性的是直流电气化铁路(包括地铁)。根据直流干扰程度和受干扰位置随时间的变化,将直流干扰分为静态干扰和动态干扰两种形态。①静态干扰:干扰程度和受干扰的位置随时间没有变化或变化很小。②动态干扰:干扰程度和受干扰的位置随时间不断变化。当埋地管道受到严重的直流杂散电流干扰时,犹如处于电解状态中,杂散电流的流入部位为阴极,流出部位为阳极。特别是有防腐层、距离较长的埋地金属管道,管道内部杂散电流很大,如集中于某部位有电流流出,局部的腐蚀将相当严重。直流杂散电流腐蚀的形态往往是创面光滑,有时是金属光泽。

直流杂散电流腐蚀的特点:腐蚀危害大,可在短时间造成严重腐蚀,甚至穿孔;腐蚀创面光滑,常呈孔蚀状,边缘较整齐;腐蚀产物呈炭黑色细粉状;有水分存在时,可明显观察到电解过程迹象。

直流杂散电流对金属的腐蚀本质是金属在土壤介质中的电解腐蚀,阳极金属在电流作用下发生氧化反应,阴极表面则发生还原反应。当电子由金属导体进入土壤离子导体中时,两者界面之间发生电子与离子之间的能量交换。在电流回路两极的两个金属电子导体之间建立的电场中,能量借由离子的转移来传递。不同的介质条件影响界面的反应过程和形式。

地下构筑物如钢筋混凝土、埋地管道、接地极都可能因为直流电干扰造成直流杂散电流腐蚀。其中埋地管道是最受关注的,通常采用对地电位作为判断杂散电流干扰的标准。根据各国国情,执行的标准也不一样,日本为+50mV,英国为+20mV,德国为+100mV。我国标准《埋地钢质管道直流干扰防护技术标准》(GB 50911—2014)中对直流干扰的识别和评价中规定:

(1) 采用管道两侧各 20m 范围内的地电位梯度判断土壤中杂散电流的强弱,当地电位梯度大于 0.5mV/m 时,应确认存在直流杂散电流;当管地电位梯度大于或等于 2.5mV/m 时,应评估管道辐射后可能受到的直流干扰影响,并应根据评估结果预设干扰防护措施;

(2) 没有实施阴极保护的管道,当任意点上的管地电位相对于自然电位正向或负向偏移超过 20mV 时,应确定存在直流干扰;当任意点上的管地电位相对于自然电位正向或负向偏移超过 100mV 时,应及时采取干扰防护措施。

对于直流杂散电流腐蚀的减缓防护措施为:移除或尽可能远离干扰源;在被干扰结构物上安装电隔离部件;在被干扰结构物的杂散电流流入区域埋设金属进行屏蔽;在被干扰结构物的流出部位施加额外的阴极保护;在被干扰结构物和干扰源之间实施跨接;在被干扰结构物上的杂散电流流入区施加涂层等方法。

直流杂散电流腐蚀受干扰源直流电压及电流分布的影响。当管道途径区域有不同的地电场时,在具有导电能力的土壤中,这些地电场之间产生电流流动。对于均质土壤,电流量反比于路径的电阻值。对于不均匀土壤,每层土壤电阻率截面积不同,所以即使等长度的电流路径也具有不等的电阻值。电流在低电阻率土壤中要比在高电阻率土壤中比例更大。要考虑结构物上的涂层电阻和管道本身的电阻。金属结构物上杂散电流的大小不仅与其路径的电阻有关，还与结构物电流流入和流出区域间的电压大小有关。总之，金属结构物上的杂散电流大小正比于结构物电流流入和流出区域间的电压大小，反比于干扰电流路径的电阻值。

随着我国经济建设的飞速发展，直流杂散电流腐蚀问题日益严重。国内在地铁杂散电流现场测试和防护方面开展了较多探索工作，绝大多数侧重于地铁杂散电流干扰对埋地管道电位的影响，但是地铁杂散电流对埋地金属管道腐蚀影响及其作用机理的研究还很缺乏，同时也缺少实际案例积累。目前国内尚无针对地铁动态直流干扰的腐蚀评判准则，国际上地铁动态腐蚀评估的标准也不统一，亟待开展相关研究工作。

8.1.2　交流杂散电流腐蚀

交流电(AC)引起的腐蚀要比直流电干扰的强度小得多，大约为直流电的 1%或更小。但是当高压输电线与接地网平行或者交叉架设时，由于静电场和交变磁场的影响，在接地网上感应出交流电压和电流，对接地网的危害则是不可忽视的。尤其是在交流、直流叠加情况下，交流电的存在可引起电极表面的去极化作用，造成腐蚀加剧，形成穿孔。根据国标《埋地钢质管道交流干扰防护技术标准》(GB/T 50698—2011)，埋地金属受交流干扰的程度可按表 8.1 的规定判断。

表 8.1　交流干扰程度的判断指标

交流干扰程度	弱	中	强
交流电流密度/(A/m²)	<30	30～100	>100

当交流干扰程度判定为"强"时，应采取交流干扰防护措施；判定为"中"时，宜采取交流干扰防护措施；判定为"弱"时，可不采取交流干扰防护措施。

交流杂散电流腐蚀的成因主要有 3 种：静电场影响、地电场影响和磁感应耦合。交流杂散电流腐蚀属于干扰腐蚀，相比自然腐蚀有着显著的差异，主要有以下几点。①交流杂散电流腐蚀是在电流大小和方向瞬间变化的交变电场下进行的，在工频(50Hz)时交流电周期只有 0.02s，交变过程是极为迅速的，相比自然腐蚀的电化学反应时间要小几个数量级。②交流杂散电流腐蚀是在相比自然极化过程的内电场的强度要大很多的外电场下进行的，强高压交流输电线路感应产生的交流电压幅值相比电极自身的直流自然极化电位高 10～100 倍。③某些化学反应在变化快速而强度又非常高的交流电场下，其发生的概率增大了，反应的速度加快了，即在交流电影响下，其电化学过程发生了改变。④交流杂散电流腐蚀发生在管道上交流电流经的区域，具有局部腐蚀特点，通常发生在涂层缺陷处，容易产生穿孔腐蚀。

　　虽然交流杂散电流腐蚀和直流杂散电流腐蚀都属于干扰腐蚀,但由于交流电电流大小和方向时刻交替变化,因此交流杂散电流腐蚀与直流杂散电流腐蚀存在着较大的差异:①直流杂散电流腐蚀服从法拉第定律,可通过其计算腐蚀量;在交流杂散电流腐蚀中,交流电电场的影响下,电化学过程发生了改变,大部分交流电可能没有参与电极过程,交流电量与金属腐蚀量间不是简单的对应关系;②交流杂散电流腐蚀效率远低于直流杂散电流腐蚀,大致只有直流杂散电流腐蚀的 2%左右;③交流杂散电流腐蚀除了受交流干扰强度影响外,波形和频率对其腐蚀行为也有一定的影响。直流杂散电流腐蚀通常只与干扰强度(如电压、电流大小)有关。

　　交流杂散电流腐蚀影响因素有交流电流密度、频率、波形等。

　　(1) 交流电流密度:交流电流密度(j_{AC})是影响金属腐蚀行为的主要因素之一。研究发现,当施加的交流电流密度大于 $30A/m^2$ 时,在阴极保护作用下,管道的腐蚀速率高于 0.1mm/a,腐蚀速率随交流电流密度增大而增大。调查发现当交流电流密度为 $100\sim200A/m^2$ 时,管道的腐蚀速率高达 1.3mm/a。但是,目前并没有建立起交流电流密度与腐蚀速率的相关理论联系,尚待更深入的研究。

　　(2) 交流电频率:由于交流电是呈周期变化的,且界面电极反应需要时间,因此交流电频率的高低会影响界面的反应进程,即影响电极反应的速率。交流电频率对金属腐蚀形态(蚀坑的形态大小和密度等)有着重要的影响。研究表明,蚀坑随频率增大而减小,初始蚀坑变得更细密,当频率增大到临界值时,小蚀坑连接成大腐蚀坑,金属减薄。相关的研究指出,当低于频率临界值时,金属的腐蚀速率随频率的增加而减小,当高于临界值时,腐蚀速率则增大。

　　(3) 交流电波形:交流电波形也是影响金属腐蚀行为的因素之一。三角波对铁钝性的破坏最严重,腐蚀速率最高,其次是正弦波,方波对钝性的影响最小,腐蚀速率最低,这个腐蚀规律同样适用于不锈钢、铝和镍等金属。在试验溶液介质为 0.5mol/L Na_2CO_3+1mol/L $NaHCO_3$(pH 约为 9.32)中的结果显示施加不同波形交流电后,X80 钢的腐蚀速率增加,其腐蚀速率由小到大依次为:正弦波、三角波、方波。

　　图 8.1 为不同波形交流电作用下 X80 钢的腐蚀速率和形貌。

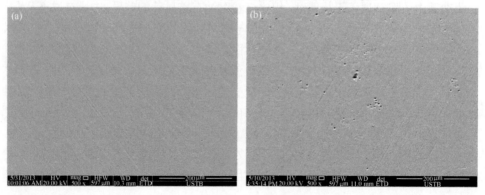

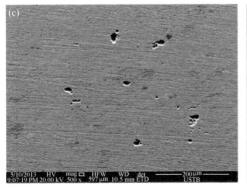
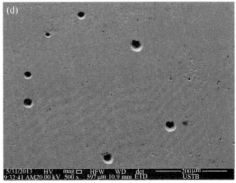

图 8.1　不同波形交流电下 X80 钢的微观形貌

(a) 无 AC；(b) 正弦波；(c) 三角波；(d) 方波

8.2　杂散电流腐蚀现场试验

8.2.1　直流电流密度对铜在宝鸡土壤中腐蚀行为的影响

图 8.2 为不同直流电流密度下 Cu 在宝鸡土壤中埋设 5 天的平均腐蚀速率，可以看出，有外加直流电与未施加外加直流电的腐蚀速率相比，试样的腐蚀速率有明显的增加。随着直流电流密度增加，Cu 的腐蚀速率呈线性增加。

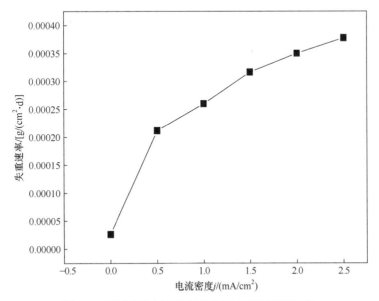

图 8.2　不同直流电流密度条件下纯铜的腐蚀速率

图8.3为不同直流电流密度干扰下,Cu在宝鸡土壤中试验10天后的最大点蚀坑深度。直流电流密度越高,点蚀坑深度和密度越大。当直流电流密度在 0.5~1.5mA/cm² 之间时,随着直流电流密度的增加,Cu试样表面的最深点蚀坑深度逐渐增加,当直流电流密度处于 2.0~2.5mA/cm² 时,Cu试样表面点蚀坑深度增加逐渐减缓。

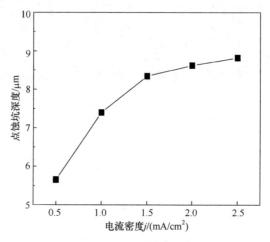

图8.3　不同直流电流密度条件下纯铜的点蚀坑深度

在宝鸡土壤中,Cu 的阴、阳极腐蚀电化学过程分别为

$$O_2 + 4e^- + 2H_2O \longrightarrow 4OH^- \tag{8.1}$$

$$Cu \longrightarrow Cu^{2+} + 2e^- \tag{8.2}$$

Cu^{2+}与阴极反应产物 OH^-反应生成 $Cu(OH)_2$,其在有氧条件下氧化生成 Cu_2O,土壤中存在的 CO_3^{2-} 与 $Cu(OH)_2$ 反应:

$$Cu^{2+} + 2OH^- \longrightarrow Cu(OH)_2 \tag{8.3}$$

$$4Cu(OH)_2 + O_2 \longrightarrow 2Cu_2O + 4H_2O \tag{8.4}$$

$$Cu(OH)_2 + CO_3^{2-} \longrightarrow CuCO_3 + 2OH^- \tag{8.5}$$

当电流密度较大时,由于土壤电阻率的存在,外加电流会使土壤温度升高,产生热量,随着直流电流密度的增大,其产生的热量越多,则 $Cu(OH)_2 \cdot CuCO_3$ 即碱式碳酸铜将会发生分解反应,试样表面的蓝色腐蚀产物越来越少,黑色的腐蚀产物越来越多。

8.2.2　交流电流密度对 Cu 在北京土壤中腐蚀行为的影响

图8.4为交流电流密度为80A/m² 干扰下Cu在北京土壤中15天时的腐蚀形貌,

由图可以看出，与碳钢腐蚀形貌相比，Cu 试样腐蚀比较轻微，Cu 试样主要发生均匀腐蚀。

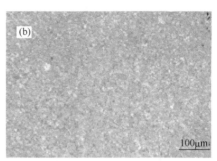

图 8.4　交流电流密度为 80A/m² 干扰下北京土壤中 15 天时的腐蚀形貌
(a)碳钢；(b)Cu

图 8.5 为不同交流电干扰下，Cu 在北京土壤中 35 天后除锈前双面的宏观腐蚀形貌，可以看出，在未施加交流电时，Cu 表面仅覆盖了一层黑色的腐蚀产物，且腐蚀产物量很少。存在交流电干扰后，Cu 试样表面覆盖了较厚的疏松腐蚀产物，随着交流电流密度的增大，蓝色腐蚀产物越来越少，在交流电流密度为 70～80A/m² 干扰情况下，已经无明显的蓝色腐蚀产物，全都是黑色腐蚀产物。蓝色腐蚀产物均为 $Cu(OH)_2 \cdot CuCO_3$，黑色腐蚀产物均为 Cu_2O。

施加交流电与未施加交流电除锈后腐蚀形貌有很大区别。交流电流密度为 0A/m² 时，试样表面主要发生局部腐蚀，无明显点蚀坑，腐蚀很轻微。存在交流电干扰下出现不同程度的伴随有点蚀坑的非均匀全面腐蚀，并且腐蚀较严重。随着交流电流

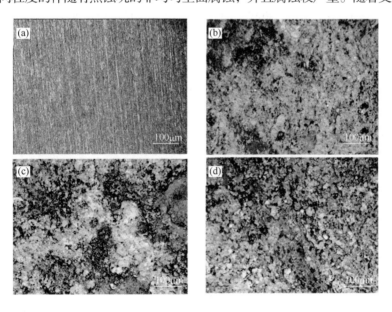

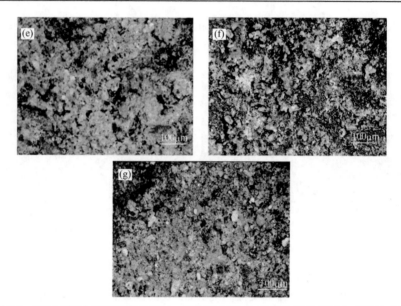

图 8.5　不同交流电流密度条件下 Cu 在北京土壤 35 天后除锈前双面宏观腐蚀形貌
(a) 0 A/m²；(b) 30A/m²；(c) 40A/m²；(d) 50A/m²；(e) 60A/m²；(f) 70A/m²；(g) 80A/m²

密度的增大，试样表面点蚀坑密度逐渐增大，点蚀坑逐渐相互连接。当交流电流密度条件为 30A/m² 时，点蚀坑尺寸较小、深度较浅，且分布不均匀。当交流电流密度条件为 80A/m² 时，点蚀坑分布较均匀，相互连接成片，点蚀坑深度加深。图 8.6 为不同交流电流密度条件干扰下，Cu 在北京土壤 35 天的平均腐蚀速率。由图 8.6 可以看出，存在交流电干扰条件下的 Cu 在北京土壤中的腐蚀速率是未施加交流电的 10 倍。当交流电流密度为 30～80A/m² 时，Cu 在北京土壤中腐蚀速率逐渐增加缓慢。

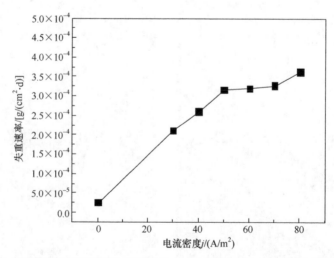

图 8.6　不同交流电流密度条件干扰下 Cu 在北京土壤 35 天的平均腐蚀速率

表 8.2 为不同交流电流密度干扰下 Cu 在北京土壤中试验 35 天后最大点蚀坑深度。可以看出，当交流电流密度在 30～50A/m² 之间时，随着交流电流密度的增加，Cu 试样表面的最大点蚀坑深度逐渐增加，当交流电流密度处于 60～80A/m² 时，Cu 试样表面最大点蚀坑深度基本无变化。这可能是因为当点蚀坑达到一定深度后，氧气到达金属表面越来越困难，Cu^+ 积累在 Cu 金属表面，阻碍了反应的进行。相对而言，未达到一定深度或者未形成点蚀坑的部位腐蚀速度加快，交流电流密度越高，阳极极化幅度越大，Cu 在北京土壤中腐蚀速率越快，因此当交流电流密度达到 60A/m² 时，试样表面点蚀坑深度不再增加，点蚀坑密度不断增大。

表 8.2　Cu 在北京土壤中试验 35 天后交流电流密度与点蚀坑深度的关系

交流电流密度/(A/m²)	30	40	50	60	70	80
最大点蚀坑深度/μm	4.653	7.398	8.34	8.621	8.822	8.022

8.2.3　交流电流密度对碳钢在北京土壤中腐蚀行为的影响

不同交流电流密度条件下 Q235 钢在北京土壤中试验 15 天时的腐蚀形貌如图 8.7 所示。从图中可以看出，无交流电影响的试样表面是疏松黄色附着物，存在交流电干扰情况下，表面都存在黑色溃疡紧密腐蚀产物，且随着交流电流密度增大，黑色的腐蚀产物越来越多。黑色腐蚀产物是 α-FeOOH 与 Fe_2O_3 的混合物。

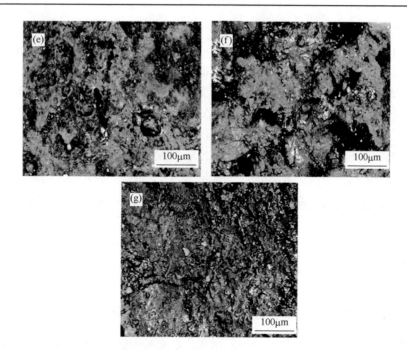

图 8.7　不同交流电流密度条件下 Q235 钢在北京土壤中 15 天后除锈前的宏观腐蚀形貌
(a) 0 A/m²；(b) 30A/m²；(c) 40A/m²；(d) 50A/m²；(e) 60A/m²；(f) 70A/m²；(g) 80A/m²

　　无交流电干扰时，以上试样除锈后表面腐蚀形貌为局部腐蚀，无点蚀坑，如图 8.8 所示。在交流电干扰下，Q235 钢均发生了全面腐蚀并伴有点蚀坑出现。随着交流电流密度的增大，单位面积的点蚀坑数量逐渐增多。交流电流密度为 30A/m² 时，试样表面刚刚萌生出点蚀坑，以非均匀局部腐蚀为主，随着交流电流密度的增大，点蚀坑逐渐分布均匀且点蚀坑深度逐渐增大。存在交流电干扰的试样失重量比未施加交流电干扰的失重量增加 5～8 倍，说明交流电干扰显著增加了 Q235 钢的腐蚀速率。但是在交流电流密度为 30～80A/m² 时，其失重量无明显的变化。

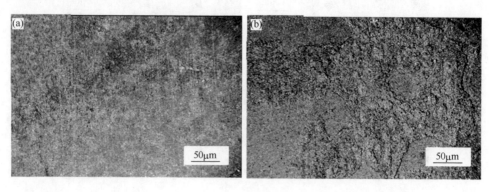

图 8.8　不同交流电流密度条件下碳钢在北京土壤 15 天后除锈后的宏观腐蚀形貌

(a) 0 A/m^2；(b) 30A/m^2；(c) 40A/m^2；(d) 50A/m^2；(e) 60A/m^2；(f) 70A/m^2；(g) 80A/m^2

8.3　杂散电流腐蚀室内模拟试验

8.3.1　交流电对 X80 钢在 NaCl 溶液中腐蚀速率的影响

图 8.9 和表 8.3 是在不同 pH 的 NaCl 溶液中交流电作用下 X80 钢的腐蚀速率测定结果。未施加交流电时，酸性体系中 X80 钢的腐蚀速率最大，其次为碱性溶液，中性溶液中腐蚀速率较小。当施加交流电后，在不同 pH 下，腐蚀速率均快

速增大，其中碱性和中性体系中增加值略高于酸性体系。

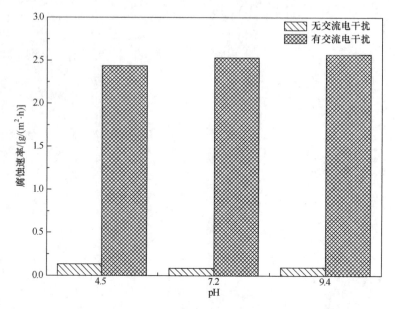

图 8.9　不同 pH 的 NaCl 溶液中交流电对 X80 钢腐蚀速率的影响

C_{NaCl}=0.06mol/L，频率 f=50Hz，交流电流密度 j_{AC}=50A/m²

表 8.3　不同 pH 的 NaCl 溶液中交流电影响下 X80 钢的腐蚀速率

pH	腐蚀速率/[g/(m²·h)] (无交流电干扰)	腐蚀速率/[g/(m²·h)] (有交流电干扰)
4.5	0.133	2.44
7.2	0.085	2.53
9.4	0.094	2.57

注：C_{NaCl}=0.06mol/L，频率 f=50Hz，交流电流密度 j_{AC}=50A/m²

8.3.2　交流电对 X80 钢在 NaHCO₃ 溶液中腐蚀速率的影响

图 8.10 和表 8.4 是在不同 pH 的 NaHCO₃ 溶液中交流电影响下 X80 钢的腐蚀速率测试结果。在未施加交流电时，酸性溶液中 X80 钢的腐蚀速率较大，中性和碱性溶液中腐蚀速率较小。当施加交流电后，在酸性溶液中，X80 钢的腐蚀速率增大了 31 倍，中性溶液中腐蚀速率增大了 2.4 倍，碱性溶液中腐蚀速率变化较小。

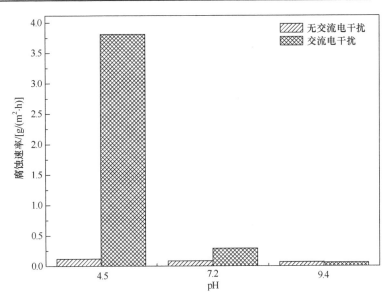

图 8.10　不同 pH 的 NaHCO₃ 溶液中交流电对 X80 钢腐蚀速率的影响

C_{NaHCO_3} =0.02mol/L，频率 f=50Hz，交流电流密度 j_{AC}=50A/m²

表 8.4　不同 pH 的 NaHCO₃ 溶液中交流电影响下 X80 钢的腐蚀速率

pH	腐蚀速率/[g/(m² · h)] （无交流电干扰）	腐蚀速率/[g/(m² · h)] （有交流电干扰）
4.5	0.118	3.81
7.2	0.085	0.29
9.4	0.066	0.059

注：C_{NaHCO_3} =0.02mol/L，频率 f=50Hz，交流电流密度 j_{AC}=50A/m²

8.3.3　交流电对 X80 钢在 NS4 溶液中腐蚀行为的影响

　　为了研究交流电对 X80 钢在近中性溶液 NS4 中腐蚀行为的影响，对不同交流电流密度作用下的 X80 钢进行了 48h 的浸泡试验。对交流电流密度为 0A/m²、5A/m²、10A/m²、30A/m²、50A/m² 和 100A/m² 条件下浸泡 2 天除锈后的腐蚀形貌进行了微观观察。图 8.11 是 X80 钢在上述交流电流密度作用下的腐蚀形貌图。当交流电流密度低于 30A/m² 时，其腐蚀较为轻微，表现为均匀腐蚀的特征，未出现明显的点蚀坑。当交流电流密度高于 30A/m² 时，X80 钢表面被腐蚀的迹象比较明显，表面比较粗糙且出现大量点蚀坑，凹坑边缘呈近圆形。

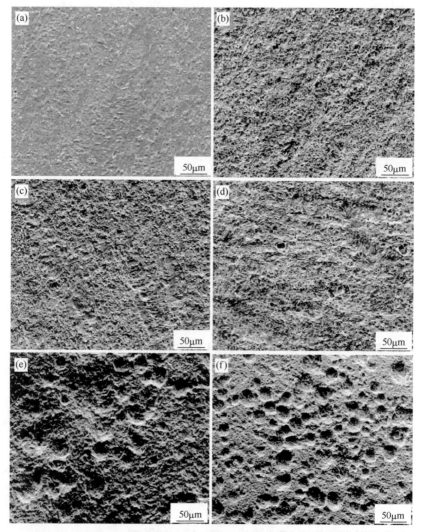

图 8.11　X80 钢在全波交流电作用下浸泡 48h 除锈后同一位置的腐蚀形貌

(a) 0A/m²；(b) 5A/m²；(c) 10A/m²；(d) 30A/m²；(e) 50A/m²；(f) 100A/m²

　　随着时间的延长，点蚀坑轮廓由一个个点蚀坑排列出现，点蚀坑数量急剧增多。腐蚀初期，交流电流密度低于 30A/m² 时，X80 钢的腐蚀以全面腐蚀为主，高交流电流密度下，腐蚀以局部腐蚀为主，但此时的腐蚀坑极不稳定，随着腐蚀时间的延长，小坑有可能进一步加大变成大坑蚀。交流电流密度大于 30A/m² 时，腐蚀形成且向局部腐蚀转变，坑蚀直径及深度都有所发展。XRD 分析结果表明，全波交流电作用下，其腐蚀产物主要为 γ-FeOOH 和 Fe_3O_4。Raman 光谱分析结果也表明其腐蚀产物主要为 γ-FeOOH 和 Fe_3O_4。

8.3.4　交流电对 X80 钢在 0.5mol/L Na₂CO₃+1mol/L NaHCO₃ 中腐蚀行为的影响

图 8.12 为不同交流电流密度下 X80 钢在 0.5mol/L Na₂CO₃+1mol/L NaHCO₃ 溶液中腐蚀速率的测试结果。从图 8.12 可知，交流电的施加加速了 X80 钢腐蚀的发生。低交流电流密度($30A/m^2$)作用下，X80 钢呈现轻微的均匀腐蚀，随交流电流密度的增加，X80 钢的腐蚀有所加剧。外加交流电对金属极化产生重要影响，当交流电作用时，金属处于正半周阳极极化和负半周阴极极化交替进行的过程中，其中阳极极化加速了金属的溶解，阴极极化减缓了金属腐蚀的发生，但金属正半周内阳极溶解电流密度的增大量大于负半周内的减少量，诱发了腐蚀。

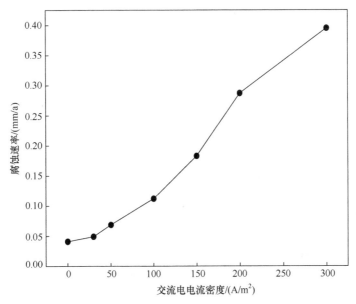

图 8.12　不同交流电流密度下 X80 钢的腐蚀速率

图 8.13 为不同交流电流密度下 X80 钢去腐蚀产物的微观形貌。从图 8.13 可知，无交流电作用时，X80 钢发生均匀腐蚀。交流电作用加速了腐蚀的发生，X80 钢在低交流电流密度($30A/m^2$)作用下，主要呈现为均匀腐蚀和轻微的点蚀。随交流电流密度的增加，局部腐蚀发生的趋势愈加明显。这是由于交流电流密度的增加进一步破坏了钝化膜，钝化膜内的缺陷数量增加，导致点蚀更容易发生。钢的腐蚀速率和微观形貌表明存在临界的交流电流密度($30A/m^2$)，当交流电流密度小于 $30A/m^2$ 时，无明显的局部腐蚀发生；当交流电流密度大于 $30A/m^2$ 时，X80 钢发生较明显的局部腐蚀。

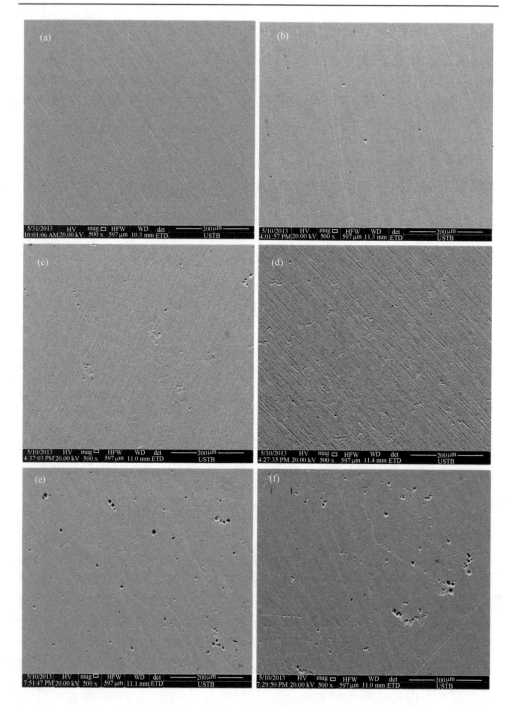

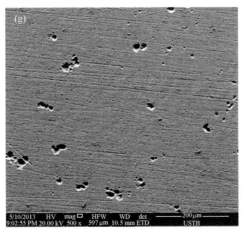

图 8.13　不同交流电流密度下 X80 钢去腐蚀产物的微观形貌

(a) 0A/cm²；(b) 30A/m²；(c) 50A/m²；(d) 100A/m²；(e) 150A/m²；(f) 200A/m²；(g) 300A/m²

　　交流电诱发点蚀的形成是由交流电对 X80 钢钝化膜的不均匀破坏导致的。交流电作用时，当进入阴极负半周时，产生的蚀孔内发生钝化，钝化膜保护了蚀孔表面，使其不再发生溶解而扩大；但在阳极正半周内，钝化膜再次被击破，产生密度及大小不同的蚀孔，诱发了局部腐蚀的发生。交流电流密度越大，对钝化膜的破坏作用越强，因而高交流电流密度作用下 X80 钢表面的点蚀更严重。

8.4　交流杂散电流对应力腐蚀的影响

8.4.1　交流电对 X80 钢在 NS4 溶液中 SCC 行为的影响

　　图 8.14 是 X80 钢在不同交流电流密度作用下的交流干扰的应力-应变曲线。由图 8.14 可知，X80 钢在近中性 pH 环境中，随着交流电的施加，其延伸率低于未施加交流电作用的延伸率，且当交流电流密度为 50A/m² 时，其延伸率明显降低。图 8.15 为 X80 钢在全波不同交流电流密度作用下的延伸率损失和断面收缩率损失。由图 8.15 可知，随着交流电流密度的增大，延伸率损失和断面收缩率损失整体呈增大的趋势，说明其 SCC 敏感性呈增大的趋势。交流电流密度为 5A/m² 时，其延伸率损失和断面收缩率损失比 10A/m² 和 20A/m² 时大，这是由于交流电震动作用导致的 SCC 敏感性高。

　　为了进一步分析 X80 钢在不同交流电流密度下的 SCC 敏感性，对断口形貌进行了观察。当 X80 钢在空拉时，断口出现明显的紧缩现象，从微观可以看出断口主要呈现韧窝特征，属于韧性断裂，SCC 敏感性较低。当全波交流电流密度为 5A/m² 和 10A/m² 时，断口依旧未出现明显的颈缩现象，但断口表面不平整，从微

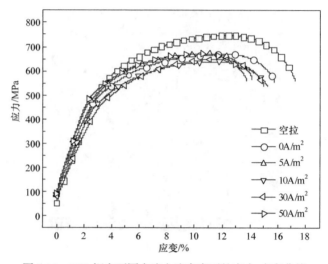

图 8.14　X80 钢在不同交流电流密度下的应力-应变曲线

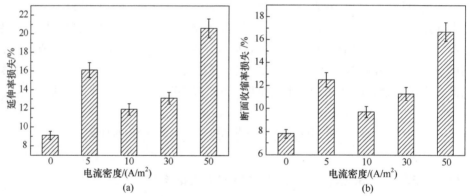

图 8.15　X80 钢在全波交流电作用下的 SCC 敏感性分析

(a) 延伸率损失；(b) 断面收缩率损失

观形貌可以发现断口依旧存在韧窝特征，韧窝数量明显减少。当全波交流电流密度为 30A/m² 和 50A/m² 时，断口比较平整，微观形貌显示脆性断裂特征，说明当全波交流电流密度大于 30A/m² 时，其 SCC 敏感性较高。

　　为了确定 X80 钢在全波交流电作用下的裂纹扩展模式，对断口横截面进行了裂纹扩展观察。图 8.16 为其在不同交流电流密度下的断口截面形貌。可以看出，无论施加交流电与否，X80 钢的裂纹扩展模式均为穿晶模式。研究表明，X80 钢在近中性环境中的应力腐蚀机理为阳极溶解与氢脆的混合机理。从断口形貌和二次裂纹可以看出，交流电会促进 X80 钢的阳极溶解，同时也会促进溶液中氢的析出，表明交流电作用下其应力腐蚀机理为阳极溶解与氢脆的混合机理。当交流电流密度较高时，如 50A/m²，二次裂纹深度增加说明交流电流密度较大时，氢脆起到了很重要的作用。

图 8.16　X80 钢在全波交流电作用下的断口截面形貌
(a) 空拉；(b) 0A/m²；(c) 5A/m²；(d) 10A/m²；(e) 30A/m²；(f) 50A/m²

8.4.2　交流电对 X80 钢在高 pH 土壤模拟溶液中 SCC 行为的影响

图 8.17 为不同交流电流密度作用下 X80 钢在高 pH 土壤模拟溶液中的应力-应变曲线。由图 8.17 可知，随交流电流密度增加，延伸率减小，表明交流电流密度增加了 X80 钢的 SCC 敏感性。图 8.18 为不同交流电流密度下 X80 钢的延伸率损失和断面收缩率损失，二者均随交流电流密度的增加不断增大。

不同交流电流密度作用试样的断口形貌分析表明，空气中拉伸试样的断口发生了明显的颈缩，呈现出韧性断裂特征。施加不同交流电流密度时，试样断口颈缩程度减小，当交流电流密度大于 100A/m² 时，试样断口几乎无颈缩，断口很平齐，呈现出明显的脆性断裂特征。这表明在交流电作用下，X80 钢在高 pH 溶液中具有较高的 SCC 敏感性。

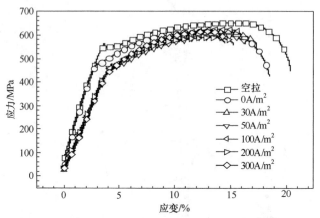

图 8.17　不同交流电流密度下 X80 钢的应力-应变曲线

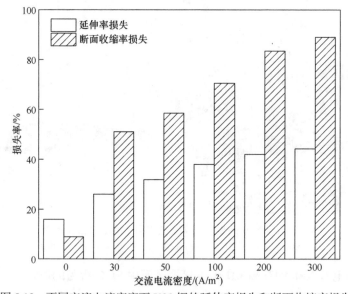

图 8.18　不同交流电流密度下 X80 钢的延伸率损失和断面收缩率损失

为了进一步分析 X80 钢在高 pH 溶液中交流电作用下的高 SCC 敏感性，对断口侧面的裂纹形貌及其裂纹扩展模式进行了 SEM 观察。从图 8.19 中可知，无交流电作用下，裂纹窄且浅，裂纹呈曲折扩展，为经典的 IGSCC 的裂纹特征；在不同交流电流密度条件下，裂纹密集度很高，裂纹宽且深，裂纹呈直线扩展，为典型的管线钢 TGSCC 裂纹形态。当交流电流密度增大至 200A/m² 和 300A/m² 时，SCC 裂纹很宽且深，有的裂纹很长，这表明其 SCC 裂纹扩展过程中受到的阻力

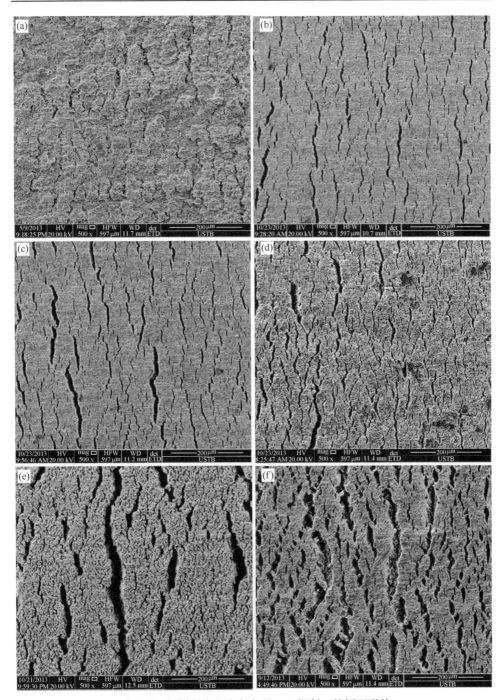

图 8.19　不同交流电流密度下 X80 钢断口的侧面形貌

(a) 0A/m^2；(b) 30A/m^2；(c) 50A/m^2；(d) 100A/m^2；(e) 200A/m^2；(f) 300A/m^2

相对较小，裂纹易于萌生和扩展，故脆性特征很明显，SCC 敏感性较高。在交流电作用下，部分 SCC 裂纹或萌生于点蚀处，或穿过点蚀，因而在一定程度上点蚀的存在加速了 SCC 裂纹的萌生与扩展。

图 8.20 为不同频率交流电作用下 X80 钢的应力-应变曲线。由图 8.20 可知，在高 pH 溶液中，不同频率交流电作用下试样的延伸率均小于无交流电作用的，且施加交流电试样的延伸率随交流电频率的减小而减小。对比表明，不同频率交流电的施加增大了 X80 钢在高 pH 溶液中的 SCC 敏感性，且低频交流电的影响更明显。

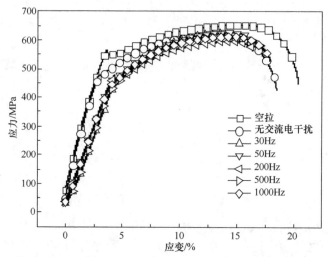

图 8.20　不同频率交流电作用下 X80 钢的应力-应变曲线

图 8.21 为不同频率交流电作用下 X80 钢的延伸率损失(I_δ)和断面收缩率损失

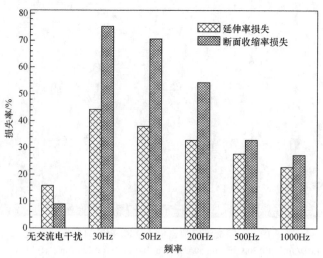

图 8.21　不同频率交流电作用下 X80 钢的延伸率损失和断面收缩率损失

(I_Ψ)。从图 8.21 可知，不同频率交流电作用下，X80 钢的延伸率损失和断面收缩率损失均远大于无交流电作用的。随交流电频率的减小，SCC 敏感参数均增大。在低频交流电作用下具有较高的 SCC 敏感性。

图 8.22 为不同波形交流电作用下 X80 钢的应力-应变曲线。由图 8.22 可知，不同波形交流电作用增加了 X80 钢的 SCC 敏感性，其中三角波作用下 X80 钢的 SCC 敏感性最大，其次为方波，正弦波作用下 X80 钢的 SCC 敏感性最小。

图 8.23 为不同波形交流电作用下 X80 钢的延伸率损失和断面收缩率损失。由

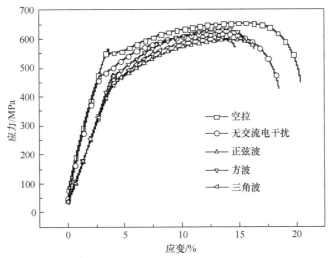

图 8.22　不同波形交流电作用下 X80 钢的应力-应变曲线

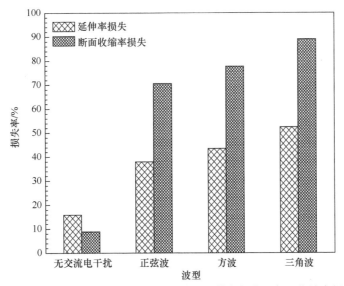

图 8.23　不同波形交流电作用下 X80 钢的延伸率损失和断面收缩率损失

图 8.23 可知，不同波形交流电作用下试样的 SCC 敏感性参数由小到大依次为：正弦波、方波、三角波。

上述综合研究结果为，有无交流电作用下，X80 钢在高 pH 溶液中的 SCC 机理差异明显。无交流电作用时，其 SCC 机理为阳极溶解；不同波形交流电作用下 X80 钢的 SCC 机理为阳极溶解和氢脆混合机理。

8.5 结　语

土壤杂散电流腐蚀是继土壤物理化学因素对材料土壤腐蚀演化过程的影响规律研究之后，又一重要的土壤腐蚀研究领域。随着能源、电力、交通等基础设施的大规模建设，交直流杂散电流腐蚀及其干扰问题日益严重，成为威胁埋地材料，尤其是油气管道安全运行的重要隐患。

杂散电流腐蚀相对于没有杂散电流腐蚀的危害性大，直流杂散电流腐蚀的影响程度远远大于交流杂散电流腐蚀。交流杂散电流腐蚀影响因素众多，同种材料在不同介质中的交流腐蚀规律和机理也不相同。不同材料在同一介质中的交流腐蚀规律也不相同。交流杂散电流大小、频率、波形和温度是腐蚀演化过程的重要影响因素。有无交流电作用下，X80 钢在高 pH 溶液中的 SCC 机理差异明显，无交流电作用时，其 SCC 机理为阳极溶解；不同波形交流电作用下，X80 钢的 SCC 机理为阳极溶解和氢脆混合机理。

动态直流干扰及交直流混合情况下的腐蚀规律和机理及其主要影响因素有待进一步研究；杂散电流干扰下的阴极保护有效测试技术和评估方法也有待系统研究，这是目前土壤杂散电流腐蚀研究领域急需解决的两个重要问题。

第9章 土壤环境腐蚀性的野外试验评价

土壤结构复杂，影响土壤腐蚀性的因素众多，各种因素的交互作用也很复杂。如前几章所述，直接影响材料土壤腐蚀的环境因素多达 20 种以上，包括土壤的物理性质，如含水量、容重、孔隙度、气容量、温度、质地；土壤的化学性质，如电阻率，土壤中金属的自腐蚀电位，电位梯度，氧化还原电位，酸碱度，溶盐总量，碳酸根离子、碳酸氢根离子、氯离子、硫酸根离子、钾离子、钠离子、钙离子、镁离子、有机质、全氮含量、硫化物含量；土壤的生物学因素，如硫酸盐还原菌、中性硫化菌、嗜酸性硫化菌、好氧菌及真菌等。

在材料实际土壤腐蚀过程中，各环境因素的作用效果及其交互作用是土壤腐蚀研究的重点，也是对各类土壤腐蚀性的评价、分类和预测的基础；选用多因子进行土壤腐蚀性研究的方法已被人们广泛接受；美国和德国的一些学者分别综合多项腐蚀因素进行评分判别，并在标准和规范中分别采用多因子综合评价法来评判土壤腐蚀性的轻重等级，我国也采用了类似的方法进行土壤腐蚀性评价。本章利用现场获得的大量数据，在利用模糊聚类分析的基础上，建立了八因素的土壤环境腐蚀性野外试验评价方法。

9.1 传统现场埋样的土壤腐蚀试验

土壤野外现场埋设试验是指在土壤环境中，埋设所要研究的材料及制品，然后一定埋设周期挖掘，确定试件的腐蚀形态、腐蚀产物及腐蚀速率。在试验过程中还需定期地记录土的物理、化学参数及气候数据，以及相应的电化学测量结果，从而建立材料、环境因素和腐蚀速率的相互关系。这是一种简单也是最可靠的确定土壤中金属腐蚀的方法，是土壤试验中的基本方法。

土壤野外现场埋设试验一般包括小试片试验和长尺寸试件试验。小试片试验所获得的土壤腐蚀试验结构一般可以反映某种材料在所埋设的土壤中的腐蚀情况。对于延伸相当距离的大型埋地金属结构，由于土壤本身的不均性引起充气差异电池和其他不均匀电池的作用，在金属表面形成宏电池腐蚀，应选用长尺寸试件试验。

腐蚀产物的分析与研究，可以判断腐蚀过程与类型、基体中哪些元素及金属相优先腐蚀、影响腐蚀的环境因素、腐蚀产物的保护性等。金属试件的腐蚀分析包括腐蚀试件及自然环境的描述、试件宏观检查、腐蚀产物收集与分析、试件表面清理与腐蚀程度测定。通过实际失重率的测量可以明确试件的腐蚀速率，这是一种最简单的，也是最可靠的确定土壤腐蚀速率的方法，但其应用范围主要针对均匀腐蚀，对于点蚀、晶间腐蚀等，还需要测定点蚀深度、蚀孔间距等参数，以对腐蚀状况做出全面的分析。

　　土壤野外现场埋设试样的失重和土壤理化性质的分析方法已经成为确定土壤中金属腐蚀速率、评价土壤腐蚀性的经典方法。在此基础上建立和发展起来的原位测量技术、加速试验和统计分析及土壤腐蚀性评价的新方法，已经成为土壤腐蚀试验研究工作的重要组成内容。土壤腐蚀的原位实时测量可以在不中断试验的情况下获得试件的腐蚀信息、土壤参数的变化情况，环境因素及腐蚀数据的连续记录有利于土壤腐蚀行为机理的研究。随着测试技术的进步，国内外均开展了土壤腐蚀原位测试探头的研制。土壤腐蚀实时、原位检测新方法、新技术、新仪器的研制开发必将为土壤腐蚀行为机理研究、土壤腐蚀性评价及建设工程地下部分的监测、检测工作提供可靠的依据和有力的保障。由不同的电极或传感器构成的探头可以连续监测土壤含盐量、含水量、温度、氧化还原电位、电阻率、电位梯度、氯离子浓度的变化等。

　　对各种土壤的腐蚀性做出正确的评价具有重要意义，土壤腐蚀性评估是埋地钢制管道腐蚀防护系统设计的重要依据之一。评价土壤腐蚀性最基本的方法是测量典型金属在土壤中的腐蚀失重(失重法)和最大点蚀坑深度。这两种方法能直接、客观和比较准确地反映土壤腐蚀性，同时还可以作为其他评价方法是否正确的依据。各国普遍采用这种方法积累材料的长期土壤数据。但这种方法必须进行埋片试验，在试片埋入一定时间后开挖才能得到结果。根据碳钢在我国土壤的腐蚀情况，制定了划分土壤腐蚀性的分级标准，按照平均腐蚀失重或年平均深度划分为五级，见表9.1。

表 9.1　我国土壤的腐蚀性五级分级标准

腐蚀等级	Ⅰ(优)	Ⅱ(良)	Ⅲ(中)	Ⅳ(可)	Ⅴ(劣)
腐蚀速率/[g/(dm² · a)]	<1	1~3	2~5	5~7	>7
最大点蚀坑深度/(mm/a)	<0.1	0.1~0.3	0.3~0.6	0.6~0.9	>0.9

　　值得指出的是，由于不同材料在土壤中的腐蚀机理不同，不同金属材料的腐蚀程度也有较大差异，因此用碳钢标定的土壤腐蚀性对其他材料也是不完全适用的。

　　由于土壤组成和性质的复杂多变，影响土壤腐蚀的因素众多，各个因素之间往往存在一定的交互作用，所以很难制定简单准确的土壤腐蚀性评价方法。影响土壤腐蚀过程的土壤理化性质因素主要有：①土壤含水量；②土壤中的总盐分，

即腐蚀性阴离子 Cl^-、CO_3^{2-}、SO_4^{2-}、HCO_3^- 的含量；③土壤中的微生物及有机质含量；④土壤的透气性及氧含量；⑤土壤温度；⑥其他一些综合指标，如土壤电阻率、氧化还原电位、pH、腐蚀电位等共有 24 项影响土壤腐蚀的单项指标。

自然埋藏试片失重法是土壤腐蚀性的传统研究方法之一，可以提供各种土壤对钢铁及其他金属材料腐蚀性的可靠数据。自 20 世纪 50 年代开始，我国在国内主要土壤类型中开展了土壤腐蚀性试验，取得了大量的常用材料自然环境腐蚀数据，其中包括各种黑色金属和有色金属的试验数据。在 14 个土壤腐蚀试验站中，对低碳钢试件进行埋片测试，以评价土壤的腐蚀性。但是，自然埋藏试片失重法试验周期长，需要人工埋设试片，费时费力，重现性差，且难以揭示材料土壤腐蚀的机理，也难以了解试件埋入土壤后各个阶段的腐蚀变化。为了克服失重法的局限性，快速而准确地评价土壤的腐蚀性，国内外不少科学工作者提出了许多根据土壤理化性质评价其腐蚀性的方法，试图通过已知的土壤理化因素，对土壤的腐蚀性做出评价。

为了快速评定土壤的腐蚀性，可以根据金属在土壤中的电化学行为来研究，目前采用的主要方法有：线性极化电阻法、交流阻抗法及 Tafel 斜率外推法。也可利用土壤的某些理化性质作为评价指标，来评价土壤的腐蚀性，目前使用较多的有单项指标法和多项指标法。

9.2 土壤腐蚀的环境单因素评价方法

单项指标法是采用土壤的单一理化性质或电化学参数，如土壤电阻率、含水量、含盐量、pH、氧化还原电位、钢铁材料对地电位等评价和预测土壤的腐蚀性。单项指标法虽然在有些情况下较为成功，但过于简单，经常会出现误判现象。实际上，土壤理化性质时常受到季节、气候、地理位置、排水、蒸发等多种因素的影响，造成土壤腐蚀性的主要影响因素可能完全不同，因此，可以说没有一个土壤因素可单独决定其腐蚀性，必须考虑多种因素的交互作用，从而采用多项指标综合评价可能更加合理和准确。

9.2.1 土壤电阻率评价

材料的体积电阻率是指单位体积相对的两个面之间的电阻。如果 R 为导电材料的电阻，L 为长度，A 为横截面积，那么电阻率 $\rho = RA/L$，类似可以得出土壤电阻率。它是影响地下金属构件腐蚀的一个重要的综合性因素，是土壤介质导电能力的反映。因此，土壤电阻率是研究最多的最重要的影响因素之一。有学者主张将土壤电阻率作为估计土壤腐蚀性的基本标准，并把电阻率高的土壤腐蚀性定为弱，把电阻率低的土壤腐蚀性定为强。大量的例子说明上述的对应关系是存在的，但也可以找出土壤电阻率与腐蚀性之间没有对应关系的情况，由此可以看出，土壤电阻率是影响土壤腐蚀性的一个重要因素，但又不完全是主导性因素。野外现场通常采用 Wenner 等距四极法或 Schlumberger-Palmer 不等间距四极法测量视电阻率，再经土壤反演得出土壤电阻率分层结构，实验室往往将土壤置于土壤箱中直接测量。

　　土壤是一个不均匀的三相体系，土壤胶体带有电荷，土壤溶液中常含有电解质，因此可以把土壤视为多价电解质，土壤在外加电场的作用下会发生导电现象。土壤电阻率和土壤电导率一样均是土壤导电能力的指标，一般土壤腐蚀性与土壤电阻率呈反相关，土壤电导是由离子电导和胶体电导两部分组成，因此土壤中的水分状况、含盐量及组成、松紧度、质地、土壤湿度和有机质等均对土壤电阻率产生影响。由此可见，土壤电阻率是反映某些土壤理化性质的一个综合指标。电阻率对腐蚀速率的影响主要体现在以宏电池腐蚀作用为主的局部腐蚀过程中，而对于以微电池作用为主的均匀腐蚀过程，电阻率与腐蚀速率间的关系不大。埋地金属构件，尤其是长距离地下金属管线遭受宏电池腐蚀时，土壤电阻率往往起主导作用，金属构件在这种情况下的腐蚀过程一般是阴极-欧姆控制，有时甚至是纯粹的欧姆控制，因而土壤电阻率大小直接影响到金属构件的腐蚀程度。以电阻率来划分土壤腐蚀性是各国常用的方法，并且也都有各自的标准(表 9.2)，通常认为电阻率下降，土壤腐蚀性增强，这对于大多数中碱性土壤是适用的，但是对于酸性土壤，土壤电阻率与其腐蚀性间并不一定有对应关系，在阴极保护条件下，土壤电阻率越低，保护效果越好。我国不少油田和生产部门一直采用土壤电阻率作为评价土壤腐蚀性的指标，这种评价方法十分方便，在某些场合也较为可靠，但是由于土壤的含水量和含盐量在一定程度上决定着土壤电阻率的高低，它们并不呈线性关系，而且不同的土壤其含水量和含盐量差别较大，电阻率只对宏电池的欧姆降产生影响，与微电池的腐蚀关系不大，所以单纯用来评价土壤腐蚀性有一定局限。

表 9.2　各国电阻率评价土壤腐蚀性相关标准

腐蚀程度	土壤电阻率/(Ω·m)					
	中国	美国	苏联	日本	法国	英国
极低	>50	>100	>100	>60	>30	>100
低				45～60		50～100
中等	20～50	20～100	20～100	20～45	15～25	23～50
较高		10～20	10～20			
高	<20	5～10	5～10	<20	5～15	9～23
特高		<5	<5		<5	<9

9.2.2　土壤含水量评价

水在土壤中形成复杂的土壤水复合体，它的性质经常变化，如干湿交替、膨胀和收缩、分散和团聚等。由于降水、渗漏、蒸发，剖面中的土壤水分状况经常变化，土壤溶液的运动引起溶质的再分配，因此土壤含水量是一个变化的物理因素，它的波动会导致一系列土壤物理化学性质的变化。试验证明，土壤含水量对钢铁电极电位、土壤导电性和极化电阻均有一定影响。土壤中水、气是拮抗关系，含水量的变化引起土壤通气状况的变化，这将对阴极极化产生影响。含水量还明显影响氧化还原电位、土壤溶液离子的数量和湿度，以及土壤微生物的活动状况等。

通常，随着土壤含水量的增加，腐蚀性变强，但如果土壤完全被水饱和，阴阳极的扩散受抑制，导致腐蚀性减弱。土壤的内排水性与土壤腐蚀有密切关系。

土壤中的水对腐蚀的影响很大，当土壤含水量很高时，氧的扩散渗透受到阻碍，腐蚀速率减小；随着含水量减小，氧的去极化作用更容易进行，腐蚀速率增加，而当含水量降到10%以下时，由于水分的短缺，阳极极化与土壤电阻率加大，腐蚀速率又急速降低。

水分是使土壤成为电解质，构成电化学腐蚀的关键因素，除土壤电阻率外，土壤含水量作为腐蚀关键因素之一，与土壤腐蚀性具有对应关系，如表 9.3 所示。

表 9.3　土壤含水量与土壤腐蚀性的对应关系

腐蚀程度	含水量/%
极低	<3
低	3~7 或>40
中等	7~10 或 30~40
高	10~12 或 25~40
极高	12~25

土壤含水量是决定金属土壤腐蚀行为的重要因素之一，而且对金属土壤腐蚀行为的影响是十分复杂的。一方面，水分使土壤成为电解质，为腐蚀电池的形成提供条件；另一方面，含水量的变化显著影响土壤的理化性质，进而影响金属的土壤腐蚀行为。检测含水量常用的方法为烘干法、红外线法、乙醇燃烧法。随着检测技术的进步，中国科学院南京土壤研究所已经研制了可以连续监测土壤含水量变化的土壤腐蚀测试仪，仪器通过负压计法和水分传感器法对土壤水分进行测试。负压计法是利用土壤对水的吸力，在仪器内部产生一个负压，并通过真空表指示出来，土壤含水量低，土壤吸力大，负压也大，含水量高则负压值小。水分

传感器法采用石膏电极作为湿度传感器，测定不同土壤条件下的电导值，通过查标准曲线，换算成土壤含水量。

9.2.3　土壤含气量评价

土壤含气(氧)量与土壤孔隙度有很大的关系。较大的孔隙度有利于氧渗透和水分保存，而它们都是腐蚀初始发生的促进因素。透气性良好导致腐蚀过程加速，但还必须考虑到在透气性良好的土壤中也更易生成具有保护能力的腐蚀产物层，阻碍金属的阳极溶解，使腐蚀速度减慢，因此关于透气性对土壤腐蚀的影响有许多相反的实例，例如，在考古发掘时发现埋在透气不良的土壤中的铁器历久无损，但也有一些例子说明在密不透气的黏土中金属常发生更严重的腐蚀。造成情况复杂的因素在于有氧浓差电池、微生物腐蚀等因素的影响。在氧浓差电池作用下，透气性差的区域将成为阳极而发生严重腐蚀。土壤空气容量也称土壤含气率，是用单位土壤容积中空气所占的容积百分数来表示，即土壤总孔隙度减去土壤容积含水量的百分数。土壤容重是指单位体积自然状态下土壤(包括土壤空隙的体积)的体重，又称土壤密度。土壤容重小，表明土壤比较疏松、孔隙多；反之，土壤容重大，表明土壤比较紧实、孔隙少、结构性差。其是反映土壤紧实度的一个指标，可用来计算土壤孔隙度和空气容量。土壤孔隙度是单位容积土壤中孔隙所占的百分数，反映土壤的通气状况。土壤孔隙分为毛管孔隙和非毛管孔隙。毛管孔隙借毛管引力作用能够保持水分。非毛管孔隙等于土壤的总孔隙度与毛管孔隙度之差。以青铜腐蚀为例，土壤孔隙度对青铜样品的腐蚀呈现出一定的规律性。随着土壤孔隙度增大，青铜样品的腐蚀速度加快，但达到某一临界值时，即土壤的孔隙度为20%，土壤对青铜样品的腐蚀影响达到最大值。当土壤孔隙度超过这一临界点时，土壤对青铜样品腐蚀的影响开始减弱。

土壤是大小不同的土粒按不同比例组合而成的，这些不同的粒级混合在一起表现出的土壤粗细状况，又称土壤质地。测定土壤机械组成就是测定土壤质地，又称土壤颗粒分析。土壤的机械组成直接影响土壤水分、空气和热运动。主要的测定方法，就是用各种方法将土粒按其粒径大小分成若干级别，从而求出土壤的颗粒组成。

9.2.4　土壤酸碱度评价

土壤化学性质分析主要包括：土壤酸碱度、溶盐总量及碳酸根、氯离子、硫酸根、硝酸根等离子的测量。土壤酸碱度是其很多化学性质，特别是盐基状况的综合反映。土壤酸碱度包括酸性强度(pH)和容量(酸度总量、缓冲性能)两个方面。pH是酸碱性强弱的代表，是所含盐分的综合反映。土壤中 H^+ 主要来源于 CO_2 溶于水生成的活性 H_2CO_3、有机质分解产生的有机酸，还有氧化产生的无机酸等。

OH⁻主要来源于弱碱的水解，大部分土壤属中性范围，pH 处于 6～8 之间，也有 pH 为 8～10 的碱性土壤(如盐碱土)及 pH 为 3～6 的酸性土壤(如沼泽土、腐殖土)。随着土壤酸度升高，土壤腐蚀性增加，因为在酸性条件下，氢的阴极去极化过程已能顺利进行，强化了整个腐蚀过程。应当指出，当在土壤中含有大量有机酸时，其 pH 虽然接近于中性，但腐蚀性仍然很强。中、碱性土壤对金属的腐蚀影响不大。

土壤 pH 的测定方法是将待测土壤风干，然后以 1∶2.5(或 1∶1)的比例将土壤浸入蒸馏水中。在密封容器中搅匀，静置 3～8h，取出上部澄清液，用 pH 计或比色法测定 pH。在酸性土壤中，土壤酸度与其腐蚀性有一定的对应关系，因此也有不少人以 pH 和总酸度为指标来评价土壤的腐蚀性(表 9.4)，但是这种方法仅限于酸性土壤，对于非酸性土壤常有误。

表 9.4　土壤酸碱度和腐蚀程度的关系

交换性酸总量 (毫克当量/百克土)	< 4.0	4.1～8.0	8.1～12.0	12.1～16.0	>16
腐蚀程度	极低	低	中等	高	极高
pH	> 8.5	8.5～9.0	5.5～9.0	4.5～5.5	< 4.5
腐蚀程度	极低	低	中等	高	极高

9.2.5　土壤含盐量评价

土壤中的盐分除了对土壤腐蚀介质的导电过程起作用外，还参与电化学作用，从而对土壤腐蚀性有一定的影响。通常土壤含盐量为 $0.008～1.5×10^{-3}$(质量分数)，土壤电解质中的阳离子一般是钾离子、钠离子、镁离子、钙离子等，阴离子是碳酸根、氯离子和硫酸根离子。土壤含盐量大，其电阻率相应减小，因而增加了土壤的腐蚀性。氯离子对土壤腐蚀有促进作用，所以在海边潮汐区或接近盐场的土壤，腐蚀性更强。但碱土金属钙、镁的离子在非酸性土壤中能形成难溶的氧化物和碳酸盐，在金属表面形成保护层，减少腐蚀。富钙、镁离子的石灰质土壤就是一个典型的例子。类似地，硫酸根离子也能和铅作用生成硫酸铅的保护层。硫酸盐和土壤腐蚀另一个重要关系是和微生物腐蚀有关。碳酸根、氯离子、硫酸根、硝酸根等离子浓度的测量采用化学滴定法或比色法，不同离子选用试剂不同。

土壤的可溶性盐含量与土壤腐蚀性强弱有一定的对应关系，也有人根据含盐量的多少来评价土壤的腐蚀性(表 9.5)，然而土壤中的盐分不仅种类多，而且变化范围大。从电化学的角度看，土壤盐分除了对土壤腐蚀介质的导电过程起作用外，有时还参与电化学反应,从而对土壤腐蚀产生影响。含盐量越高,电阻率越小,宏腐蚀的腐蚀速率越大。含盐量还能影响到土壤中氧的溶解度及土壤中金属的电极电位。不同的组分对土壤腐蚀的贡献也不一样。因此,简单地按含盐量的多少来评价土壤腐蚀性的方法并不准确。

表 9.5　含盐量与腐蚀性之间的关系

腐蚀程度	含盐量	
	刘继旺(1979)	《金属腐蚀手册》
低	<0.05	<0.01
中	0.05~0.2	0.01~0.05
稍高	0.2~0.5	0.05~0.1
高	0.5~1.2	0.1~0.75
极高	>1.2	>0.75

9.2.6　土壤氧化还原电位和钢铁对地电位评价

氧化还原电位是综合反映土壤氧化还原程度的指标,其数值与土壤细菌的活动有很大关系。在 pH=5.5~8.5 范围内,氧化还原电位越低,则硫酸还原菌对金属的腐蚀作用就越大,因此在还原性较强的条件下,土壤的氧化还原电位可以成为土壤微生物腐蚀的指标,如表 9.6 所示。钢铁材料对地电位标准比较统一,一般认为对地电位越负,土壤对钢铁的腐蚀性越强,人们常用钢铁对地电位为指标评价土壤的腐蚀性,如表 9.7 所示。虽然钢铁对地电位测量十分方便,但它实质是以热力学的物理量来间接评价钢铁腐蚀速率这个和动力学密切相关的指标,因而它对土壤腐蚀性的反应并不是很敏感,其变化也不一定就是反映土壤腐蚀性的变化,出现误判在所难免。

表 9.6　土壤氧化还原电位与土壤腐蚀性的关系

土壤氧化还原电位/mV	>400	200~400	100~200	<100
腐蚀程度	不腐蚀	低	中等	高

表 9.7　钢铁对地电位与土壤腐蚀性的关系

钢铁对地电位(Cu/CuSO$_4$, -mV)	<150	150~300	300~450	450~550	>550
腐蚀程度	极低	低	中等	稍高	高

从上述单项指标来看,虽然在有些情况下评价结果有效可信,但是无论哪种指标都是在具体条件下,或针对腐蚀的某一个方面进行评价。考虑土壤腐蚀的多因素和复杂性,单项指标过于简单,误判情况在所难免。不少文献指出,没有一个土壤腐蚀因素可以单独地与土壤腐蚀速率相关,必须综合考虑微观腐蚀、宏观腐蚀等多种腐蚀的影响。事实上,不同的季节、不同的位置,土壤腐蚀的主要因素可能完全不同,即使在土壤腐蚀的主要影响因素相同、规律相近的情况下,选择主要影响因素作为评价指标在实际操作中也很难做到。

9.3 土壤腐蚀的环境多因素评价方法

由于单项指标评价的结果并不令人满意,目前国内外许多防腐蚀工作者越来越倾向于多项指标综合评价土壤腐蚀性。由于各因素的复杂性和交互作用的影响(图 9.1),这些因素与土壤腐蚀性是非线性关系,不能用线性回归的常规方法处理腐蚀指标与腐蚀性之间的对应关系。

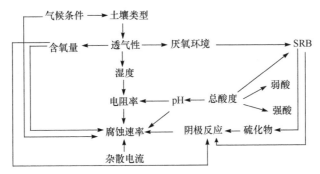

图 9.1 各项影响因素对腐蚀的影响

土壤腐蚀特性研究中,单项指标评价作为一般性估量,有一定的参考价值,但由于参数过于简单,误判现象很多,因此国际上率先出现了多指标法评价土壤腐蚀性。其中具有代表性的有美国的 ANSI A21.5 标准规定的土壤腐蚀评价法和德国的 DIN 50929 打分法评价指标法。这些方法均是先对各项土壤理化指标评分,然后评出土壤腐蚀性等级,腐蚀参数较多,能够较真实地反映电力系统接地腐蚀特性。但是,美国 ANSI A21.5 土壤腐蚀评价法并没有区分微观腐蚀和宏观腐蚀,其只针对铸铁管在土壤中使用时是否需用聚乙烯保护膜进行评判,因此对于其他情况该评价方法未必可行。而德国 DIN 50929 打分法评价指标较为全面,适用性广,但由于评价指标较多,现场工作量较大。因此,这些方法均不适合直接引进和采用。

9.3.1　德国 DIN 50929 方法

该法综合了与土壤腐蚀性有关的多项理化指标,包括土壤类型、土壤电阻率、含水量、pH、酸碱度、硫化物、中性盐(Cl⁻)、硫酸盐(SO_4^{2-}、盐酸提取物等)、埋设试样处地下水的情况、水平方向土壤均匀状况、垂直方向土壤均匀性、材料/土壤电位等 12 项理化性质。评价方法是先将土壤各项理化性质指标评分,再根据分值评出土壤腐蚀性。

这种方法具有一定的实用价值,得到国内外许多腐蚀工作者的肯定。但是,不同的土壤理化因素作用大小可能差别很大,同时考虑因素过多,在实际应用中很难收集齐全,有的因素测量也十分不便,实用中该法的评价结果也并不理想。

9.3.2　美国 ANSI A21.5 评价法

表 9.8 给出了美国 ANSI A21.5 对土壤腐蚀性的评价方法。该方法也是先对土壤理化指标打分,然后进行腐蚀性等级评价,考虑的指标有：电阻率(基于管道埋深的单电极或水饱和土壤盒测试结果)、pH、氧化还原电位、硫化物、湿度等。

表 9.8　ANSI 土壤腐蚀性综合评分标准(ANSI/AWWA C105/A2.15)

土壤性质	测定值	评价指数
电阻率(基于管道埋深的单电极或水饱和土壤盒测试结果)/(Ω·m)	<7	10
	7~10	8
	10~12	5
	12~15	2
	15~20	1
	>20	0
pH	0~2	5
	2~4	3
	4~6.5	0
	6.5~9.5	0
	9.5~8.5	0
	>8.5	3

续表

土壤性质	测定值	评价指数
氧化还原电位/mV	>100	0
	50～100	3.5
	0～50	4
	<0	5
硫化物	存在	3.5
	微量	2
	不存在	0
湿度	终年湿(排水性差)	2
	一般潮湿(排水性尚可)	1
	一般干燥(排水性良好)	0

当有硫化物，氧化还原电位低时，该分值改为 3。当评价指数大于 10 时，表示土壤对灰铸铁及球墨铸铁有腐蚀性，需要用聚乙烯薄膜保护。这种方法只针对铸铁管在土壤中使用时是否需用聚乙烯保护膜，在其他情况下未必可行。

9.3.3 国内土壤腐蚀性评价方法

我国石油、邮电和电力部门及生产、设计单位也有土壤腐蚀性的评价标准。他们根据本部门及本地区的特点，结合国外的一些标准要求，制定了本部门的一些标准。我国在土壤腐蚀性分类分级方面开展了大量的科研工作，取得了一些成果。采用单项指标法来评价土壤的腐蚀性往往很难准确地反映出实际土壤的实际性能，因此，不少部门也根据自己的研究结果制定了一些多项指标法，见表 9.9 和表 9.10。

表 9.9 中国石化胜利油田土壤腐蚀性分级标准

指标	特高	高	较高	中等	低
−0.85V 时的阴极极化电流密度/(A/cm²)	>10	10～5	5～2.5	2.5～1	<1
土壤电阻率/(Ω·m)	0～5	5～30	30～50	50～100	>100
电解失重(6V, 24h)/g	>8.0	8.0～3.5	3.5～2.0	2.0～1.0	<1.0
500mV 时的电极极化电流密度/(μA/cm²)	>300	300～80	80～25	25～10	<10
含盐量/%	>0.75	0.75～0.1	0.1～0.05	0.05～0.01	<0.01

表 9.10　大港油田集团有限责任公司土壤腐蚀性分级标准

指标	特高	高	较高	中等	低
土壤电阻率/(Ω·m)	0～5	5～30	30～50	50～100	>100
土壤含水量/%	12～25	12～10	10～7	7～3	<3
电解失重(6V, 24h)/g	>6	6～3	3～2	2～1	<1
500mV 时的电极极化电流密度/(μA/cm²)	>300	300～80	80～25	25～10	<10
含盐量/%	>0.75	0.75～0.1	0.1～0.05	0.05～0.01	<0.01

9.4　土壤腐蚀性八因素评价法

　　土壤的理化性质中包含着十余种要素，这些要素之间相互作用并相互影响，对管道的腐蚀行为是这些要素综合作用的结果。而对于现场管道环境腐蚀性的评价来说，将这些要素都一一检测出来会是一件十分繁重的任务，因此，检测人员希望能简化检测要素但还能保证其评价的准确性，这才是比较理想的效果，也是最终的目的所在。

9.4.1　土壤腐蚀性影响因素聚类分析

　　要在保证评价方法准确性的前提下尽可能地简化检测要素，那么首先就要确定哪些是影响腐蚀的主要因素，采用聚类分析方法对这些因素之间的关系进行数学处理。表 9.11 给出了我国土壤站不同地区土壤理化指标数据表。

表 9.11　土壤理化指标数据汇总表

采样地点	含水量/%	pH	阴离子含量/%				阳离子含量/%				含盐量/%	电导率/(mS/cm)
			NO_3^-	Cl^-	SO_4^{2-}	HCO_3^-	Ca^{2+}	Mg^{2+}	K^+	Na^+		
成都	39.88	9.40	0.0004	0.0023	0.0158	0.0149	0.0075	0.0011	0.0001	0.0042	0.0463	0.121
库尔勒	3.98	8.37	0.0134	0.2671	0.4399	0.0070	0.1363	0.0085	0.0044	0.2150	1.0916	3.02
沈阳	19.78	9.86	0.0015	0.0015	0.0072	0.0109	0.0041	0.0007	0.0001	0.0018	0.0278	0.052
敦煌	0.82	9.13	0.0017	0.0015	0.0081	0.0050	0.0019	0.0011	0.0004	0.0022	0.0229	0.050
格尔木	25.50	8.02	0.0116	5.34	0.4963	0.0199	0.1504	0.6204	0.0950	2.3500	9.0864	21.80
鹰潭	23.23	4.46	0.0006	0.0015	0.0009	0.0010	0.0008	0.0005	0.0001	0.0001	0.0055	0.022

续表

采样地点	含水量/%	pH	阴离子含量/%				阳离子含量/%				含盐量/%	电导率/(mS/cm)
			NO_3^-	Cl^-	SO_4^{2-}	HCO_3^-	Ca^{2+}	Mg^{2+}	K^+	Na^+		
大港	26.88	8.38	0.0089	1.6028	0.1534	0.0348	0.0226	0.0598	0.0240	0.9500	2.8563	6.30
热带	29.42	5.40	0.0009	0.0008	0.0009	0.0010	0.0008	0.0002	0.0002	0.0004	0.0052	0.018
拉萨	8.85	8.58	0.0120	0.0122	0.0469	0.0189	0.0117	0.0027	0.0004	0.0250	0.1298	0.372

计算土壤各项理化指标数据的相关系数 r_{ij}，其计算方法有欧式距离法、最大-最小法、相关系数法、数量积法等，这里采用相关系数法。r_{ij} 越大，相关性越强。计算公式为

$$r_{ij} = \frac{\sum_{k=1}^{m}\left(x_{ik}-\overline{x_i}\right)\left(x_{jk}-\overline{x_j}\right)}{\sqrt{\sum_{k=1}^{m}\left(x_{ik}-\overline{x_i}\right)^2}\sqrt{\sum_{k=1}^{m}\left(x_{jk}-\overline{x_j}\right)^2}} \tag{9.1}$$

其中，$\overline{x_i} = \frac{1}{m}\sum_{k=1}^{m}x_{ik}$；$\overline{x_j} = \frac{1}{m}\sum_{k=1}^{m}x_{jk}$。

根据式(9.1)可计算表 9.11 中各理化指标的相关系数，得到表 9.12。

表 9.12　各项理化指标相关系数

指标	含水量	pH	NO_3^-含量	Cl^-含量	SO_4^{2-}含量	HCO_3^-含量	Ca^{2+}含量	Mg^{2+}含量	K^+含量	Na^+含量	含盐量	电导率
含水量	1.00											
pH	−0.45	1.00										
NO_3^-含量	−0.41	0.48	1.00									
Cl^-含量	0.19	0.17	0.50	1.00								
SO_4^{2-}含量	−0.18	0.30	0.79	0.74	1.00							
HCO_3^-含量	0.26	0.53	0.48	0.46	0.27	1.00						
Ca^{2+}含量	−0.20	0.27	0.75	0.71	0.99	0.16	1.00					
Mg^{2+}含量	0.17	0.13	0.44	0.98	0.72	0.32	0.71	1.00				
K^+含量	0.18	0.17	0.49	1.00	0.74	0.43	0.71	0.99	1.00			
Na^+含量	0.19	0.20	0.54	0.99	0.76	0.52	0.71	0.95	0.99	1.00		
含盐量	0.16	0.20	0.55	1.00	0.78	0.46	0.75	0.97	1.00	1.00	1.00	
电导率	0.15	0.20	0.55	1.00	0.80	0.44	0.77	0.98	1.00	0.99	1.00	1.00

将表 9.12 中理化指标的相关系数以 0.70 为标准，可将以上 12 项理化指标分为 4 类，聚类谱系图如图 9.2 所示。

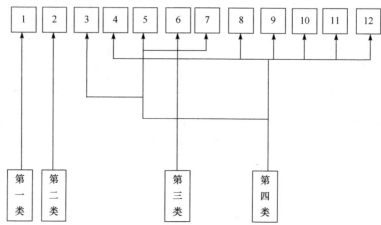

图 9.2　土壤腐蚀因素聚类谱系图

第一类：含水量。

第二类：pH。

第三类：HCO_3^- 含量。

第四类：NO_3^- 含量、Cl^- 含量、SO_4^{2-} 含量、Ca^{2+} 含量、Mg^{2+} 含量、K^+ 含量、Na^+ 含量、含盐量、电导率。

通过聚类结果并结合腐蚀经验，在上述理化指标中选取 Cl^- 含量、NO_3^- 含量、SO_4^{2-} 含量、含盐量、电导率、含水量、HCO_3^- 含量、pH 等 8 项作为土壤腐蚀评价的主要选择参数。

根据 X70 钢和 Q235 钢在我国不同土壤地区埋片 1 年的平均腐蚀速率结果，对影响两种材料在不同地区的主要因素顺序，采用灰关联的分析方法进行了计算，计算过程如下：

$$Y_i = \frac{X_i(k)}{\frac{1}{m}\sum_{k=1}^{m} X_i(k)} \quad i=1, 2, 3, \cdots, n; \ k=1, 2, 3, \cdots, m \tag{9.2}$$

其中，Y_i 为各子因素的均值化数列；$X_i(k)$ 为子因素系列。

$$Y_0 = \frac{X_0(k)}{\frac{1}{m}\sum_{k=1}^{m} X_0(k)} \quad k=1, 2, 3, \cdots, m \tag{9.3}$$

其中，Y_0 为各母因素的均值化数列；$X_0(k)$ 为母因素系列。

根据式(9.2)和式(9.3)对土壤因素及各评价指标进行均值化处理得到表 9.13。

表 9.13　各项理化指标相关系数

采土地点	含水量	pH	NO_3^-含量	Cl^-含量	SO_4^{2-}含量	HCO_3^-含量	含盐量	电导率	平均腐蚀速率	
									X70	Q235
库尔勒	0.1907	1.1040	1.9381	0.2587	2.6537	0.4562	0.5770	0.6672	0.9054	0.3965
沈阳	0.9477	1.0367	0.2170	0.0015	0.0434	0.7104	0.0147	0.0115	1.2387	0.7136
格尔木	1.2218	1.0578	1.6778	5.1720	2.9939	1.2970	4.8026	4.8159	0.9031	0.4984
鹰潭	1.1130	0.5883	0.0868	0.0015	0.0054	0.0652	0.0029	0.0049	2.9186	3.7607
大港	1.2879	1.1053	1.2872	1.5524	0.9254	2.2681	1.5097	1.3917	1.0141	0.3851
拉萨	0.4240	1.1317	1.7356	0.0118	0.2829	1.2318	0.0686	0.0822	0.0101	0.8156
成都	1.8149	0.9761	0.0579	0.0022	0.0953	0.9711	0.0245	0.0267	0.0102	0.4304

$$f_i = \frac{1}{m}\sum_{k=1}^{m}\xi_i(k)\quad i=1,2,3,\cdots,n;\qquad k=1,2,3,\cdots,m \tag{9.4}$$

其中，f_i 为子因素与母因素的灰关联度。f_i 越大则影响力越大。

由式(9.4)可计算各环境因素与平均腐蚀速率的灰关联度，见表 9.14。

表 9.14　各环境因素与 X70 钢平均腐蚀速率的灰关联度

灰关联度	含水量	pH	NO_3^-含量	Cl^-含量	SO_4^{2-}含量	HCO_3^-含量	含盐量	电导率
f_i	0.7587	0.7923	0.7051	0.7078	0.7045	0.6942	0.7230	0.7320

由表 9.14 可得，各因素对 X70 钢平均腐蚀速率的影响顺序为：pH>含水量>电导率>含盐量>Cl^-含量>NO_3^-含量>SO_4^{2-}含量>HCO_3^-含量。通过类似的方法可以求得影响 Q235 钢的各环境因素与平均腐蚀速率的灰关联度，见表 9.15。

表 9.15　各环境因素与 Q235 钢平均腐蚀速率的灰关联度

灰关联度	含水量	pH	NO_3^-含量	Cl^-含量	SO_4^{2-}含量	HCO_3^-含量	含盐量	电导率
f_i	0.7713	0.8014	0.7150	0.7165	0.7000	0.7023	0.7320	0.7416

由表 9.15 可得各因素对 Q235 钢平均腐蚀速率影响顺序为：pH>含水量>电导率>含盐量>Cl^-含量>NO_3^-含量>HCO_3^-含量>SO_4^{2-}含量。

采用层次分析方法对上述影响 X70 钢和 Q235 钢全面腐蚀各因素的权重进行计算，以 X70 钢为例，其计算过程简单表示如下。

(1) 建立比较矩阵。

在上面计算中已经确定各因素重要性序列，按照序列可以得到比较矩阵 A_{ij}，

各因素对 X70 钢平均腐蚀速率影响顺序为：pH>含水量>电导率>含盐量>Cl⁻含量>

NO_3^- 含量>SO_4^{2-} 含量>HCO_3^- 含量。

$$A = \begin{bmatrix} & x_1 & x_2 & x_3 & x_4 & x_5 & x_6 & x_7 & x_8 & r_i \\ x_1 & 1 & 0 & 2 & 2 & 2 & 2 & 2 & 2 & 13 \\ x_2 & 2 & 1 & 2 & 2 & 2 & 2 & 2 & 2 & 15 \\ x_3 & 0 & 0 & 1 & 0 & 2 & 2 & 0 & 0 & 5 \\ x_4 & 0 & 0 & 2 & 1 & 2 & 2 & 0 & 0 & 7 \\ x_5 & 0 & 0 & 0 & 0 & 1 & 2 & 0 & 0 & 3 \\ x_6 & 0 & 0 & 0 & 0 & 0 & 1 & 0 & 0 & 1 \\ x_7 & 0 & 0 & 2 & 2 & 2 & 2 & 1 & 0 & 9 \\ x_8 & 0 & 0 & 2 & 2 & 2 & 2 & 2 & 1 & 11 \end{bmatrix} \tag{9.5}$$

其中，x_1、x_2、x_3、$\cdots$、x_8 分别为含水量、pH、NO_3^- 含量、Cl⁻含量、SO_4^{2-} 含量、HCO_3^- 含量、含盐量、电导率。

A_{ij} 表示第 i 因素与第 j 因素相对比的重要性，第 i 因素比第 j 因素重要为 2；第 i 因素和第 j 因素同样重要为 1；第 i 因素没有第 j 因素重要则为 0。r_i 为重要性排序指数，$r_i = \sum_{i=1}^{n} A_i$。

(2) 构造判断矩阵 B_{ij}。

对每组因素构成判断矩阵，其元素 b_{ij} 遵循以下算子：

$$b_{ij} = \begin{cases} \dfrac{r_i - r_j}{r_{\max} - r_{\min}}(k_m - 1) + 1, & r_i \geqslant r_j \\[4mm] \left[\dfrac{r_j - r_i}{r_{\max} - r_{\min}}(k_m - 1) + 1 \right]^{-1}, & r_i < r_j \end{cases} \tag{9.6}$$

其中，$r_{\max} = \max\{r_i\}$；$r_{\min} = \min\{r_i\}$；$k_m = \dfrac{r_{\max}}{r_{\min}}$。

$$B = \begin{bmatrix} 1 & 1/3 & 9 & 7 & 11 & 13 & 5 & 3 \\ 3 & 1 & 11 & 9 & 13 & 15 & 7 & 5 \\ 1/9 & 1/11 & 1 & 1/3 & 3 & 5 & 1/5 & 1/7 \\ 1/7 & 1/9 & 3 & 1 & 5 & 7 & 1/3 & 1/5 \\ 1/11 & 1/13 & 1/3 & 1/5 & 1 & 3 & 1/7 & 1/9 \\ 1/13 & 1/15 & 1/5 & 1/7 & 1/3 & 1 & 1/9 & 1/11 \\ 1/5 & 1/7 & 5 & 3 & 7 & 9 & 1 & 1/3 \\ 1/3 & 1/5 & 7 & 5 & 9 & 11 & 3 & 1 \end{bmatrix} \tag{9.7}$$

(3) 求判断矩阵 B_{ij} 的传递矩阵 C_{ij} 和传递矩阵 C_{ij} 的最优传递矩阵 D_{ij}。传递矩阵 C_{ij} 的元素：$c_{ij} = \lg b_{ij}$；传递矩阵 C_{ij} 的最优传递矩阵 D_{ij} 的元素：

$$d_{ij} = \frac{1}{n} \sum_{k=1}^{n} \left(c_{ik} - c_{jk} \right) \tag{9.8}$$

(4) 求判断矩阵 B_{ij} 的拟优一致矩阵 B'_{ij}。

$$b'_{ij} = 10^{d_{ij}} \tag{9.9}$$

$$B' = \begin{bmatrix} 1 & 0.6214 & 8.6457 & 5.0233 & 14.5684 & 23.4457 & 2.9002 & 1.6851 \\ 1.6094 & 1 & 13.9139 & 8.0842 & 23.4457 & 37.7324 & 4.6674 & 2.7118 \\ 0.1175 & 0.0719 & 1 & 0.5810 & 1.6851 & 2.7119 & 0.3355 & 0.1949 \\ 0.1991 & 0.1237 & 1.7211 & 1 & 2.9002 & 4.6674 & 0.5774 & 0.3355 \\ 0.0686 & 0.0427 & 0.5934 & 0.3448 & 1 & 1.6093 & 0.1991 & 0.1157 \\ 0.0427 & 0.0265 & 0.3687 & 0.2142 & 0.6241 & 1 & 0.1237 & 0.0719 \\ 0.3448 & 0.2143 & 2.9811 & 1.7320 & 5.0233 & 8.0842 & 1 & 0.5810 \\ 0.5935 & 0.3688 & 5.1308 & 2.9811 & 8.6457 & 13.9139 & 1.7211 & 1 \end{bmatrix} \tag{9.10}$$

(5) 计算权重。

$$M_i = \prod_{i=1}^{n} d_{ij} \tag{9.11}$$

$$\overline{W}_i = \sqrt[n]{M_i} \tag{9.12}$$

对 M_i 的标准化，有

$$W_i = \frac{\overline{W}_i}{\sum\limits_{i=1}^{n} \overline{W}_i} \tag{9.13}$$

按照上式可计算得到各因素的权重向量：

$$R_{\mathrm{w}} = \left\{ \begin{array}{ccccccccc} & x_1 & x_2 & x_3 & x_4 & x_5 & x_6 & x_7 & x_8 \\ W_i & 0.2517 & 0.4050 & 0.0291 & 0.0501 & 0.0173 & 0.0107 & 0.0868 & 0.1493 \end{array} \right\} \tag{9.14}$$

X70 钢土壤腐蚀性主要影响因素的权重见表 9.16。

表 9.16　X70 钢土壤腐蚀性主要影响因素的权重

指标	权重	指标	权重
pH	0.405	Cl⁻含量	0.0501
含水量	0.2517	NO_3^- 含量	0.0291
电导率	0.1493	SO_4^{2-} 含量	0.0173
含盐量	0.0868	HCO_3^- 含量	0.0107

影响 Q235 钢全面腐蚀主要因素的顺序计算过程和结果如下。

(1) 建立比较矩阵。

各因素对 Q235 钢平均腐蚀速率影响顺序为：pH>含水量>电导率>含盐量>Cl⁻含量> NO_3^- 含量>HCO_3^- 含量>SO_4^{2-} 含量。

$$A=\begin{bmatrix} & x_1 & x_2 & x_3 & x_4 & x_5 & x_6 & x_7 & x_8 & r_i \\ x_1 & 1 & 0 & 2 & 2 & 2 & 2 & 2 & 2 & 13 \\ x_2 & 2 & 1 & 2 & 2 & 2 & 2 & 2 & 2 & 15 \\ x_3 & 0 & 0 & 1 & 0 & 2 & 2 & 0 & 0 & 5 \\ x_4 & 0 & 0 & 2 & 1 & 2 & 2 & 0 & 0 & 7 \\ x_5 & 0 & 0 & 0 & 0 & 1 & 0 & 0 & 0 & 1 \\ x_6 & 0 & 0 & 0 & 0 & 2 & 1 & 0 & 0 & 3 \\ x_7 & 0 & 0 & 2 & 2 & 2 & 2 & 1 & 0 & 9 \\ x_8 & 0 & 0 & 2 & 2 & 2 & 2 & 2 & 1 & 11 \end{bmatrix} \quad (9.15)$$

其中，x_1、x_2、x_3、$\cdots$、x_8 分别为含水量、pH、NO_3^- 含量、Cl⁻含量、SO_4^{2-} 含量、HCO_3^- 含量、含盐量、电导率。

(2) 构造判断矩阵 B_{ij}。

$$B=\begin{bmatrix} 1 & 1/3 & 9 & 7 & 13 & 11 & 5 & 3 \\ 3 & 1 & 11 & 9 & 15 & 13 & 7 & 5 \\ 1/9 & 1/11 & 1 & 1/3 & 5 & 3 & 1/5 & 1/7 \\ 1/7 & 1/9 & 3 & 1 & 7 & 5 & 1/3 & 1/5 \\ 1/13 & 1/15 & 1/5 & 1/7 & 1 & 1/3 & 1/9 & 1/11 \\ 1/11 & 1/13 & 1/3 & 1/5 & 3 & 1 & 1/7 & 1/9 \\ 1/5 & 1/7 & 5 & 3 & 9 & 7 & 1 & 1/3 \\ 1/3 & 1/5 & 7 & 5 & 11 & 9 & 3 & 1 \end{bmatrix} \quad (9.16)$$

(3) 求判断矩阵 B_{ij} 的传递矩阵 C_{ij} 和传递矩阵 C_{ij} 的最优传递矩阵 D_{ij}。

(4) 求判断矩阵 B_{ij} 的拟优一致矩阵 B'_{ij}。

$$
B' = \begin{bmatrix}
1 & 0.6214 & 8.6457 & 5.0233 & 23.4459 & 14.5685 & 2.9002 & 1.6851 \\
1.6094 & 1 & 13.9139 & 8.0842 & 37.7327 & 23.4458 & 4.6674 & 2.7118 \\
0.1175 & 0.0719 & 1 & 0.5810 & 2.7119 & 1.6851 & 0.3355 & 0.1949 \\
0.1991 & 0.1237 & 1.7211 & 1 & 4.6674 & 2.9002 & 0.5774 & 0.3355 \\
0.0427 & 0.0265 & 0.3687 & 0.2142 & 1 & 0.6214 & 0.1991 & 0.0719 \\
0.0686 & 0.0427 & 0.5934 & 0.3448 & 1.6093 & 1 & 0.1991 & 0.1157 \\
0.3448 & 0.2143 & 2.9811 & 1.7320 & 8.0842 & 5.0233 & 1 & 0.5810 \\
0.5935 & 0.3688 & 5.1308 & 2.9811 & 13.9139 & 8.6357 & 1.7211 & 1
\end{bmatrix}
$$

$$\text{(9.17)}$$

(5) 计算权重。

各因素的权重向量：

$$
R_{\mathrm{w}} = \left\{ \begin{array}{cccccccc}
x_1 & x_2 & x_3 & x_4 & x_5 & x_6 & x_7 & x_8 \\
W_i \quad 0.2517 & 0.4050 & 0.0291 & 0.0501 & 0.0107 & 0.0173 & 0.0868 & 0.1493
\end{array} \right\}
$$

$$\text{(9.18)}$$

Q235 钢土壤腐蚀性主要影响因素的权重见表 9.17。

表 9.17　Q235 钢土壤腐蚀性主要影响因素的权重

指标	权重	指标	权重
pH	0.405	Cl^-含量	0.0501
含水量	0.2517	NO_3^-含量	0.0291
电导率	0.1493	HCO_3^-含量	0.0173
含盐量	0.0868	SO_4^{2-}含量	0.0107

由上述试验结果可以看出，这八种要素对 X70 钢和 Q235 钢平均腐蚀速率的影响权重差别不是很大，而且从计算结果也可以看出，在土壤腐蚀因素的 Cl^-、NO_3^-、HCO_3^-、SO_4^{2-} 四种阴离子中，后三者对腐蚀速率的影响占比很小。同时，根据专家意见和工程检测人员的意见，考虑到现场操作的可行性和便捷性，在四种阴离子中只考虑了 Cl^-的影响，相应地又增加了管地电位、氧化还原电位和土壤质地三个因素作为评价腐蚀性的检测要素。于是对上述腐蚀数据又进行了整理，整理结果见表 9.18。

表 9.18　X70 和 Q235 钢在不同土壤中的数据汇总

采样地点	土壤电阻率/(Ω·m)	氧化还原电位/mV	含水量/%	管地电位/mV	含盐量/%	pH	土壤质地	Cl⁻含量/%	腐蚀速率/[g/(dm²·a)]	
									X70	Q235
广州	980	478	30.3	−607	0.012	6.6	中壤土	0.0004	6.24	
广州	980	489	26.3	−672	0.027	6.2	中壤土	0.0003		5.86
鹰潭	>628	330	22.35	−651	0.0064	3.95	中壤土	0.0011	10.06	
鹰潭	>628	353	20.3	−520	0.0078	4.75	中壤土	0.0008		6.26
格尔木	22.5	448	22.6	−420	9.5	8.25	砂土	6.78	1.12	
格尔木	28.5	412	15.78	−470	5.3	8.39	砂土	11.34		1.59
大庆	11.8	11	25.36	−620	0.195	8.8	黏土	0.024	4.52	
大庆	11.8	15	33.5	−720	0.178	9.8	黏土	0.014		6.75
大港	0.13	498	24.3	−525	2.193	8.7	砂土	1.734	3.65	
大港	0.25	465	30.3	−625	2.893	9.1	砂土	1.501		4.12
成都	15.4	543	21.3	−650	0.354	8.3	重壤土	0.0001	4.87	
成都	12.4	543	21.3	−720	0.423	9.8	重壤土	0.0003		5.42
库尔勒	69.2	558	10.4	−561	0.780	9.28	砂土	0.0213	5.56	
库尔勒	69.2	56.5	15.0	−501	0.745	8.95	砂土	0.0152		11.29
深圳站	457	468	32.3	−710	0.018	6.1	中壤土	0.0002	8.61	
深圳站	465	482	25.3	−650	0.024	6.5	中壤土	0.0003		9.89
沈阳	33.5	529	29.8	−633	0.045	9.0	轻黏土	0.0006	3.25	
沈阳	39.3	556	23.4	−700	0.056	9.4	轻黏土	0.0008		3.85

对表 9.18 中的数据采用与上面同样的方法进行计算，各个因素最终权重大小的计算结果见表 9.19。

表 9.19　影响土壤腐蚀性主要因素的权重

指标	权重	指标	权重
pH	0.2048	Cl⁻含量	0.0476
含水量	0.1714	管地电位	0.1619
电阻率	0.1429	氧化还原电位	0.1095
含盐量	0.0952	土壤质地	0.0667

9.4.2　埋地钢质管道环境腐蚀性八因素评价方法的建立

对土壤电阻率、含水量、土壤 pH、土壤质地、氧化还原电位、管地电位、含盐量和 Cl⁻含量等因素分别进行现场和室内检测，并根据表 9.18 对每一项检测指标进行打分并记为 $N1$，$N2$，$\cdots$，$N8$，然后将以上各分值加和求出总分值 N，并根据 N 值大小对土壤腐蚀性进行评价，其腐蚀性等级评价指标见表 9.20 和表 9.21。

表 9.20　土壤腐蚀性评价指标

序号	检测指标	数值范围	评价分数 N_i ($i = 1, 2, 3, \cdots, 8$)
1	土壤电阻率 /($\Omega \cdot m$)	<20	4.5
		20~50	3
		>50	0
2	氧化还原电位 (vs. NHE)/mV	<100	3.5
		100~200	2.5
		200~400	1
		>400	0
3	管地电位 (vs. CSE)/mV	<−550	5
		−550~−450	3
		−450~−300	1
		>−300	0
3	pH	<4.5	6.5
		4.5~5.5	4
		5.5~9.0	2
		9.0~8.5	1
		>8.5	0
4	土壤质地	砂土(强)	2.5
		壤土(轻、中、重壤土)	1.5
		黏土(轻黏土、黏土)	0
5	土壤含水量/%	12~25	5.5
		25~30 或 10~12	3.5
		30~40 或 7~10	1.5
		>40 或<7	0

续表

序号	检测指标	数值范围	评价分数 N_i $(i = 1, 2, 3, \cdots, 8)$
7	土壤含盐量/%	>0.75	3
		0.1～0.75	2
		0.05～0.15	1
		<0.05	0
8	土壤 Cl⁻含量/%	>0.05	1.5
		0.01～0.05	1
		0.005～0.01	0.5
		<0.005	0

表 9.21　土壤腐蚀性等级分类及评判指标

N 值	土壤腐蚀性等级
$19 < N \leqslant 30$	强
$11 < N \leqslant 19$	中
$5 < N \leqslant 11$	弱
$0 \leqslant N \leqslant 5$	较弱

注：$N = N_1 + N_2 + N_3 + N_4 + N_5 + N_6 + N_7 + N_8$。

9.4.3　库尔勒和鹰潭土壤腐蚀性评价

根据上述建立的检测评价方法，对 X70 钢和 Q235 钢在我国库尔勒土壤和鹰潭典型土壤中的腐蚀性进行了评价，其结果分别见表 9.22 和表 9.23。

表 9.22　库尔勒土壤腐蚀性评价

X70 钢			Q235 钢		
指标	数值	得分	指标	数值	得分
土壤电阻率	69.2	0	土壤电阻率	39.6	0
氧化还原电位	558	0	氧化还原电位	56.5	3.5
含水量	10.4	3.5	含水量	15.0	5.5
管地电位	-561	5	管地电位	-501	5
含盐量	0.780	3	含盐量	0.745	2

续表

X70 钢			Q235 钢		
指标	数值	得分	指标	数值	得分
pH	9.28	0	pH	8.95	0
土壤质地	砂土	2.5	土壤质地	砂土	2.5
Cl⁻含量	0.0213	1.5	Cl⁻含量	0.0152	1
总分	14.5		总分	19.5	
腐蚀等级	中		腐蚀等级	强	
腐蚀速率	5.56		腐蚀速率	11.29	

表 9.23　鹰潭土壤腐蚀性评价

X70 钢			Q235 钢		
指标	数值	得分	指标	数值	得分
土壤电阻率	>628	0	土壤电阻率	>628	0
氧化还原电位	330	1	氧化还原电位	353	1
含水量	22.35	5.5	含水量	20.3	5.5
管地电位	−651	5	管地电位	−520	3
含盐量	0.0064	0	含盐量	0.0078	0
pH	3.95	6.5	pH	4.75	4
土壤质地	中壤土	1.5	土壤质地	中壤土	1.5
Cl⁻含量	0.0011	0	Cl⁻含量	0.0008	0.5
总分	19.5		总分	15.5	
腐蚀等级	强		腐蚀等级	中	
腐蚀速率	10.06		腐蚀速率	6.26	

　　从以上 X70 钢和 Q235 钢在库尔勒土壤中腐蚀性的评价结果可以看出，X70 钢在该土壤中的腐蚀性达到了中级，而 Q235 钢在该土壤中的腐蚀性更高一些，腐蚀级别为强。鹰潭土壤对 X70 钢比对 Q235 钢具有更强的腐蚀性，这一点值得引起注意。

　　根据上述评价方法对我国部分地区的土壤腐蚀性进行了验证，同时也对该评价方法进行校正。采用的数据见表 9.24，该表中的评价级别是根据德国 DIN 50929

方法进行的，因此评价结果较为可靠，权威性较高。于是，采用作者课题组建立的方法进行评价并与其比较，以考察方法的正确性、准确性和可靠性。

从评价结果可以看出，该评价体系能较好地与实际评价结果相吻合。

表 9.24　部分地区土壤腐蚀性评价与验证

项目	宝 301	宝 3	马 2	焉 2	红浅	克浅
土壤电阻率/($\Omega \cdot$ m)	19.72	9.36	9.42	2.83	90.43	9.04
含水量%	39.3	34.1	饱和	31.9	1.92	2.57
pH	8.61	8.31	9.89	9.73	8.57	8.62
容重/(g/cm³)	1.66	1.7		1.72		
土壤温度/℃	22.0	18.5	21.5	22.5		
腐蚀电位/mV	−515	−484	−489	−488	−626	−565
氧化还原电位(*vs.* SHE)/mV	366	353	344	350	134.4	143.4
含盐量/%	4.46	2.19	0.56	3.54		
总酸度/ppm	0.50	0.35	0.37	0.54		
总碱度/ppm	2.37	5.80	3.57	2.33		
H$_2$S 和硫化物含量	无	无		无		
Cl⁻含量/(mg/kg)	9177	1744	211.58	8136.6	0.11	1.24
SO$_4^{2-}$ 含量/(mg/kg)	211.1	75.21	35.67	181.66		
Ca^{2+}含量/(mg/kg)	6690	2470	1350	6010		
评价级别	中等	中等	中等	中等	中等	中等
本方法评价	中等	中等	中等	强	中等	中等

注：1ppm=10⁻⁶

某地的现场检测数据，这些数据也是根据 DIN 方法进行的评价，检测数据见表 9.25。

表 9.25　部分地区土壤腐蚀性评价与验证

指标	香 1	香 2	香 3	拱 1	拱 2	拱 3	吉 1	吉 2	吉 3	平均值
土壤电阻率 /($\Omega \cdot$ cm)	10576	10672	7984	10576	6280	5652	6280	6280	5652	7772
氧化还原电位(*vs.* SHE)/mV	212	241	310	389	413	411	331	321	311	327

续表

指标	香 1	香 2	香 3	拱 1	拱 2	拱 3	吉 1	吉 2	吉 3	平均值
含水量/%	9.56	8.89	8.64	12.55	19.57	16.45	9.76	8.93	8.97	9.39
含盐量/(mg/kg)	66	73	74	81	113	151	738	579	470	261
Cl^-含量/(mmol/kg)	0.504	0.507	0.641	1.014	2.225	1.012	0.507	1.142	1.103	0.962
SO_4^{2-}含量/(mol/kg)	0.754	0.856	0.794	0.703	0.531	1.797	11.25	8.41	6.74	3.537
硫化物含量/(mg/kg)	0.1	0.2	0.1	0.4	0.2	0.4	0.6	0.3	0.2	0.3
总碱度/%	1.56	1.45	1.36	1.90	1.61	1.54	1.91	1.25	1.23	1.53
pH	5.2	5.2	5.2	5.4	5.4	5.2	5.3	5.2	5.4	5.3

根据德国 DIN 50929 标准对上述土壤的检测数据进行打分，同时也对上述数据采用提出的方法进行评价并比较，结果见表 9.26。

表 9.26　现场腐蚀数据检测评价结果

序号	检测项目	类型或数量	评分(DIN)Z	评分(本方法)
1	土壤质地	混合型	$Z_1=-2$	0
2	土壤电阻率/(Ω·cm)	7772	$Z_2=0$	0
3	含水量/%	11.26	$Z_3=0$	3.5
4	pH	5.2	$Z_4=-1$	4
5	总碱度/%	1.53	$Z_5=0$	3
6	硫化物(S^{2-})含量/(mg/kg)	0.3	$Z_6=0$	
7	中性盐含量/(mmol/kg)	263	$Z_7=-4$	
8	硫酸盐(SO_4^{2-})含量/(mol/kg)	0.3537	$Z_8=0$	
9	管线埋设深度地下水位	地下水时有时无	$Z_9=-2$	
10	水平方向土壤均匀性	均匀		
11	垂直方向土壤均匀性	均匀		
12	管地电位(vs. CSE)/V	−0.47～−0.78		3～5
13	氧化还原电位(vs. SHE)/mV	326		1
14	Cl^-含量/(mmol/kg)	0.962		0
总分			$B_0=-9$	14.5～16.5
腐蚀性等级			中等	中等
备注		$B_0=Z_1+Z_2+Z_3+Z_4+Z_5+Z_6+Z_7+Z_8+Z_9$		

　　根据 DIN 50929 评价标准可以看出，该地区土壤腐蚀性为中等，而根据作者课题建立的方法，腐蚀性评价等级也为中等，两个评价结果具有良好的一致性。

9.5　结　语

　　在获得的大量现场土壤数据基础上，通过聚类分析方法确定了影响土壤腐蚀性的主要因素，并通过灰关联和层次分析方法对各主要影响因素的权重进行了计算，在此基础上结合专家意见和工程实践需要，建立了"土壤环境腐蚀性的野外试验八因素评价"方法。对该方法进行验证表明，与 DIN 50929 方法评价结果基本一致，所建立的研究方法具有较高的可信度和准确性。与 DIN 50929 和 ANSI A21.5 相比，本方法适用的材料范围更广泛，更加适用于我国的土壤情况，具有检测要素少、操作简单、现场可行性强、适用范围广等优点。存在的主要问题，一是土壤类型主要针对鹰潭酸性和库尔勒碱性土壤，其他土壤类别，尤其是与鹰潭酸性和库尔勒碱性土壤特性相差较远的土壤类别的适用性问题需要进一步探讨；二是对于更高级别的高强管线钢和其他金属材料，乃至高分子材料、陶瓷材料是否适用需进一步研究；三是各评价因素之间的相互关联性还需进一步明确，这样可以简化目前的评价要素，更便于现场操作。通过上述问题的研究，可以进一步修正与发展目前建立的"土壤腐蚀性八因素检测评价"方法，以便于现场操作并提高评估的准确性。

　　土壤环境因素的复杂性决定了仅通过野外现场试验无法获得系统的腐蚀理论研究成果。该项目采用了室内模拟腐蚀试验(试片超过 3 万件)研究、大数据建模计算仿真、现场试验数据定标三位一体新的研究方法，建立了跨越微观-介观-宏观尺度的腐蚀高通量原位测试、建模仿真、机器学习的材料腐蚀基因工程研究新模式。在获得海量多源异构土壤环境数据与室内外腐蚀数据基础上，确认了土壤电阻率、含水量、pH、质地、氧化还原电位、管地电位、含盐量和 Cl⁻含量等是诱发土壤局部腐蚀的 8 个关键环境因素，并建立了不同地域上述因素和腐蚀速率之间的定量关系，首次系统阐明了野外实土环境中金属腐蚀萌生与演化的八因素竞争耦合作用规律。采用腐蚀大数据新技术，首次建立了土壤环境腐蚀微纳米尺度萌生的亚稳态动力学过程的元胞自动机模拟仿真模型，阐明了扩散过程、蚀坑尺寸及蚀坑表面覆盖物对点蚀亚稳态—稳态转变的影响规律，从理论上证明了点蚀电流随时间变化的幂函数规律，与长期野外试验获得的规律一致。

第 10 章   土壤腐蚀室内试验与评价

要掌握材料土壤腐蚀规律、机理及其主要影响因素，必须进行野外现场实土埋样试验，但是由于现场影响因素太多，随时间变化也很复杂，加之土壤中生物和杂散电流的影响，要甄别出土壤中的主要影响因素及其作用机理是不可能的，现场试验数据仅是多因素复杂作用于材料土壤腐蚀综合结果的一个数据而已。要精准掌握材料土壤腐蚀规律、机理及其主要影响因素，必须进行土壤腐蚀室内试验。土壤腐蚀室内试验方法围绕土壤腐蚀的主要影响因素展开，各主要因素的作用效果及其相互间的交互作用是土壤腐蚀研究的重点，也是对各类土壤腐蚀性评价、分类和预测的基础。与野外现场埋设试验相比，室内模拟试验具有试验条件易于控制、参数测量精确、试验周期短的优点。但其局限性在于试验条件与实际条件差异较大，因此土壤室内试验与评价研究十分重要，只有通过室内试验，才能真正理清土壤腐蚀的机理和发生发展的本质原因。

土壤腐蚀室内试验可以在模拟实际自然环境条件的基础上，通过改变一个或多个腐蚀影响因素，使腐蚀环境更苛刻，这样可以在较短时间内获得材料的腐蚀倾向、腐蚀行为及相对耐蚀性的试验结果，从而快速评定材料的耐蚀性，并预测其长期腐蚀行为和使用寿命的试验方法。但是，土壤腐蚀室内试验的准确性需要利用野外实土埋样数据进行标定，而野外实土埋样数据就是为室内试验结果定标所用的。

本章试图探讨土壤腐蚀室内模拟试验和室内加速试验的有关基础性问题，重点探讨室内腐蚀电化学试验、与土壤腐蚀性评价的室内分级分类试验和与新型耐蚀材料开发相关的微区电化学试验的结果。

10.1   常用的土壤腐蚀室内试验

10.1.1   土壤腐蚀室内埋设试验

现场模拟试验是一种不加速的长周期试验，即在实验室小型模拟装置中，对自然界、工业生产中材料的介质及环境条件进行高精度模拟。也可以针对特殊介质条件进行试验，可以在不影响实际现场的条件下，进行材料在相关介质、环境中的腐蚀研究和预测；试验条件容易调控、检测和保持，试验结果可靠，数据具有良好的稳定性和重现性。然而，要在实验室中完全模拟现场条件是极为困难的，且现场模拟试验周期过长、费用较高。为了克服现场埋设及现场模拟试验周期过长的局限性，又开展了土壤腐蚀室内加速试验方法及相关性的研究，以期快速、准确地评价土壤的腐蚀性。

10.1.2　土壤腐蚀室内加速试验

腐蚀加速试验是一种人为控制试验条件而加速腐蚀的试验方法，力求在较短的时间内，确定金属材料发生某种腐蚀的倾向、材料的耐蚀性或介质侵蚀性强弱。制定和使用加速试验方法时必须了解各种因素对腐蚀过程的影响。一种恰当的加速试验方法应具有足够的"侵蚀性"和良好的"鉴别性"，其具体要求是：①加速条件下的腐蚀产物应与工作环境中的腐蚀产物相同；②反应机理应与实际发生的腐蚀机理相同或相似；③有较高的加速比，即在较短时间内达到的腐蚀效果可相当于实际环境中较长时间的效果。关于土壤腐蚀，目前常用的加速方法有：强化介质法、电偶加速法、电解失重法、间断极化法和冷热交替及干湿交替法。

理想的土壤腐蚀模拟加速试验方法是能在短时间内(几个星期或几天，最好能在几小时甚至几分钟内)得出材料或设备相当于在使用条件下运行若干年后的性能，但目前尚无完美的腐蚀加速试验方法，因为：①材料或设备的使用条件不固定，变化很大；②为了加速腐蚀作用，必须强化某些腐蚀因素时，就有可能会引起腐蚀机理和腐蚀产物改变的危险；③对腐蚀因素的强化，不同材料的反应是大不相同的。

1) 强化介质法

强化介质的土壤腐蚀加速试验方法是通过改变土壤介质的理化性质(如加入 Cl^-、SO_4^{2-}、Fe^{2+}、CO_2、空气等)来改变土壤腐蚀性，加速金属材料在土壤中的腐蚀。这种方法的优点是无外加电场影响，土壤溶液中的离子浓度基本可控，离子浓度的增大降低了土壤的电阻率，从而增强了土壤腐蚀性。但此方法的局限性在于离子浓度的提高改变了土壤的理化性质，增大腐蚀速率的同时其腐蚀机理、腐蚀产物等也会产生变化。

土壤中离子的种类很多，但除了 Fe^{2+} 影响腐蚀外，一般阳离子对腐蚀影响不大，只有阴离子如 Cl^-、CO_3^{2-}、NO_3^-、S^{2-}、SO_4^{2-} 等对金属的腐蚀影响大。Cl^- 和 SO_4^{2-} 能再生而残存在腐蚀孔内，能使缺氧部分金属表面附近的 Cl^- 和 SO_4^{2-} 富集，造成这部分金属表面的阳极电流密度和阴极电流密度不平衡，从而引起局部腐蚀的催化过程。Cl^- 对金属材料的钝性破坏很大，促进土壤腐蚀的阳极过程，并能渗透过金属腐蚀层，与铁反应生成可溶性腐蚀产物。SO_4^{2-} 对钢铁腐蚀有促进作用，对某些混凝土材料的腐蚀也是很显著的。对于铅的腐蚀，SO_4^{2-} 有抑制作用。S^{2-} 会与钢铁反应，生成硫化物，主要与硫酸盐还原菌的生命活动有关。对于非金属材料而言，不仅是阴离子，阳离子也有可能影响到腐蚀的进程，例如，对于混凝土试样，氯化钠和硫酸镁混合溶液的腐蚀速率要明显高于氯化钠和硫酸钠混合溶液。

土壤中不同离子对金属腐蚀的影响程度不同，土壤中的阴离子如 Cl^-、CO_3^{2-}、NO_3^-、S^{2-} 和 SO_4^{2-} 等对金属腐蚀影响较大。研究表明：随土壤中 Cl^- 含量增加，Q235 钢的腐蚀速率也增加，当 Cl^- 含量达到 0.5% 时，腐蚀速率达到最大，随后腐蚀速率随 Cl^- 含量增加而减小，当土壤中 Cl^- 含量大于 1% 时，接菌与灭菌土壤中 Q235 钢的腐蚀速率相差不大，当土壤中 Cl^- 含量小于 1% 时，接菌土壤中 Q235 钢的腐蚀速率明显高于灭菌土壤。其点蚀速率随土壤中 Cl^- 含量增加而增大，接菌土壤中的点蚀速率要大于灭菌土壤。在钢筋混凝土的土壤腐蚀中，土壤中的 Cl^- 通过在混凝土中扩散到达金属表面，破坏金属表面的 γ-Fe_2O_3 保护层，最终导致腐蚀的发生。

一般认为，在近中性溶液中，当 HCO_3^- 的浓度足够高时，钢的表面形成 $FeCO_3$ 膜，抑制了钢的进一步溶解，阻碍腐蚀中阳极过程的进行；同时 Cl^-、SO_4^{2-} 促进了 X70 钢的阴极析氢速率。在 NS4 溶液中，由于这两种离子的存在，其阴极极化电流密度要远大于 0.01mol/L $NaHCO_3$ 溶液中的值。

2) 电偶加速法

电偶加速法是利用贵金属和贱金属电偶对在土壤中的短接，组成电偶腐蚀电池，加大钢铁试片在土壤介质中的腐蚀速率。

试验方法为将试验钢与比其电位高的贵金属作为电偶进行短接，形成腐蚀电池，腐蚀电位较低的金属 M1 作为阳极加速溶解，腐蚀电位较高的金属 M2 作为阴极受到保护。影响电偶腐蚀加速效果的因素很复杂，必须考虑各因素间的相互作用，单纯用阴阳极面积比或自腐蚀电位高低判断加速效果并不准确。在电偶加速试验中，除了要考虑通常对单一金属腐蚀的影响因素外，还要考虑金属间的电位差、金属电极的极化行为、阴阳极面积比和电偶电路中的内阻外阻等因素。

利用碳-铁或铜-钢电偶对在土壤中的短接，组成电偶腐蚀电池，加大钢铁试片在土壤介质中的腐蚀速率，此方法的加速比很大。例如，采用铜-钢电偶对进行土壤腐蚀加速试验，在大庆地区土壤中，当铜-钢电偶对的面积比达 30：1 时，控制一定的温度、湿度条件，使钢的腐蚀在半年内达到或超过现场埋片 30 年的程度，加速比可达 183.4 倍。

影响电偶加速效果的因素很复杂，并且各个因素之间也存在相互作用，单纯地利用两片金属面积比或自腐蚀电位高低来判断加速效果是很不准确的。电偶腐蚀和浓差电池腐蚀的本质是相同的，都是利用金属在介质中形成宏电池来加速阳极材料或材料的阳极区腐蚀。其差异在于：电偶腐蚀多为介质中不同材料间的电位差造成的宏电池，而浓差电池一般为不同介质条件下，同种材料不同部位间的电位差所形成的宏电池。室内电偶腐蚀试验方法是在不改变土壤理化性质条件下加速腐蚀的有效方法，其优点是加速试验简便、易操作、加速比大，但由于引入了电偶电流的作用，对其土壤腐蚀行为有较大影响。

电偶加速腐蚀试验方法无法在很短的时间内对试样及土壤的腐蚀性能做出评价；主要腐蚀产物与户外埋片试样主要腐蚀产物相比，不仅结构较为致密，而且成分也较为接近；不过其重复试验并不具有很好的再现性，这是由土壤腐蚀试验的复杂性和离散性决定的。电偶加速试验虽然不能在很短时间内评测土壤腐蚀性和金属耐蚀性，但其应用范围广，且该方法得到了成分差异不大，组织相对致密且有分层现象的腐蚀产物。电偶加速的腐蚀速率在土壤含水量较低时更高，与野外埋片显示的结果大致吻合，因此这种加速方法的相关性较为理想。

3) 电解失重法

控制外加电流或电压、阴阳极面积比、阴阳极距离等条件使金属材料在土壤中电解，可以获得金属材料在不同土壤中腐蚀速率的极值。电解失重法的基本原理是：在研究电极和辅助电极间加以外电压，使其形成一个电解池，电源的正极接研究电极，负极接辅助电极。因此，其与电偶加速法不同，在外电源的作用下，研究电极的电位阳极极化即正移，而辅助电极阴极极化，外加电流的方向是从阳极(正极)流入，从阴极(负极)流出，在电解池内形成与电动势方向相同的电压降。在其他条件相同时，介质电阻和反应电阻数值越小，流动电极的电流也就越大。利用这种方法可以获得金属材料在不同土壤中腐蚀速率的极值。

在应用上，Corfield 提出了一种较为简单的套管试验方法，即将一段铁管埋在装有水分饱和土壤的金属锡容器中，在铁管和金属锡之间用蓄电池加 6V 的电压，铁管为此电解池的阳极。根据 24h 后铁管失重来表示土壤的腐蚀性。美国国家标准中提出，利用镀锌钢筒代替前面的金属锡，将直流稳压电源(电压 6V)的正极接试样，负极接镀锌钢筒，钢筒与试样间用含饱和水的被测土壤填满，进行电解失重试验，时间 24h。依据电解失重、电流密度的数值，给出了土壤腐蚀性的判别依据，将土壤的腐蚀性分为低、中、稍高、高、特高五个等级。

这种方法适用于多数土壤，但不能用于酸性土壤，因为此时阴极反应不仅取决于土壤中的氧扩散，也取决于析氢过程，在这样高的电压作用下，酸性土壤中将发生析氢反应。另外，这两种方法均使用饱和水作为腐蚀介质，虽然可以加快腐蚀速率和便于形成标准化操作，但脱离了大多数实际情况，再加上此时的电解腐蚀已大大改变了实际土壤中的腐蚀机理，因此模拟的相关性较差。

电解加速腐蚀试验方法具有显著的加速腐蚀性，可以在很短的时间内对试样造成很大的破坏；然而主要腐蚀产物与室外埋片试样的主要腐蚀产物相比，不仅结构十分疏松，而且从形貌到成分均相差甚远；动力学特征方面，由于整个电解时间太短,与野外试验结果几乎是没有可比性的;由于各个试验参数均易于控制,所以电解加速试验的重复试验被证明具有很好的再现性。电解加速试验是一种能够在很短时间内评测土壤腐蚀性(如果以土壤电导率作为唯一评价指标的话)和金属耐蚀性的方法,高效性和稳定性是其突出的优点,然而这种方法改变了野外埋片腐蚀的机理,也就得到了成分差异很大且组织十分疏松的腐蚀产物,加之电解加速的腐蚀速率随土壤含水量的升高而升高,这与野外埋片显示的结果刚好相反。因此,这种加速方法的室内外相关性极差。

4) 间断极化法

通过间歇式的外加电流极化,缩短腐蚀诱导期,使金属迅速进入活化区后停止极化,从而使腐蚀速率增大。日本的 Kasahara 等用反向方波对试样进行间断性极化,研究了 40 种土壤中,试件的极化阻力、极化电容、腐蚀电位等,并将试验结果与腐蚀失重、点蚀深度等基础腐蚀数据进行相关性研究。结果表明,金属/土壤界面间电化学回路的时间常数与点蚀因子之间有很好的相关性。

5) 环境加速试验

为克服传统加速试验方法所造成的种种麻烦,如材料和设备使用条件不固定,造成重复性差;介质强化或其他电化学方法易引起腐蚀机理的变化等,近来人们开发使用了环境加速试验方法。

土壤腐蚀加速试验箱是对土壤中试样进行加速试验的综合性多功能试验仪器,能够提供恒温、加水、通气、恒电流极化通电等控制方式,具有定时升温、降温,控制加水量、通气量,按不同的要求极化和断电自动补偿功能。根据加速试验方案,可设置连续的控制条件。在土壤加速腐蚀试验箱中,利用实际土壤,不引入其他离子,采用控制试验土壤的含水量、温度变化,适当通入空气,进行冷热交替和干湿交替来加速碳钢在土壤中的腐蚀速率。该方法没有改变土壤的性质,也不是在外力强制作用下进行,模拟了自然环境条件下不同季节的温度变化和昼夜更迭,同时还包括了土壤干裂后或强对流天气引起的空气扩散速度加快的作用,是一个不需通过外加电流来达到加速试验的方法。

通过模拟加速试验箱可以比较不同材料在土壤中的腐蚀速率,也可以比较不同类型土壤的腐蚀性的强弱,与相关的电化学测试系统配合可以进行相关的动力学和热力学参数的测定,从而研究土壤腐蚀的规律和机理。与其他加速试验相比,它具有不引入其他腐蚀性物质、不引入外来电流,不改变土壤腐蚀的动力学特征等特点。试验箱利用温度和压力传感器测量箱体内和土壤中的温度、含水量的变化,控制加热电路、加水装置、时间显示及排风系统,使土壤腐蚀在特定的介质条件下进行。系统组成为箱体与试验容器,包括 5 个试验容器,可同时实现 5 个平行试验,另外还有土壤温度测量和控制系统;含水量测量和控制系统;箱体内温度测量系统;自动通气系统;供电系统。其主要有三种工作模式:①恒温、恒湿工作模式；②恒温下干湿交替工作模式；③恒定含水量下温度交变工作模式。主要的控制参量有：土壤温度、箱体内温度、通气时间和加水量。加速腐蚀试验具有两种研究方法，一种方法是：加速腐蚀试验不必准确模拟户外腐蚀机理，但必须产生足够的加速腐蚀速率，且具有重复性，这种方法对于材料质量控制及等级评估是理想的。另一种方法是：考虑多种环境因子的组合影响，较准确模拟材料户外腐蚀行为，使户内外结果具有良好的相关性，这种方法是材料腐蚀寿命预测的依据。

10.2　土壤腐蚀室内电化学试验

10.2.1　土壤腐蚀室内埋样试验与结果

　　Q235 钢在不同含水量、不同温度大港土中，室内埋样 30 天后的腐蚀失重 (g/dm²)情况如图 10.1 所示。可以看出：在大港土中，Q235 钢单位面积腐蚀失重随温度升高而增加，相同温度下，10%含水量大港土中 Q235 钢的腐蚀失重最大，腐蚀失重随含水量增加逐渐降低，含水量到 20%后，随含水量增加，腐蚀失重变化不大，基本维持一个恒定值。在大港土中对 Q235、16Mn 和 X70 三个钢种进行了半年的埋样试验，也得到了相同的腐蚀速率分布情况：三种钢在含水量 10%的土壤中腐蚀最为严重，含水量 20%的土壤次之，而在含水饱和土壤中的腐蚀程度最轻。温度对 Q235 钢在大港土中腐蚀速率的影响很明显，对于 10%含水量大港土，其单位面积腐蚀失重由 20℃时的 0.835g/dm² 增加到 70℃时的 10.326g/dm²，不同温度下，腐蚀速率随含水量变化的规律却基本没有改变：腐蚀速率随含水量增加而降低，超过中等含水量(20%)后，其腐蚀速率基本维持在一个恒定值。从前

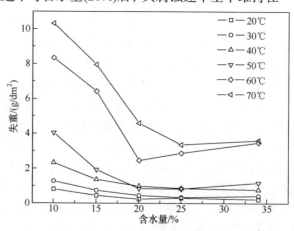

图 10.1　Q235 钢在不同温度、不同含水量大港土中 30 天的腐蚀失重

面的试验结果可以看出：降低含水量和提高温度都可以有效地加速 Q235 钢在大港滨海盐土中的腐蚀。由于大港地区地下水位较高，常年处于中、高含水量状态，这里以 Q235 钢在 20℃，20%、25%和 34%含水量条件下的腐蚀失重平均值 0.28g/dm² 为基准，获得实验室埋样试验中不同温度和含水量下 Q235 钢腐蚀的加速比，见表 10.1。

表 10.1　Q235 钢在实验室埋样试验中不同温度、不同含水量条件下的加速比

含水量/%	温度/℃					
	20	30	40	50	60	70
10	2.96	4.64	10.43	14.50	29.82	36.89
15	1.68	2.71	4.96	7.00	23.00	210.46
20	0.93	1.71	3.57	3.11	10.89	16.46
25	1.18	1.29	3.14	3.04	10.36	12.07
34	0.89	1.57	2.86	4.25	12.50	12.96

从表 10.1 中数据可以看出：在 20%～34%含水量条件下，当温度从 20℃提高到 70℃时可获得 0.89～16.46 倍的加速比；当含水量降低到 10%，温度提高到 70℃时，可获得 36.89 倍的加速比。

Q235 钢在不同温度，10%、20%和 34%含水量大港土中的宏观腐蚀形貌见图 10.2～图 10.4。从图 10.2 可以看出：在 10%含水量大港土中，经 20℃、30

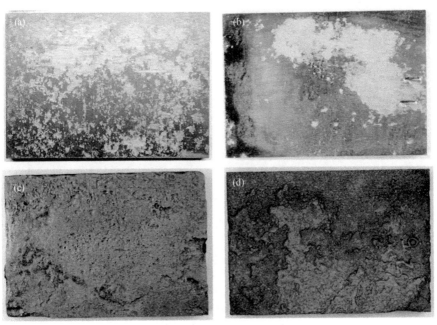

图 10.2　Q235 钢在不同温度 10%含水量大港土中的宏观腐蚀形貌
(a) 20℃；(b) 30℃；(c) 60℃；(d) 70℃

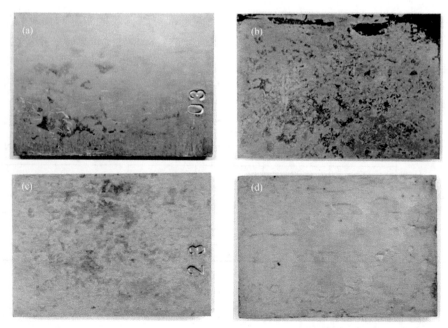

图 10.3　Q235 钢在不同温度 20%含水量大港土中的宏观腐蚀形貌

(a) 20℃；(b) 30℃；(c) 60℃；(d) 70℃

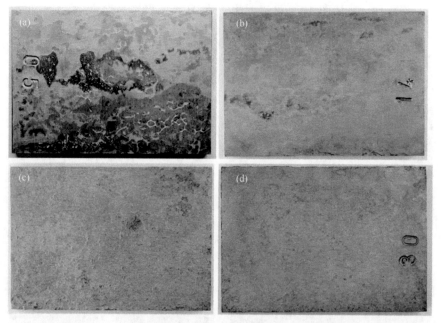

图 10.4　Q235 钢在不同温度 34%含水量大港土中的宏观腐蚀形貌

(a) 20℃；(b) 30℃；(c) 60℃；(d) 70℃

天埋样后，其主要以局部腐蚀为主，试样表面局部区域还保持原有的金属光泽，未遭受明显的腐蚀，这主要是由于土壤中含水量较低，在试样表面还未形成连续的液膜，在试样表面上有液膜的部位发生腐蚀，而在试样表面干燥部位则基本不发生腐蚀。随温度增加，局部腐蚀的面积和深度逐渐增大，在 50～70℃时，发展为全面的不均匀腐蚀，在试样表面上有深度较大的腐蚀凹坑。对低碳钢在库尔勒土壤中腐蚀行为的研究也得到了相一致的结论：碳钢的腐蚀程度随土壤温度升高而增大，在室温下呈局部腐蚀状态，随温度升高而逐渐向全面腐蚀过渡。

从图 10.3 可以看出，在 20%含水量大港土中，Q235 钢的腐蚀主要为均匀腐蚀，温度升高对腐蚀形貌影响不大。这主要是由于在 20%含水量条件下，试样表面形成了连续的液膜，试样表面的腐蚀以微电池腐蚀为主，在试样整个表面上均匀进行。在 34%含水量(水饱和)的大港土中，Q235 钢在不同温度下的腐蚀形貌与20%含水量条件下的基本一致(图 10.4)。

Q235 钢在含水量 10%、20%和 34%的大港土中，20℃、50℃和 70℃三种温度下腐蚀一个月后的微观形貌。在 20℃的埋样试验中，在 10%含水量土壤中的Q235 钢试样表面有许多大小不一的蚀坑，在 20%和 34%含水量条件下，试样表面比较平整，局部区域有尺寸较小的蚀坑存在。在 50℃和 70℃的埋样试验中，Q235 钢在 10%含水量土壤中的微观形貌表现为不均匀的全面腐蚀，试样表面个别区域的腐蚀程度较高，表现为较大面积的腐蚀凹坑，而在 20%和 34%这两种含水量土壤中，其主要表现为较为均匀的全面腐蚀，在试样表面上有少量的凹坑和蚀孔，试样表面粗糙程度要高于在 20℃相同含水量土壤中的。

对 Q235 钢在不同温度、不同含水量大港土中一个月的腐蚀产物进行微观观测，结果如图 10.5 所示。腐蚀产物的分析结果为：Q235 钢在不同温度、不同含水量大港滨海盐土中的腐蚀产物以 α-FeOOH 为主，其余的腐蚀产物，如 α-Fe$_2$O$_3$、γ-Fe$_2$O$_3$ 和 Fe$_3$O$_4$ 等多分布在 α-FeOOH 外，或呈块状分布在 α-FeOOH 基体上。由于针铁矿(α-FeOOH)是不导电相，当磁铁矿(Fe$_3$O$_4$)和赤铁矿(α-Fe$_2$O$_3$)、磁赤铁矿

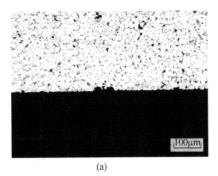
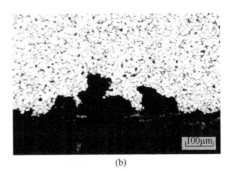

图 10.5   Q235 钢在不同温度、不同含水量大港土中一个月的腐蚀微观形貌
(a) 20℃ 10%含水量；(b) 70℃ 34%含水量

(γ-Fe$_2$O$_3$)等不直接与金属核心相接触时，阴极反应(O$_2$+2H$_2$O+4e$^-$══4OH$^-$)和阳极反应(Fe══Fe^{2+}+2e$^-$)发生在腐蚀产物/基体界面上，受溶解氧和介质 pH 的影响，新的腐蚀产物可以沉积在金属/腐蚀产物层界面或腐蚀产物开裂处。

在实验室埋样试验中，Q235 钢的腐蚀速率随温度升高而增加；同一温度下，Q235 钢在 10%含水量大港土中的腐蚀速率最大，腐蚀速率随含水量增加逐渐降低，含水量超过 20%后，腐蚀速率基本维持一个恒定值。

一个月的实验室埋样试验中，Q235 钢在 10%含水量大港土中的腐蚀以局部腐蚀为主，随温度升高，腐蚀形貌由局部腐蚀发展为不均匀的全面腐蚀；Q235 钢在 20%和 34%含水量大港土中的腐蚀为均匀腐蚀，温度升高对腐蚀形貌的影响不大。

Q235 钢在 10%含水量大港土中的腐蚀产物有明显的分层现象，内层腐蚀产物主要为 α-FeOOH，外层主要为 α-FeOOH、α-Fe$_2$O$_3$ 和 Fe$_3$O$_4$；在 20%和 34%含水量大港土中的腐蚀产物主要为 α-FeOOH，在 50℃和 70℃条件下，腐蚀产物中还有 α-Fe$_2$O$_3$、γ-Fe$_2$O$_3$ 和 Fe$_3$O$_4$ 的出现，这些产物多分布在 α-FeOOH 外，或呈不规则块状分布在 α-FeOOH 基体上；Q235 钢在 70℃、10%含水量大港土中的腐蚀产物与基体间有明显的缝隙，缝隙附近的腐蚀产物以 α-Fe$_2$O$_3$、γ-Fe$_2$O$_3$ 为主。Q235 钢在大港滨海盐土中腐蚀产物的形成机理是：Fe 基体首先阳极溶解生成 Fe^{2+}，Fe^{2+}与阴极反应生成物 OH$^-$反应生成 Fe(OH)$_2$，其在有氧的条件下氧化生成 FeOOH；在干燥条件下，部分 FeOOH 逐渐脱去水分形成 Fe$_2$O$_3$；在湿润条件下，FeOOH 在界面上参与阴极还原反应生成 Fe$_3$O$_4$。

10.2.2　浓度加速土壤腐蚀的电化学试验

土壤腐蚀是一个电化学过程，水是腐蚀发生的重要条件之一，通过模拟溶液中的电化学试验来研究土壤腐蚀行为与机理是土壤腐蚀研究的一个重要手段，相对于实土，模拟溶液中的试验条件更容易控制，外界影响相对较小。土壤溶液中的各种阴离子对金属材料腐蚀过程的影响是不同的，例如，Cl$^-$可以破坏金属材料表面生成的钝化膜，促进点蚀的生成；低浓度的 SO$_4^{2-}$ 可以促进腐蚀的发展，而较高浓度条件下则对腐蚀有一定的抑制作用；对于钢铁材料，其在较高浓度的 HCO$_3^-$溶液中容易出现钝化。表 10.2 是不同离子含量溶液的配比，旨在模拟大港土壤的腐蚀性。

表 10.2　不同溶液中主要阴离子含量

编号	主要阴离子及含量
1#	1.41% Cl$^-$
2#	1.41% Cl$^-$+0.08% SO$_4^{2-}$

编号	主要阴离子及含量
3#	1.41% Cl^-+0.16% SO_4^{2-}
4#	1.41% Cl^-+0.32% SO_4^{2-}
5#	1.41% Cl^-+0.16% SO_4^{2-}+0.01% HCO_3^-
6#	1.41% Cl^-+0.16% SO_4^{2-}+0.02% HCO_3^-
7#	1.41% Cl^-+0.16% SO_4^{2-}+0.04% HCO_3^-

多离子作用下的电化学试验主要考虑大港土中 Cl^-、SO_4^{2-}、HCO_3^- 共 3 种主要阴离子的作用，共 7 种溶液。各个编号的溶液中以 Cl^- 为主，依次添加不同含量的 SO_4^{2-}、HCO_3^-，研究加入不同阴离子后 Q235 钢电化学行为的差异。其中 6#溶液中的阴离子含量与大港实土中主要阴离子含量相同。Q235 钢在 1#~7#溶液中的极化曲线如图 10.6 所示，其相关动力学参数见表 10.3。

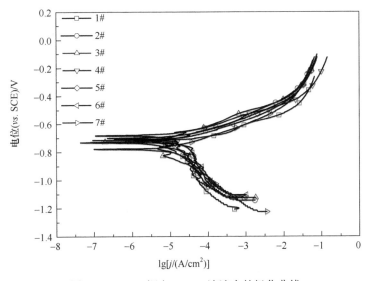

图 10.6　Q235 钢在 1#~7#溶液中的极化曲线

表 10.3　Q235 钢在 7 种溶液中的极化曲线相关参数

编号	腐蚀电位(vs. SCE)/mV	原电极电位(vs. SCE)/mV	阳极 Tafel 斜率 /(mV/dec)	阴极 Tafel 斜率 /(mV/dec)	腐蚀电流密度 /(μA/cm²)
1#	−642	−723	56.1	184.2	11.5
2#	−651	−734	65.1	436.4	15.4

续表

编号	腐蚀电位(vs. SCE)/mV	原电极电位(vs. SCE)/mV	阳极 Tafel 斜率 /(mV/dec)	阴极 Tafel 斜率 /(mV/dec)	腐蚀电流密度 /(μA/cm²)
3#	−637	−737	81.9	2010.2	17.5
4#	−635	−688	62.0	436.6	16.7
5#	−639	−706	62.2	5310.1	23.2
6#	−612	−715	64.4	394.0	17.5
7#	−730	−783	62.2	223.1	17.4

可以看出，相对于 1#溶液，2#和 3#溶液由于 SO_4^{2-} 的加入，Q235 钢的腐蚀电流密度增加，3#、4#、6#、7#溶液中的腐蚀电流密度相当。对于 5#溶液，少量 HCO_3^- 的加入促进了腐蚀电流密度的增加。

Q235 钢在 7 种溶液中的线性极化电阻及利用 Stern-Geary 公式计算的腐蚀电流密度见表 10.4。

表 10.4　Q235 钢在 7 种溶液中所测的线性极化曲线相关参数

编号	1#	2#	3#	4#	5#	6#	7#
极化电阻/kΩ	1.234	1.264	1.067	1.077	1.055	0.991	1.064
腐蚀电流密度/(μA/cm²)	15.1	19.5	23.9	21.9	22.9	24.3	19.8

Q235 钢在 1#~7#溶液中的 Nyquist 图和 Bode 图中 Φ-lg$f$ 曲线见图 10.7。从图 10.7 中可以看出：1#~4#溶液中，Q235 钢的 Nyquist 图为一个时间常数的单容

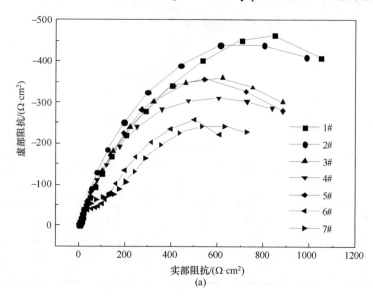

(a)

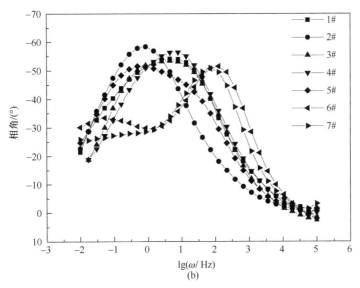

图 10.7　Q235 钢在 1#～7#溶液中的 EIS

(a) Nyquist 图；(b) Bode 图

抗弧；对于 5#溶液，其表现为两个时间常数的单容抗弧，由于两个时间常数比较接近，因而在 Nyquist 图上不能明显地分辨出两个容抗弧；而对于 6#和 7#溶液，其在高频和低频部分各有一个明显的容抗弧。由其 Bode 图也可以看出，在 1#～4#溶液中只有一个相角峰，而对于 5#～7#溶液，其为两个相角峰，这主要是 HCO_3^- 的加入使得电极表面腐蚀产物生成速度较快，电极过程中腐蚀产物的作用随 HCO_3^- 含量增加而表现得愈发明显。

Q235 钢在 1#～4#溶液中的等效电路可以用 $R_s(QR_t)$ 拟合，而对于 5#～7#溶液则用 $R_s(Q_1(R_1(Q_{dl}R_t)))$ 来拟合。利用 ZSimpWin 软件对 EIS 拟合的结果见表 10.5，从表中数据可以看出：2#～4#溶液中，随着 SO_4^{2-} 含量增加，其电荷转移电阻 R_t 减小；5#～7#溶液中，由于 HCO_3^- 的加入，电极表面上腐蚀产物对电极过程产生影响，腐蚀产物电阻 R_1 随 HCO_3^- 含量的增加而增大，而对于电荷转移电阻 R_t，与 3#溶液相比，由于 HCO_3^- 的加入，其值明显减小，如图 10.8 所示。

表 10.5　Q235 钢在 1#～7#溶液中等效电路拟合结果

编号	溶液电阻/Ω	Q_1, Y_0 /(S·s^n)	Q_1, n	腐蚀产物电阻/Ω	Q_{dl}, Y_0 /(S·s^n)	Q_2, n	电荷转移电阻/Ω
1#	4.57	—	—	—	$2.02×10^{-3}$	0.80	1488
2#	7.98	—	—	—	$2.93×10^{-3}$	0.69	1540
3#	5.25	—	—	—	$1.72×10^{-3}$	0.68	1203

编号	溶液电阻/Ω	Q_1, Y_0 /(S·s^n)	Q_1, n	腐蚀产物电阻/Ω	Q_{dll}, Y_0 /(S·s^n)	Q_2, n	电荷转移电阻/Ω
4#	4.58	—	—	—	$1.54×10^{-3}$	0.69	1050
5#	5.33	$5.89×10^{-4}$	0.61	34.35	$3.09×10^{-3}$	0.71	1147
6#	3.49	$4.23×10^{-4}$	0.80	80.58	$5.05×10^{-3}$	0.66	841.5
7#	6.22	$3.56×10^{-4}$	0.79	125	$3.79×10^{-3}$	0.65	861.4

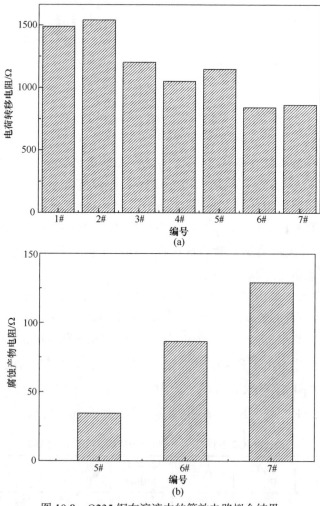

图 10.8　Q235 钢在溶液中的等效电路拟合结果

(a) 电荷转移电阻 R_t；(b) 5#～7#溶液中的腐蚀产物电阻 R_l

10.2.3　温度加速土壤腐蚀的电化学试验

温度是影响腐蚀的一个主要因素，温度升高将使氧的扩散和电极反应加快，在一定温度范围内，腐蚀速率随温度升高而加快；同时，温度升高将使氧的溶解度降低，使腐蚀速率减小。不同温度下，氧的溶解度与体系状况有关，敞开体系里，溶液中氧含量随温度升高而降低；封闭体系里，随温度升高，氧的扩散速度增大，氧的溶解度随饱和蒸气压增加而并未减小。不同温度下测得大港土模拟溶液中的氧含量如图 10.9 所示，随温度升高，模拟溶液中氧含量逐渐降低，两者之间近似呈线性关系。

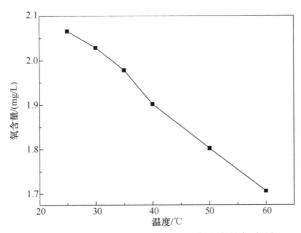

图 10.9　不同温度下大港土模拟溶液中的氧含量

Q235 钢在 20℃、30℃、40℃、50℃大港土模拟溶液中的极化曲线如图 10.10

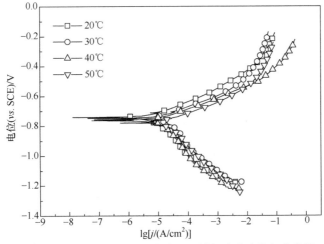

图 10.10　Q235 钢在不同温度大港土模拟溶液中的极化曲线

所示，随温度升高，极化曲线右移，腐蚀速率增加，其相关动力学参数的变化情况见表 10.6。

表 10.6　Q235 钢在不同温度大港土模拟溶液中的极化曲线相关参数

温度/℃	阳极 Tafel 斜率/(mV/dec)	阴极 Tafel 斜率/(mV/dec)	腐蚀电流密度/(μA/cm²)	腐蚀电位(vs. SCE)/mV
20	810.7	234	12.4	−716
30	85.0	162.8	21.2	−722
40	81.3	266.5	22.4	−729
50	9.9	207	34.5	−742

由图 10.10 可以看出：Q235 钢在不同温度大港土模拟溶液中的阳极过程为活化控制，阴极过程为活化和扩散过程共同控制。随温度升高，Q235 钢在大港土模拟溶液中的腐蚀电流密度逐渐增加，其腐蚀电位随温度升高而降低。

Q235 钢在不同温度大港土模拟溶液中的线性极化电阻及利用 Stern-Geary 公式计算出的腐蚀电流密度见表 10.7。随温度的升高，Q235 钢的线性极化电阻逐渐减小，计算出的腐蚀电流密度逐渐增大。

表 10.7　Q235 钢在不同温度大港土模拟溶液中的线性极化相关参数

温度/℃	20	30	40	50
极化电阻/kΩ	991	822	572	455
腐蚀电流密度/(μA/cm²)	210.2	29.5	47.4	59.9

Q235 钢在不同温度大港土模拟溶液中的 Nyquist 图和 Bode 图见图 10.11 和图 10.12。

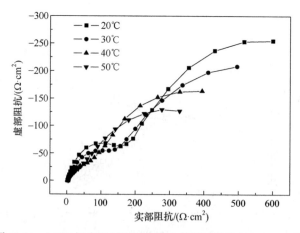

图 10.11　Q235 钢在不同温度大港土模拟溶液中的 Nyquist 图

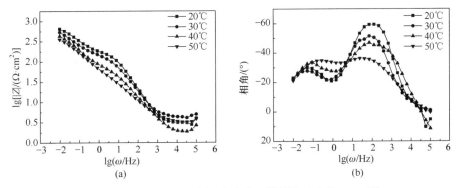

图 10.12　Q235 钢在不同温度大港土模拟溶液中的 Bode 图

从图 10.11 中可以看出：在 4 种不同温度下，其 Nyquist 图均表现为双容抗弧，高频和低频部分的容抗弧均随溶液温度升高而减小。高频容抗弧对应于电极表面腐蚀产物对电极过程阻力的大小，在高温下，Q235 钢腐蚀速率快，但是在高温下快速生成的腐蚀产物比较疏松，对电极过程的阻碍相对较小，并且疏松的腐蚀产物在试样表面聚集，增加了阴极反应活性点数量，在一定程度上增加了电极反应的有效面积，因而其 EIS 上表现为高温下，短时间内的腐蚀产物电阻 R_1 相对较小(图 10.13)。Nyquist 图中低频容抗弧的大小对应于电荷转移电阻 R_t 的大小，在高温下电极过程更容易进行，因而电荷转移电阻 R_t 也相对较小。在反应初期，由于溶液内氧消耗量较小，传质步骤对电极过程的影响不明显。这里用 $R_s(Q_1(R_1(Q_2R_t)))$ 进行等效电路拟合，拟合出的等效元件参数见表 10.8，不同温度下的腐蚀产物电阻 R_1 和电荷转移电阻 R_t 的变化情况如图 10.14 所示。

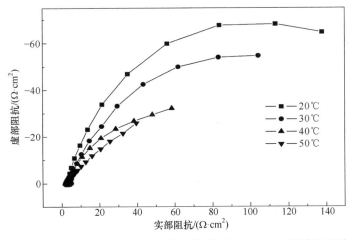

图 10.13　Q235 钢在不同温度大港土模拟溶液中 Nyquist 图高频部分

表 10.8　Q235 钢在不同温度大港土模拟溶液中等效电路拟合结果

温度/℃	溶液电阻/Ω	$Q_1, Y_0/(S \cdot s^n)$	Q_1, n	腐蚀产物电阻/Ω	$Q^2, Y_0/(S \cdot s^n)$	Q_2, n	电荷转移电阻/Ω
20	3.11	2.37×10^{-4}	0.84	150.4	5.93×10^{-3}	0.68	823.8
30	4.27	4.84×10^{-4}	0.77	124.8	7.99×10^{-3}	0.65	720.3
40	1.99	9.40×10^{-4}	0.71	62.5	7.80×10^{-3}	0.65	575.5
50	3.17	3.05×10^{-4}	0.61	27.45	7.50×10^{-3}	0.58	520.8

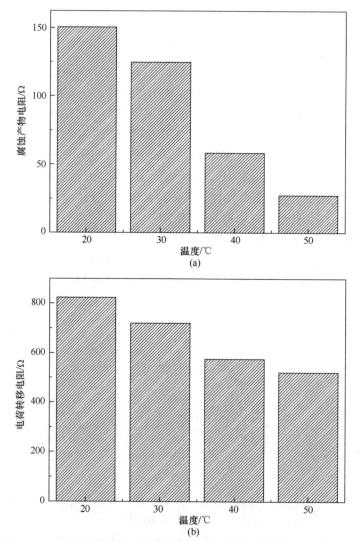

图 10.14　Q235 钢在不同温度大港土模拟溶液中 EIS 等效电路拟合结果

(a) 腐蚀产物电阻 R_1；(b) 电荷转移电阻 R_t

从前面的结果可以看出：Q235 钢在大港土模拟溶液中的线性极化电阻 R_p 和电荷转移电阻 R_t 随温度升高而减小，当温度从 20℃升高到 50℃，其 R_p 和 R_t 分别由 991Ω·cm² 和 823.8Ω·cm² 降低到 455Ω·cm² 和 520.8Ω·cm²，即温度升高，促进了 Q235 钢的腐蚀。

10.3　土壤腐蚀分级分类室内评价方法

根据腐蚀分级分类方法要求，并在长期土壤腐蚀模拟溶液配制方法研究和试验的基础上，针对 4 种土壤腐蚀等级，设计了 4 种土壤腐蚀模拟溶液，如表 10.9 所示。由于土壤腐蚀分级分类方法主要针对碳钢，所以模拟溶液的配制是以碳钢为基准的。

表 10.9　土壤腐蚀模拟溶液

溶液代号	pH	含量/(g/L)							
		NaHCO₃	KNO₃	Na₂SO₄	CaCl₂	NaCl	MgCl₂·6H₂O	MgSO₄·7H₂O	KCl
C1	7.00	0.483			0.127			0.131	0.122
C2	9.00	0.1462	0.2156	2.5276	0.2442	3.1703	0.6699		
C3	10.46	0.0683	0.0184	0.5736	0.1558	0.8469	0.1984		
C4	4.36	0.31	0.596	0.284	0.222	0.936	0.17		

热镀锌、不锈钢、碳钢、连铸铜包钢、电镀铜包钢和纯铜等材料在不同土壤模拟溶液中的电化学试验的结果如图 10.15～图 10.20 所示。

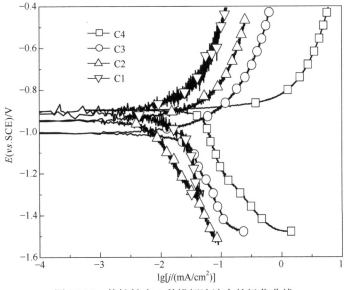

图 10.15　热镀锌在 4 种模拟溶液中的极化曲线

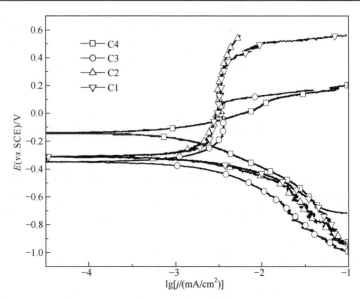

图 10.16 不锈钢在 4 种模拟溶液中的极化曲线

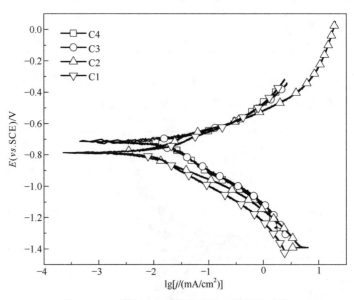

图 10.17 碳钢在 4 种模拟溶液中的极化曲线

通过以上不同等级土壤模拟溶液中的电化学试验可以看出，热镀锌、不锈钢、碳钢、连铸铜包钢、电镀铜包钢和纯铜 6 种典型接地电材料在 4 种不同等级的土壤模拟溶液中的腐蚀规律略有区别，随着土壤模拟溶液 C4～C1 的变化，不同材料的动电位极化曲线略有不同，对动电位极化曲线进行拟合，结果如表 10.10 所示，以期得出 6 种材料在不同土壤模拟溶液中的腐蚀规律，并对不同模拟溶液下

6 种材料的腐蚀情况进行进一步的分析。以上模拟溶液通过现场埋样试验进行定标后，可以用于区域性土壤腐蚀性分级的工程应用中，与现场埋样法相比，大大缩短了试验分级的周期。

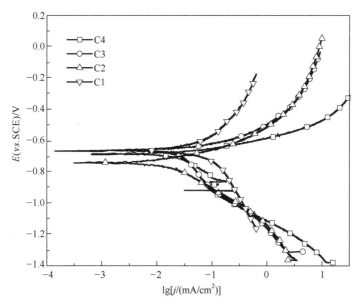

图 10.18　连铸铜包钢在 4 种模拟溶液中的极化曲线

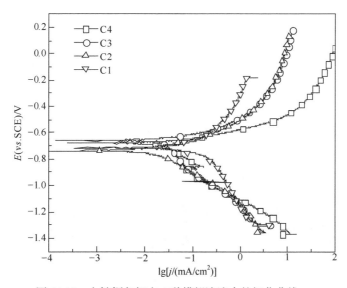

图 10.19　电镀铜包钢在 4 种模拟溶液中的极化曲线

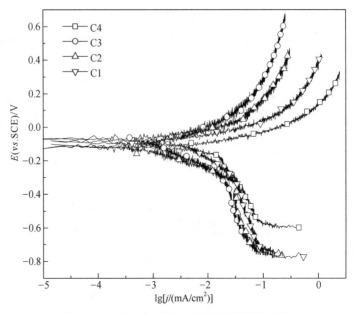

图 10.20　纯铜在 4 种模拟溶液中的极化曲线

表 10.10　土壤腐蚀模拟溶液电化学试验腐蚀电流拟合结果　（单位：$\mu A/cm^2$）

环境	热镀锌	不锈钢	碳钢	连铸铜包钢	电镀铜包钢	纯铜
C1	4.32	0.972	4.951	9.879	9.527	9.621
C2	4.779	1.717	6.792	10.317	10.658	10.68
C3	6.304	1.195	14.668	10.204	10.333	10.183
C4	16.937	1.839	110.395	12.08	12.012	12.04

10.4　材料土壤腐蚀微区电化学评价

　　X80 钢焊接热模拟试样受到热影响的区域的光学显微照片如图 10.21 所示。由图可知，X80 钢焊接热模拟组织由 4 个区域组成，从加热中心开始分别为粗晶区(CGHAZ)、细晶区(FGHAZ)、回火区(TZ)和母材(BM)。粗晶区为板条贝氏体和

图 10.21　X80 钢焊接热模拟组织受到热影响的区域金相照片

粒状贝氏体的混合组织，并保留有原始奥氏体晶界；细晶区为准多边形铁素体、贝氏体铁素体和粒状贝氏体的混合组织；回火区为贝氏体铁素体和准多边形铁素体，与母材相比组织不均匀。

图 10.22 为图 10.21 中 X80 钢焊接热模拟组织测试区域在空气(温度 20℃，相对湿度 60%)中的 SKP 扫描图像，左侧边缘为加热中心，从左向右依次为粗晶区、细晶区、回火区和母材区。从图 10.22 中可以看出，加热中心(板条贝氏体和粒状贝氏体)的 Kelvin 电位最低，约为-0.45V，从加热中心开始，随着原始奥氏体晶粒尺寸的减小，Kelvin 电位逐渐升高，细晶区处 Kelvin 电位升高到最大值-0.32V。从细晶区到回火区 Kelvin 电位重新降低，降低的幅度较小，到回火区出现第二个 Kelvin 电位低谷，约为-0.38V，到母材区 Kelvin 电位又有所升高，大约为-0.36V。

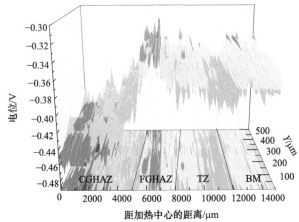

图 10.22　X80 钢焊接热模拟组织的 SKP 扫描图

图 10.23 为图 10.21 中 X80 钢焊接热模拟组织测试区域在鹰潭土壤模拟溶液中的 SVET 面扫描图像，左侧边缘为加热中心，从左向右依次为粗晶区、细晶区、回火区和母材区。从图 10.23 中可以看出，浸泡开始时，加热中心的电流密度最高，从加热中心开始，随着原始奥氏体晶粒尺寸的减小，电流密度逐渐降低，细晶区和回火区的电流密度基本相等，母材区的电流密度最低。随着浸泡时间的推移，各个区域的电流密度均升高，回火区升高的幅度最大，到浸泡 80 min 时，回火区的电流密度开始大于其两侧的细晶区和母材区，浸泡 120 min 时，回火区的电流密度升高到基本与加热中心相等，整个试样分别在加热中心和回火区出现两个电流密度峰值。浸泡时间继续延长，粗晶区、细晶区和回火区的电流密度均升高，回火区的电流密度升高得最快，到浸泡 4 h 时开始高于加热中心，整个回火区成为电流密度峰值区，并且随着浸泡时间的延长逐渐向其周围区域扩展。加热中心的电流密度升高速度比较缓慢，虽然始终高于粗晶区其他部位，但是与其他区域的差距越来越小。

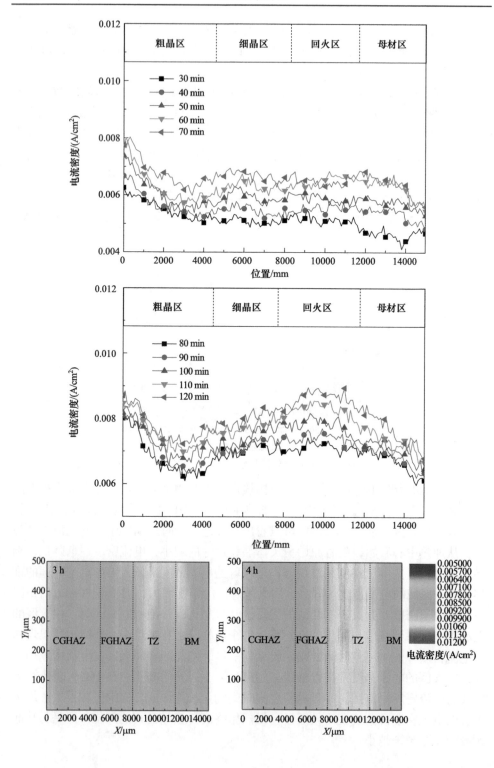

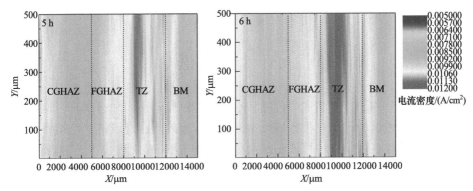

图 10.23　焊接组织在鹰潭土壤模拟溶液中的电流密度随浸泡时间的变化

从图 10.23 中粗晶区在鹰潭土壤模拟溶液中的 SVET 图可以看到，电流密度随着原始奥氏体晶界尺寸的减小及板条贝氏体含量的减少而降低，说明板条贝氏体在鹰潭土壤模拟溶液中的腐蚀速率大于粒状贝氏体。板条贝氏体与粒状贝氏体的基体组织均为贝氏体，板条贝氏体的第二相 M/A 组元呈薄片状分布，而粒状贝氏体的第二相 M/A 组元呈粒状弥散分布，说明第二相的分布和形态对基体组织的阳极溶解电流密度具有重要影响。

从图 10.22 扫描测试图中可以看出，具有多个区域的焊接热模拟组织由于各个区域 Volta 电位的差异，形成多相耦合体系，其中粗晶区的加热中心 Volta 电位最低，电子逸出功最小，其次为回火区，回火区的 Volta 电位低于与其邻接的细晶区和母材区，但它们之间的差异远小于粗晶区与细晶区之间的差异。当这一多电极耦合体系在鹰潭土壤模拟溶液中发生腐蚀时，从图 10.23 的 SVET 电流密度随浸泡时间的变化可以看到，刚开始浸泡时，加热中心和粗晶区的 SVET 电流密度最大，由于其较低的 Volta 电位优先显现出阳极特性，随着腐蚀反应的发生，反应产物在电极表面的形成和覆盖，这一区域与其周围的差异减小，回火区与细晶区和母材区的差异开始显现出来，导致回火区的电流密度逐渐高于其周围的细晶区和母材区。

以上试验表明：X80 钢焊接热模拟组织在鹰潭土壤模拟溶液中浸泡时，各个区域均为基体组织的晶粒内部优先发生腐蚀，原始奥氏体晶界、铁素体晶界及第二相保留。浸泡开始时，加热中心的电流密度最高，细晶区和回火区的电流密度基本相等，母材区的电流密度最低。随着浸泡时间的推移，各个区域的电流密度均升高，回火区的电流密度升高得最快，到浸泡 4 h 时开始高于加热中心，回火区出现电流密度峰值。多相耦合体系中，Volta 电位最低的区域优先显现出阳极溶解特性，其阳极溶解电流密度最高，随着腐蚀反应的发生，Volta 电位次低的区域由于具有比其周围区域更低的电子逸出功，其阳极溶解电流密度逐渐升高，阳极溶解特性开始显现出来。

10.5　结　　语

　　土壤腐蚀室内试验方法主要包括：室内模拟试验和室内加速试验，也可以分为室内土壤埋设试验和土壤模拟溶液中的试验。室内土壤埋设试验是指将所研究的材料制成试片在实验室中埋设到从现场取来的土壤中进行的试验。土壤模拟溶液中的试验是指将所研究的材料制成试片在实验室中埋设到土壤模拟溶液(根据现场土壤理化分析配制的模拟溶液)中进行腐蚀试验，如配制库尔勒土壤模拟溶液、鹰潭酸性土壤模拟溶液或大港盐碱土壤模拟溶液。土壤腐蚀室内加速试验方法就是在以上试验方法并保持与所模拟的实土埋样腐蚀本质一致的基础上，通过强化某一或若干个影响因素，加快腐蚀进程的试验方法。

　　室内土壤腐蚀评价试验中，电化学方法是最重要的方法指引。传统的电化学方法虽然局限于探测整个样品的宏观变化，测试结果只反映样品的不同局部位置的整体统计结果，不能反映出局部的腐蚀及材料与环境的作用机理与过程，但是，其在进行土壤腐蚀性评价的宏观研发工作中，仍然发挥着不可替代的作用。近年来，人们一直在探索局部电化学过程的研究，微区探针能够区分材料不同区域电化学特性差异，且具有局部信息的整体统计结果，并能够探测材料/溶液界面的电化学反应过程。一些具有较好抗均匀腐蚀能力的材料往往容易发生点蚀、应力腐蚀开裂等局部腐蚀，由于局部腐蚀不易被察觉，因而局部腐蚀比均匀腐蚀更加危险。局部腐蚀发生的主要动力是电化学微电偶的存在，主要是由于材料中存在偏析、夹杂、第二相等组织不均匀性，导致不同区域的电化学特性差异；带有防护性涂层的金属由于机械的或者化学的原因产生的局部破坏，也能够导致材料表面不同区域的差异而使破损涂层下的金属产生局部腐蚀。微区电化学扫描系统为进行局部表面科学研究提供了一个新的途径，在腐蚀领域日益得到广泛应用。

第 11 章　土壤腐蚀室内模拟加速试验及相关性

加速试验通常是强化腐蚀过程中一个或几个控制因素，试验可以是在高温、侵蚀性更强的介质中进行，或是通过电化学方法来促进腐蚀的发展，其主要目的是提高环境的腐蚀性。目前，大气腐蚀加速试验开展得比较广泛，主要方法有：盐雾试验、周浸试验、湿热试验等，GB10125—2012 和 ISO11474—1998、ISO14993—2018、ISO21207—2015 等标准都给出了相关的试验方法和规范，而到目前为止，国内还没有土壤腐蚀加速试验相关的标准。以往的土壤腐蚀加速试验方法主要有强化介质法、电偶加速法、电解失重法、间断极化法等。这几种方法可在短时间内得到较大的加速比，但除强化介质法外，它们都是通过外加电流来加速腐蚀的，腐蚀条件和形貌与实际情况差异较大，具有一定的强制性，试验主要考虑了宏电池作用，而忽略了腐蚀微电池的作用，因而预测时只能作半定量研究。

本章主要是在新型土壤腐蚀模拟加速试验箱设计与制作的基础上，利用实际土壤控制土壤含水量和温度变化，建立了恒温恒含水量、冷热交替和干湿交替三种土壤腐蚀加速试验方法。研究了不同加速条件对 Q235 钢在大港实土中腐蚀的影响，比较了土壤腐蚀模拟加速试验和实验室内土壤埋样试验两种试验方法的差异，检测了腐蚀电位和氧化还原电位等在模拟加速试验中的变化。

11.1　土壤腐蚀模拟加速试验箱

进行了土壤腐蚀模拟加速试验箱的设计与制作(该试验箱已经申请国家专利，专利号：200720173948.2)，利用该试验箱，不改变土壤腐蚀机理，主要通过改变温度和含水量，从而改变土壤腐蚀过程中的动力学参数来实现加速腐蚀的目的。在土壤腐蚀模拟加速试验箱内，控制土壤含水量、温度变化，适当通入空气，实现恒温恒含水量、冷热交替和干湿交替三种腐蚀加速方法，模拟了自然环境条件下不同季节土壤温度、含水量的变化，同时还包括土壤干裂后和强对流天气引起的空气扩散速度加快的作用。

试验箱(图 11.1)主要由试验箱箱体、水箱、电气控制箱、试验容器和加热板构成，试验箱箱体的侧壁及上下底面为双层结构，在内外壁间填充保温材料，从而达到保温目的。加热板位于试验箱底部，通过加热箱体内的空气来对试验容器内土壤和试样进行加热，避免了加热板直接加热而在土壤中形成较大的温度梯度。

箱体内有两个连接在温控仪表上的温度传感器，其中一个用于测量箱体内空气温度，另一个用于测量土壤温度。重量传感器连接在箱体上面水箱的底部，其下端挂钩伸入箱体内以便测量试验容器内土壤重量变化。在箱体内可同时悬挂 1～5 个试验容器，保持各个试验容器内相同的土壤重量和含水量，最多可进行 5 组平行试验。箱体的侧壁安装有排风扇，排风扇的工作状态由电气控制箱内的温度控制器和定时器控制，以调节试验箱箱体内的空气温度，通过定时排风来模拟自然环境中空气扩散速度加快的影响。

图 11.1　土壤腐蚀模拟加速试验箱

水箱下部安装有排水管，排水管下依次连接电磁阀和分水器，电磁阀通过导线与控制电路相连，根据重量传感器读数变化来控制电磁阀的闭合与开启，水流通过水箱排水管、电磁阀、分水器平均分配到试验箱内的各个试验容器中。试验容器材质为不锈钢，在其底部钻有小孔以防止水分在底部积存，在试验过程中应避免试样与容器器壁接触而引发电偶腐蚀。

在电气控制箱内采集两个温度传感器和一个重量传感器的参数，采用 PID 控制加热板、排风扇和电磁阀的工作状态，以保证试验箱及试验容器内的工作状况。

土壤腐蚀模拟加速试验箱的工作原理如图 11.2 所示，利用温度传感器(Pt100)分别测量箱体内空气和土壤的温度，为防止箱体内空气温度太高而引起试验容器内土壤温度过高，加热板的工作状态由这两个温度传感器共同控制。当箱体内温度低于设置温度时，加热板通电加热；而当箱体内温度高于设置温度时，加热板断电，同时排风扇工作，达到降温的目的；试验容器内的土壤通过箱内空气加热，当土壤温度高于设定值时，无论箱体内空气温度的高低，加热板强制断电；而当土壤温度低于设定值时，加热板的工作状态由箱体内的空气温度来控制。土壤的含水量主要是通过重量传感器测量土壤重量来控制的，当土壤重量低于设定值时，水箱下的电磁阀开启，对土壤加水，而当土壤重量高于设定值时，电磁阀闭合，加水停止。排风扇的工作状态主要是由箱体内空气温度和定时器共同控制，主要起到降温和定时排风的目的。

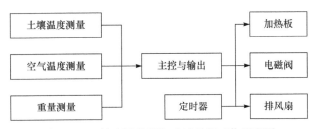

图 11.2　土壤腐蚀模拟加速试验箱工作原理图

11.2　加速条件下 Q235 钢的腐蚀动力学规律

Q235 钢在 50℃和 70℃，10%、20%和 30%含水量大港土中不同加速条件下一个月的腐蚀失重见表 11.1 和图 11.3。

表 11.1　Q235 钢在大港土中不同加速条件下一个月的腐蚀失重　（单位：g/dm²）

含水量/%	温度/℃		
	50	70	50~70
10	5.331	24.721	
20	0.851	8.336	1.089
30	1.049	7.906	
10~30	2.457	10.884	

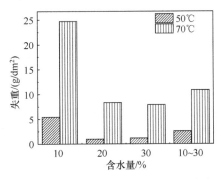

图 11.3　Q235 钢在不同加速条件下一个月的腐蚀失重

　　从表 11.1 可以看出：同一温度下，Q235 钢在 10%含水量大港滨海盐土中的腐蚀失重最大，而 20%和 30%含水量时的腐蚀失重较小，且这两种含水量的腐蚀失重数值接近。对于含水 10%～30%的大港土，其腐蚀速率明显大于 20%和 30%含水量时的速率；在 50～70℃、20%含水量加速试验中，其腐蚀失重略大于 50℃相同含水量条件下的失重，而远小于 70℃时的腐蚀失重；随温度升高腐蚀失重明显增加，温度从 50℃升高到 70℃时，4 种含水量条件下的腐蚀失重分别增加 4.6 倍、9.8 倍、7.5 倍和 4.4 倍。

　　试验结果表明，相同温度和含水量条件下的腐蚀失重相比，在加速箱内 50℃，10%含水量土壤中的腐蚀速率要高于相同条件下烧杯中的腐蚀速率，对于 20%和 30%两种含水量，加速箱内和烧杯内的腐蚀速率大致相等；在 70℃时，加速箱内的腐蚀速率均大于烧杯中的腐蚀速率。两种试验条件下腐蚀失重对比见图 11.4 和表 11.2。其中烧杯内 30%含水量条件下的失重为 25%和 34%时的平均值。

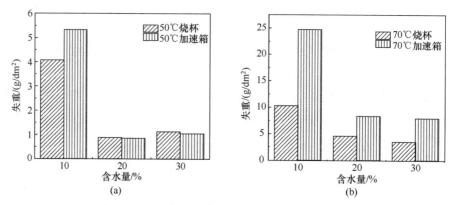

图 11.4　Q235 钢在两种不同加速方法中的腐蚀失重

表 11.2　Q235 钢在两种不同加速方法中的腐蚀失重　　　（单位：g/dm²）

含水量/%	50℃烧杯	50℃加速箱	70℃烧杯	70℃加速箱
10	4.06	5.33	10.33	24.72
20	0.87	0.85	4.61	8.34
30	1.12	1.05	3.50	7.91

　　从图 11.4 中可以看出，除 50℃，20%和 30%含水量试验外，Q235 钢在加速箱内的腐蚀速率均大于其在相同温度和含水量烧杯中的腐蚀速率。其主要原因如下：①加速箱内的腐蚀在敞开体系内进行，并且还有排风扇定时排风，加快了箱内空气流通，而烧杯中的试验为了防止水分蒸发，在密闭条件下进行，两者的土壤表面空气流动状态有一定的差异，特别是低含水量土壤中，流动空气中的氧更

容易通过土壤孔隙扩散到试样的表面。②烧杯内试验中水分蒸发量很小，试验过程中仅补充了一次水；在加速箱内，由于是敞开体系，水分蒸发较快，加水比较频繁，譬如在 70℃恒温恒含水量加速试验中，10%、20%和 30%三种不同含水量的试验在一个月中分别加水 33 次、43 次和 97 次，这样在水分流经试样表面时稀释了试样表面的 Fe^{2+} 浓度，溶解了部分可溶腐蚀产物，且有部分氧随水流到试样表面，增加了试样表面氧浓度。在 50℃高含水量条件下两种试验方法的腐蚀失重比较接近，主要原因可能是此时腐蚀速率较低，土壤中氧消耗较小，外部条件变化对其腐蚀速率的影响也较小。

不同试验条件下，模拟加速试验的腐蚀失重动力学曲线见图 11.5，对其进行幂函数拟合：

$$M = Dt^n \qquad (11.1)$$

其中，M 为 Q235 钢单位面积腐蚀失重，g/dm^2；t 为腐蚀时间，天；D、n 为常数，其中 D 为初期腐蚀性能，与材料表面化学性质和环境因素有关，n 为腐蚀发展趋势，随环境不同而变化。拟合结果见表 11.3，其中 70℃、10%含水量条件下的失重数据分 0~10 天和 10~30 天两段进行拟合。

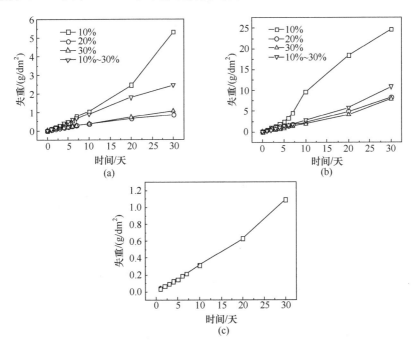

图 11.5　Q235 钢在模拟加速试验中的腐蚀失重动力学曲线
(a) 50℃不同含水量；(b) 70℃不同含水量；(c) 50~70℃、20%含水量

表 11.3　Q235 钢在不同试验条件下的 D 和 n 值

试验条件		D	n
温度/℃	含水量/%		
50	10	0.035	1.474
50	20	0.068	0.752
50	30	0.048	0.909
50	10~30	0.114	0.909
70(1~10 天)	10	0.122	1.889
70(10~30 天)	10	1.486	0.830
70	20	0.218	1.064
70	30	0.118	1.227
70	10~30	0.159	1.234
50~70	20	0.024	1.114

从表 11.3 可以看出：相同含水量条件下，50℃时的 D 值要明显小于 70℃时的 D 值，即温度升高促进了 Q235 钢初期腐蚀的发展；在 50℃试验中，10%含水量时的 n 值大于 1，而其余 3 种条件下的 n 值均小于 1，即在 10%含水量时腐蚀速率随时间逐渐增加，其余含水量条件下的腐蚀速率随时间而逐渐减小。

与 50℃相比，Q235 钢在 70℃时的腐蚀情况有较大差异，其 n 值明显大于 50℃相同含水量条件下的 n 值，即温度升高加快了腐蚀发展速度；在 10%含水量的前 10 天里 $n>1$，腐蚀速率随时间增加而逐渐增大，在 10 天后的 n 值小于 1，其腐蚀速率又逐渐减小。这主要是由于在试验开始阶段，试样表面由局部腐蚀发展为全面腐蚀，此时腐蚀速率主要受两方面因素的影响：①腐蚀产物阻碍腐蚀的发展；②试样参与腐蚀反应的面积逐渐增大，促进了腐蚀速率的提高。在试验初期腐蚀面积增大的作用较明显，因而腐蚀速率迅速提高；试验进行到 10 天左右时，试样表面基本发展为全面腐蚀，此时试样表面面积增大的作用逐渐减弱，腐蚀产物的增多、增厚阻碍了腐蚀的进一步发展。在 70℃其余试验及 50~70℃试验中的 n 值均大于 1，表明腐蚀速率随时间逐渐增加。

11.3　加速试验中的氧化还原电位 Eh 及腐蚀电位 E_{corr}

工程实际中经常利用腐蚀电位来监控金属材料的土壤腐蚀行为，通过周期性测量金属结构与参比电极间的电位差并与所设置的安全电位进行比较来确定金属构件的腐蚀状况，虽然这种方法有一定局限性，但对于定性比较材料的热力学稳定性还是很有帮助的。氧化还原电位(Eh)作为环境条件的一个综合指标，它表征介质氧化性或还原性的相对程度，其数值也可用于分析是否发生硫酸盐还原菌(及硫化氢)的腐蚀，一般认为在−200mV(vs. SHE)以下的厌氧条件下，金属构件易受到硫酸盐还原菌的腐蚀。对于铁的主要腐蚀产物针铁矿(α-FeOOH)、磁铁矿(Fe_3O_4)和菱铁矿($FeCO_3$)等，其溶解性不仅与周围环境的组成、pH 等有关，氧化还原电位对其影响也很大，研究表明：在还原性条件下，针铁矿和磁铁矿的溶解度比较大，在氧化性条件下，其溶解度相对较小；相对于针铁矿，磁铁矿的溶解度受 pH 的影响要更大一些；而菱铁矿在水溶液中更容易溶解，其溶解度在氧化性条件下较大，这 3 种腐蚀产物的溶解度在某一中间 pH 达到最小值，如图 11.6 所示。

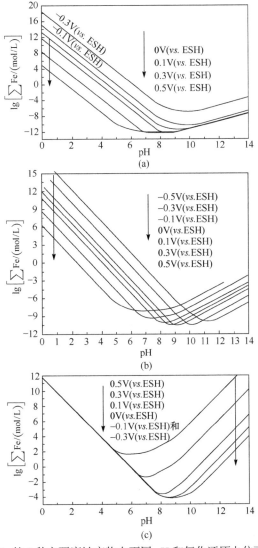

图 11.6　Fe 的 3 种主要腐蚀产物在不同 pH 和氧化还原电位下的溶解度

(a) 针铁矿；(b) 磁铁矿；(c) 菱铁矿

11.3.1　恒温恒含水量加速试验

恒温恒含水量加速试验中，氧化还原电位 Eh 和 Q235 钢的腐蚀电位 E_{corr} 变化情况见图 11.7 和图 11.8。从图中可以看出：50℃加速试验中，其氧化还原电位随时间延长而逐渐降低；10%和 30%含水量时，腐蚀电位随时间逐渐增加，20%含水量条件下的腐蚀电位先减小后增加。此外，从图中还可以看出 10%含水量条件下的腐蚀电位 E_{corr} 和氧化还原电位 Eh 要明显高于 20%和 30%含水量时的相应值。70℃加速试验中，氧化还原电位 Eh 随时间的变化规律不明显；10%和 30%含水量条件下的腐蚀电位随时间逐渐增加，20%含水量时腐蚀电位先减小后增大，同样，10%含水量条件下的腐蚀电位 E_{corr} 和氧化还原电位 Eh 要明显高于 20%和 30%含水量时的相应值。

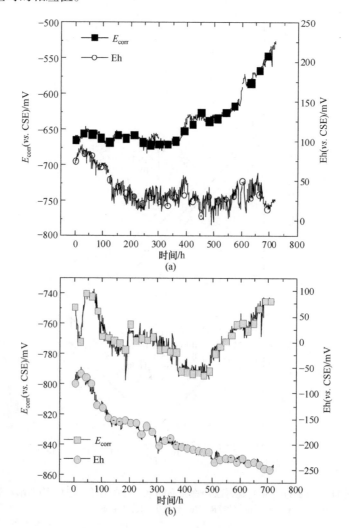

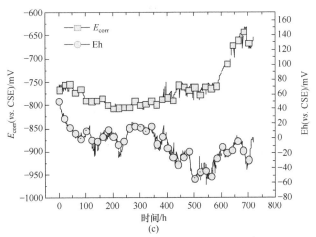

图 11.7　Q235 钢在 50℃、不同含水量大港土中的 E_{corr} 和 Eh

(a) 10%含水量；(b) 20%含水量；(c) 30%含水量

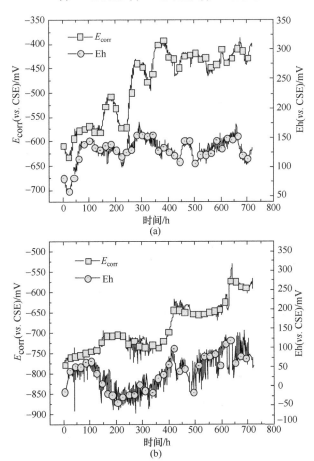

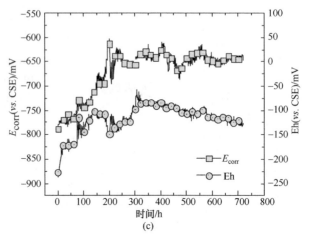

图 11.8　Q235 钢在 70℃、不同含水量大港土中的 E_{corr} 和 Eh
(a) 10%含水量；(b) 20%含水量；(c) 30%含水量

11.3.2　恒温变含水量加速试验

　　恒温变含水量加速试验中的腐蚀电位 E_{corr}、氧化还原电位 Eh 及含水量随时间的变化情况见图 11.9 和图 11.10。从图中可以看出：含水量变化对 E_{corr} 和 Eh 影响比较大，E_{corr} 和 Eh 随土壤含水量减小而逐渐升高，每次加水时，E_{corr} 和 Eh 都急剧下降，而后又随含水量的逐渐减小而不断升高。

11.3.3　变温恒含水量加速试验

　　变温恒含水量加速试验中的腐蚀电位 E_{corr}、氧化还原电位 Eh 及温度随时间的变化情况见图 11.11。从图中可以看出，E_{corr} 和 Eh 在变温恒含水量条件下随时

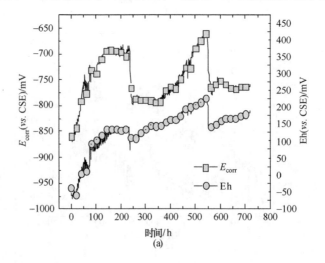

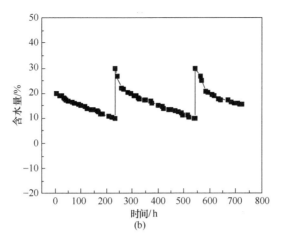

(b)

图 11.9　50℃、10%～30%含水量大港土中的 E_{corr} 和 Eh(a)及含水量(b)变化

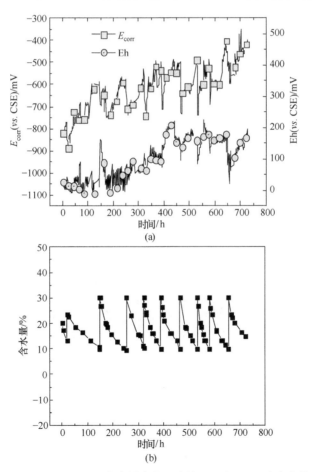

图 11.10　70℃、10%～30%含水量大港土中的 E_{corr} 和 Eh(a)及含水量(b)变化

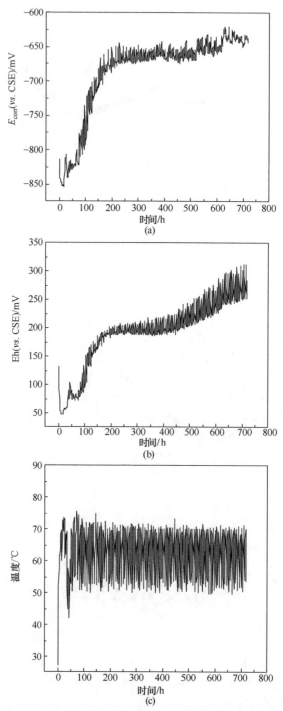

图 11.11　50～70℃、20%含水量大港土中的 E_{corr}(a)、Eh(b)和温度(c)变化

间波动上升。图 11.12～图 11.14 是将 200～300h 之间 E_{corr}、Eh 变化放大的结果，由图中可看出：E_{corr} 和 Eh 的变化与温度变化是相对应的：温度升高 E_{corr} 和 Eh 减小，温度降低 E_{corr} 和 Eh 增大。

Q235 钢在 50℃，10%和 20%含水量模拟加速试验的 1 天、5 天、10 天、20 天和 30 天的宏观腐蚀形貌如图 11.15 所示。在 10%含水量时，其由局部腐蚀逐渐发展为全面腐蚀，在腐蚀的第 1 天，试样表面出现了尺寸较小、深度较浅的腐蚀坑斑，随时间延长，腐蚀坑、斑的深度和面积逐渐增大，经过 30 天的试验，腐蚀坑斑逐渐连成一片，发展为全面的不均匀腐蚀；在 20%含水量条件下，其腐蚀主要

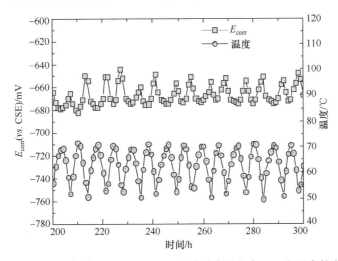

图 11.12　Q235 钢在 50～70℃、20%含水量大港土中 E_{corr} 和温度的变化

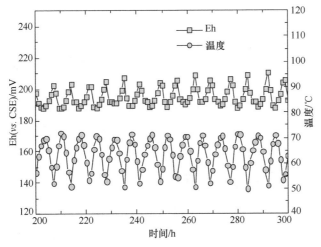

图 11.13　Q235 钢在 50～70℃、20%含水量大港土中 Eh 和温度的变化

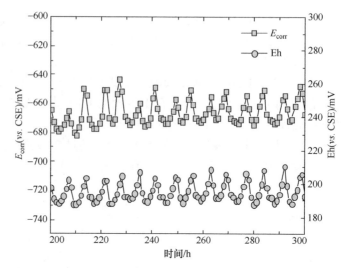

图 11.14　Q235 钢在 50～70℃、20%含水量大港土中的 E_{corr} 和 Eh

是以均匀腐蚀为主，30 天试验结束时，试样表面还相对比较平整。50℃、30%含水量条件下的腐蚀形貌与 20%含水量时的基本一致，也主要表现为全面的均匀腐蚀。

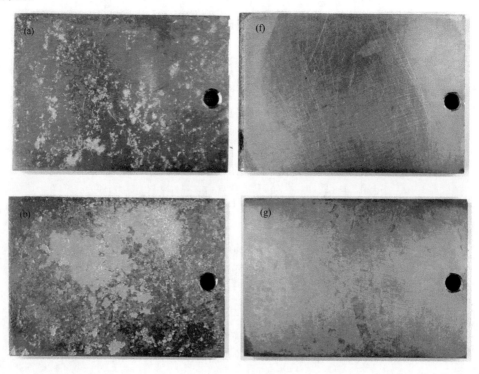

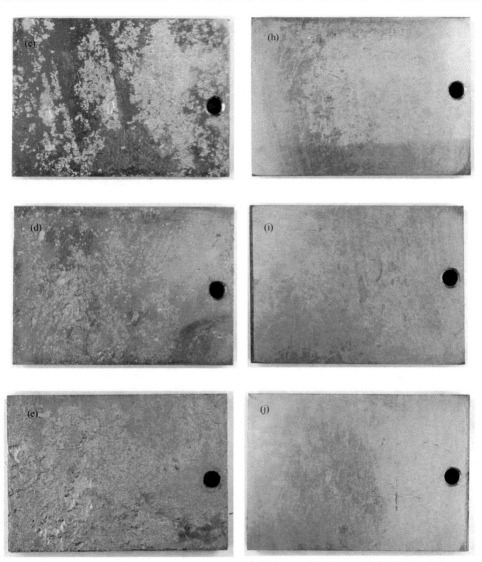

图 11.15　Q235 钢在 50℃，10%、20%含水量大港土中不同时间的宏观腐蚀形貌
(a)10%含水量 1 天；(b)10%含水量 5 天；(c)10%含水量 10 天；(d)10%含水量 20 天；(e)10%含水量 30 天；
(f)200%含水量 1 天；(g)20%含水量 5 天；(h)20%含水量 10 天；(i)20%含水量 20 天；(j)20%含水量 30 天

　　图 11.16 为 50℃和 70℃、10%～30%交变含水量条件下，Q235 钢的宏观腐蚀形貌，在 50℃交变含水量时，其表现为均匀腐蚀，70℃时则表现为溃疡状局部腐蚀逐渐发展为全面腐蚀的特征。温度交变加速试验条件下，Q235 钢的宏观形貌表现为均匀腐蚀。

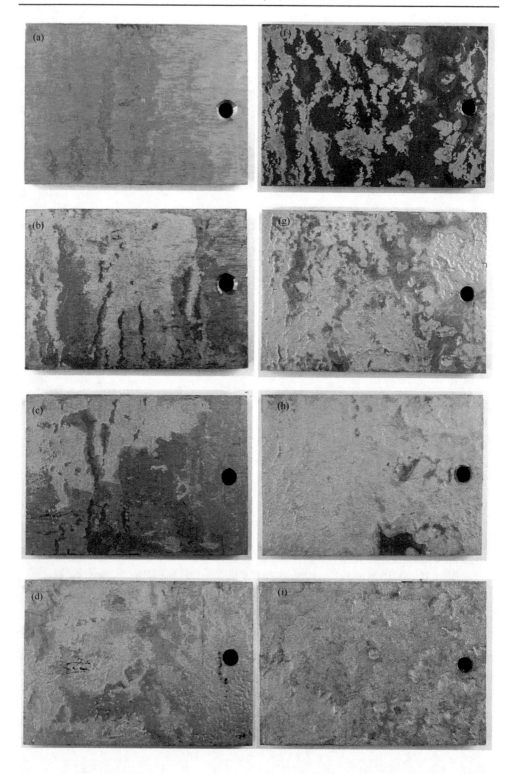

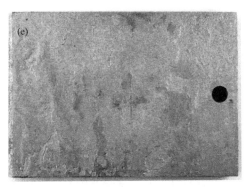

图 11.16 Q235 钢在 50℃、70℃，10%~30%含水量大港土中的宏观形貌

(a)50℃、10%~30%含水量，1 天；(b)50℃、10%~30%含水量，5 天；(c)50℃、10%~30%含水量，10 天；
(d)50℃、10%~30%含水量，20 天；(e)50℃、10%~30%含水量，30 天；(f)70℃、10%~30%含水量，1 天；
(g)70℃、10%~30%含水量，5 天；(h)70℃、10%~30%含水量，10 天；(i)70℃、10%~30%含水量，20 天；
(j)70℃、10%~30%含水量，30 天

11.4 土壤腐蚀加速试验的相关性

通过改变环境因素和试样的极化状态都可以达到加速腐蚀的目的，但是，加速比和相关性作为评价腐蚀加速试验的两个重要指标却往往是一对相矛盾的结果，高的加速比往往对应着比较低的相关性，低加速比试验的相关性却往往较高。好的加速试验不仅要有较大的加速比，还要求户内外试验结果具有较好的相关性，相关性良好的加速试验更具有实际意义，提高加速比和相关性是目前腐蚀加速试验的两个主要研究方向。

11.4.1 模拟加速试验的加速比

腐蚀加速试验的目的是缩短试验周期，更关心的是加速试验本身的加速效果，即达到相同腐蚀程度时能缩短多少时间，因而提出了加速比的概念。到目前为止对加速比还没有一个统一的定义和计算方法，常用的计算方法主要包括：①相同时间内两组试验腐蚀失重的比值；②相同时间内两组试验平均腐蚀速率的比值；③不同时间内两组试验腐蚀速率的比值；④腐蚀电流的比值。

由于平均腐蚀速率是由腐蚀失重与时间的比值得到的，因而方法 1 和方法 2 的计算结果是相同的，这两种方法能较好地从腐蚀失重的角度反映出加速试验的加速效果，可适用于任何加速反应和非加速反应，但事实上腐蚀速率随时间而变化，因而这两种方法不能表征加速试验缩短试验周期的程度。方法 3 通常用来比较加速试验与现场试验结果，但是现场试验周期较长，而加速试验周期短，它们之间的比较并不是在一个相等的时间水平上进行的，因而这种方法不能够看作是定量的计算，而应认为是一种定性的比较。方法 4 通常用来比较电偶加速试验的

结果，通过电偶电流的大小来比较不同电偶试验的加速效果。

虽然上述 4 种计算方法都能从一定程度上反映加速试验的加速效果，但它们都不能定量地反映出加速试验缩短试验周期的程度，而加速试验的主要目的是缩短试验周期，为了直接表征加速试验缩短试验周期的程度，这里采用新的加速比概念：加速试验与非加速试验在腐蚀程度相同时，非加速试验与加速试验周期的比值，用 a 表示：

$$a = \frac{T_0(M)}{T_1(M)} \tag{11.2}$$

其中，a 为腐蚀失重为 $M(\text{g/dm}^2)$ 时的加速比；$T_0(M)$ 为非加速试验腐蚀失重达到 M 时的试验周期；$T_1(M)$ 为加速试验腐蚀失重达到 M 时的试验周期。新的加速比 a 能够直接作为加速试验缩短试验周期的度量，它不仅适用于均匀腐蚀，也同样适用于非均匀腐蚀和局部腐蚀。

若腐蚀过程中单位面积失重 M 与时间 t 之间满足指数规律 $M = Dt^n$，即非加速试验：

$$M_0 = D_0 t^{n_0} \tag{11.3}$$

加速试验：

$$M_1 = D_1 t^{n_1} \tag{11.4}$$

则加速比 a 的计算公式为

$$a = \frac{D_1^{\frac{1}{n_1}}}{D_0^{\frac{1}{n_0}}} \cdot M^{\frac{1}{n_0} - \frac{1}{n_1}} \tag{11.5}$$

利用 Q235 钢加速模拟加速腐蚀失重拟合结果，通过式(11.5)计算不同加速条件下的加速比 a(表 11.4)，对于 70℃，10%含水量模拟加速试验，其 1 个月的动力学规律变化较大。在前面对其腐蚀失重分别进行了 0~10 天和 0~30 天两个时间段的拟合，且 70℃，10%含水量条件下的腐蚀失重为 24.721g/dm²，接近实际埋样 8 年的腐蚀失重，因而对 0~10 天和 0~30 天两种情况分别进行了加速比计算。这两种情况下对应的 D_0 和 n_0 取值分别为实际埋样 5 年的拟合结果：0.016 和 0.945，实际埋样 8 年的拟合结果：0.071 和 0.735，对于其余试验条件下的 D_0 和 n_0 取值为实际埋样 5 年的拟合结果：0.016 和 0.945(第 4 章)。

表 11.4 Q235 钢在不同加速条件下的 D_1、n_1、M 和加速比 a

试验条件	D_1	n_1	$M/(\text{g/dm}^2)$	a
50℃，10%含水量	0.035	1.474	5.331	15.441
50℃，20%含水量	0.068	0.752	0.851	2.328

续表

试验条件	D_1	n_1	$M/(g/dm^2)$	a
50℃，30%含水量	0.048	0.909	1.049	2.810
50℃，10%～30%含水量	0.114	0.909	2.457	7.023
70℃，10%含水量(1)	0.122	1.889	9.646	86.553(1)
70℃，10%含水量(2)	1.486	0.83	24.721	97.073(2)
70℃，20%含水量	0.218	1.064	8.336	24.414
70℃，30%含水量	0.118	1.227	7.906	23.034
70℃，10%～30%含水量	0.159	1.234	10.884	32.373
50～70℃，20%含水量	0.024	1.114	1.089	2.833

由表 11.4 可以看出：70℃时的加速比明显高于 50℃；在相同温度下，10%含水量时的加速比最大，10%～30%含水量时的加速比次之，在 20%和 30%含水量条件下的加速比接近且数值最小；50～70℃、20%含水量条件下的加速比略高于50℃、20%含水量，而远小于 70℃、20%含水量时的加速比。

11.4.2　模拟加速试验的动力学相关性

利用邓聚龙灰色关联度分析法对 Q235 钢模拟加速试验与现场埋样试验的腐蚀失重动力学相关性进行分析。灰色关联度分析主要包括以下几个步骤。

1) 初值化(无量纲化)

由于系统中各因素列中的数据可能因计算单位的不同，不便于比较，或在比较时难以得到正确的结论，因此在进行灰色关联度分析时，一般都要进行标准化(无量纲化)的数据处理。

2) 关联系数 $\xi(X_i)$ 的计算

所谓关联度，实质上是曲线间几何形状的差别程度，因此曲线间差值大小可作为关联度的衡量尺度。对于一个参考数列 X_0 的若干个比较数列 $X_1, X_2, \cdots, X_n$，各比较数列与参考数列在各个时刻(即曲线中的各点)的关联系数 $\xi(X_i)$ 可由式 (11.6)算出：

$$\xi_i(k) = \frac{\min\limits_{i}\min\limits_{k}|X_0(k)-X_i(k)| + \zeta\max\limits_{i}\max\limits_{k}|X_0(k)-X_i(k)|}{|X_0(k)-X_i(k)| + \zeta\max\limits_{i}\max\limits_{k}|X_0(k)-X_i(k)|} \tag{11.6}$$

其中，ζ 为分辨系数，$0<\zeta<1$；$\min\limits_{i}\min\limits_{k}|X_0(k)-X_i(k)|$ 为比较数列与参考数列取绝对差值中的最小值，$\max\limits_{i}\max\limits_{k}|X_0(k)-X_i(k)|$ 为绝对差值中的最大值。

3) 关联度 γ_i 的计算

关联系数是比较数列与参考数列在各个时刻(即曲线中的各点)的关联程度值，所以它的值不止一个，且信息过于分散不便于进行整体性比较，因此有必要将各个时刻(即曲线中的各点)的关联系数集中为一个值，也就是求其平均值，作为比较数列与参考数列间关联程度的数量表示。关联度 γ_i 的计算公式如下：

$$\gamma_i = \frac{1}{N} \sum_{k=1}^{N} \xi_i(k) \tag{11.7}$$

这里计算加速试验与现场试验结果灰色关联度的处理过程为：

(1) 对加速试验与现场试验结果进行拟合，得到腐蚀失重 M 与时间 t 的关系模型。

(2) 利用式(11.5)计算加速试验相对于现场试验的加速比 a。

(3) 根据加速比计算各加速试验相对于现场试验的时间序列 t_1，即将加速试验的时间序列进行外推处理，获得与现场试验相对应的时间序列：

$$t_{1i} = \frac{t_{0i}}{a} \tag{11.8}$$

其中，t_{1i} 为加速试验时间序列中第 i 个数据点；a 为加速比；t_{0i} 为现场试验时间序列中第 i 个数据点。

(4) 将加速试验时间序列 t_1 代入 M-t 关系模型中，计算相应的加速试验腐蚀失重数列。

由于埋样试验中腐蚀失重的动力学规律随时间而变化，这里计算模拟加速试验与现场埋样 5.08 年的动力学相关性，以现场埋样试验取样时间 0.51 年、3.08 年和 5.08 年，即 186 天、1124 天和 1854 天为基准，利用式(11.8)计算相应加速试验的时间序列(表 11.5)。以 Q235 钢现场埋样 0.51 年、3.08 年和 5.08 年的腐蚀失重为参考数列，根据表 11.5 中不同加速条件下的时间序列及各自的腐蚀失重动力学拟合结果计算腐蚀失重，获得相应的比较数列，将数据进行归一化处理，分辨系数 ζ 取值为 0.5，利用式(11.6)和式(11.7)计算不同条件下模拟加速试验的动力学关联度，结果见表 11.6。可以看出：相同温度下，低含水量模拟加速试验的动力学关联度相对较低，在中、高含水量及交变含水量条件下的模拟加速试验动力学关联度较高；50℃时的动力学关联度平均高于 70℃；温度交变模拟加速试验的动力学关联度低于含水量交变时的关联度；50℃，10%～30%含水量时的动力学关联度最高，达到了 0.973，此时比较数列和参考数列的数值最为接近，但是加速比偏低，仅为 7.023；比较表 11.5 和表 11.6 中的数据，70℃，20%含水量时可获得相对较大的加速比与动力学关联度。

表 11.5　Q235 钢在不同加速条件下与现场埋样试验相对应的时间序列

试验条件	加速比 a	与现场试验对应的时间序列 t_i/天
50℃，10%含水量	15.441	12.05，72.79，120.07
50℃，20%含水量	2.328	79.90，482.82，796.39
50℃，30%含水量	2.810	66.19，400.00，659.79
50℃，10%～30%含水量	7.023	26.45，159.84，263.65
70℃，10%含水量	86.553	2.15，12.99，21.43
70℃，20%含水量	24.414	7.62，46.04，75.94
70℃，30%含水量	23.034	8.08，48.80，80.49
70℃，10%～30%含水量	32.373	5.75，34.72，57.27
50～70℃，20%含水量	2.833	65.65，396.75，654.43

表 11.6　不同条件下模拟加速试验的动力学关联度

试验条件	加速比	参考数列与比较数列	关联度
现场埋样	—	2.33，12.10，19.60	—
50℃，10%含水量	15.441	1.37，19.44，40.66	$\gamma_1 = 0.493$
50℃，20%含水量	2.328	1.83，7.09，10.33	$\gamma_2 = 0.651$
50℃，30%含水量	2.810	2.17，11.13，17.54	$\gamma_3 = 0.928$
50℃，10%～30%含水量	7.023	2.24，11.48，18.10	$\gamma_4 = 0.973$
70℃，10%含水量	86.553	0.52，15.89，41.10	$\gamma_5 = 0.494$
70℃，20%含水量	24.414	1.89，12.82，21.84	$\gamma_6 = 0.883$
70℃，30%含水量	23.034	1.53，13.92，25.72	$\gamma_7 = 0.727$
70℃，10%～30%含水量	32.373	1.38，12.66，23.48	$\gamma_8 = 0.796$
50～70℃，20%含水量	2.833	2.54，18.83，32.89	$\gamma_9 = 0.643$

11.5　结　　语

本章介绍了土壤腐蚀模拟加速试验箱，利用实际土壤，控制土壤含水量、温度变化，实现了恒温恒含水量、冷热交替和干湿交替三种土壤腐蚀加速试验方法。在 70℃时，加速试验箱内的腐蚀速率均高于烧杯中的腐蚀速率。对 Q235 钢在大港土中不同加速条件下 1 个月的腐蚀动力学进行了 $M = Dt^n$ 幂函数拟合，在相同含水量条件下，50℃时的初期腐蚀速率明显小于 70℃。50℃时，10%含水量时的腐蚀速率随时间延长而增加，其余三种条件下的腐蚀速率逐渐减小；70℃、10%含水量前十天的腐蚀速率逐渐增大，10 天后，腐蚀速率逐渐减小，在 70℃其余含水量条件及 50～70℃试验中的腐蚀速率随时间延长逐渐增大。

在 50℃恒温恒含水量加速试验中，其氧化还原电位 Eh 随时间的延长逐渐降低，腐蚀电位 E_{corr} 逐渐升高，10%含水量条件下的 E_{corr} 和 Eh 要明显高于 20%和 30%含水量时的相应值；在 70℃恒温恒含水量加速试验中，Eh 和 E_{corr} 随时间延长逐渐增加；含水量交变和温度交变试验中，E_{corr} 和 Eh 随土壤含水量减小而逐渐升高，温度升高 E_{corr} 和 Eh 减小，温度降低 E_{corr} 和 Eh 增大。在 50℃和 70℃模拟加速试验中，10%含水量大港土中的腐蚀主要表现为局部腐蚀，随时间延长逐渐发展为全面腐蚀，20%和 30%含水量、含水量交变及 20%含水量温度交变试验中的腐蚀主要表现为均匀腐蚀。

模拟加速试验和现场埋样的腐蚀动力学相关性分析结果表明：相同温度下，低含水量模拟加速试验的动力学关联度较低，而中、高含水量及交变含水量时的动力学关联度较高；50℃时的关联度平均值高于 70℃，在 70℃，20%含水量时可获得相对较大的加速比与动力学关联度。

第 12 章　土壤腐蚀大数据监测与评估

　　材料腐蚀造成了重大的经济损失、人员伤亡和环境灾难。由于材料腐蚀过程及其与环境作用的复杂性，加之传统片断化的腐蚀数据已经远远不能适应腐蚀学科发展的需要，发展"腐蚀大数据"概念和理论迫在眉睫。大数据的含义很广泛，现在所说的腐蚀大数据是什么？所有发生的和腐蚀相关的信息，集成在一起就是腐蚀大数据。目前腐蚀与防护学科所言的腐蚀速率是多少，材料能用多少年都是腐蚀数据，是属于片断的、碎片化提取的数据，这不是腐蚀大数据，将它们机械地堆积在一起也不是腐蚀大数据。腐蚀大数据是指在服役材料衰变过程中，所有衰变数据和相关环境数据的连续采集、建库、数据建模挖掘与共享。从这个意义来讲，腐蚀大数据是一个非常广义的概念，所有的装备，包括这个星球所有建筑物，所有材料衰变的过程都涉及腐蚀大数据。通过各种各样的办法，通过数值性数据、照片、录像、文字等记录下来的过程数据某种程度上就是腐蚀大数据。

　　建立了"腐蚀大数据"概念，就必须建立腐蚀大数据理论体系和技术手段。腐蚀大数据理论体系包括：建库、建模、仿真与共享四个方面。即建立标准化的"腐蚀大数据"数据仓库；"腐蚀大数据"数据建模及其结果的数据图片表征，建模需要利用最新的数学工具，如神经网络、随机森林等机器学习方法；利用"腐蚀大数据"进行腐蚀过程模拟仿真及其试验验证，其目的就是实现材料腐蚀的人工智能；以上所有数据与过程的共享，就如同目前人类积累的所有共有知识一样。"腐蚀大数据"技术层面的关键为："腐蚀大数据"和环境数据的大通量高密度采集、无线传输及入库；"腐蚀大数据"建模和仿真结果的工程应用；基于"腐蚀大数据"概念的数据共享平台建设与运行。以上方面构成了材料腐蚀信息学，即腐蚀基因组工程的理论体系。

　　进入大数据时代，开展材料服役大数据挖掘、建模与可视化方法研究，开展数据高效处理与利用共性技术及专用软件的研发，推进材料服役数据产品开发及工程化应用，为工程装备安全服役提供诊断手段；同时，结合高通量计算与高通量试验，开展耐蚀材料成分-结构-耐蚀性能等与服役环境的建模与预测研究，为先进耐蚀材料与防护技术的研发应用提供支撑。本章以土壤腐蚀大数据监测技术及其结果分析为例，叙述"土壤腐蚀大数据"概念和理论内涵及其在埋地装备安全诊断与评估，以及耐蚀新材料研发中的作用。

12.1　环境腐蚀大数据技术

　　环境腐蚀在线监测技术(BDATA)的核心在于腐蚀传感器的设计。该传感器采用铜与碳钢偶接形成腐蚀电偶,通过具有绝缘性能的环氧玻璃纤维板将金属隔开,然后用工业环氧胶对传感器组件浇铸封闭,最后采用1200号砂纸打磨裸露出金属片界面,以便薄层水膜能在该界面上形成,当降雨或潮湿环境下在传感器表面形成薄膜时,界面上的碳钢和铜之间会导通形成回路并产生电偶腐蚀电流。每个腐蚀传感器共采用7对金属偶接,每对金属包含1片碳钢与1片纯铜,每片碳钢与铜的外部裸露面积为$(21×1)mm^2$,金属片层间的间距通过环氧玻璃纤维板的厚度进行控制,厚度为0.1mm。其中铜的金属纯度要求不小于99.5%。将腐蚀传感器产生的电偶电流接入灵敏度超过0.1nA的微电流计进行检测,并配备数据写入模块将捕捉到的BDATA传感器电流以1min/次的频率记录在本地,最终完成环境的腐蚀在线监测。图12.1为环境腐蚀在线监测技术的原理与实物图展示。

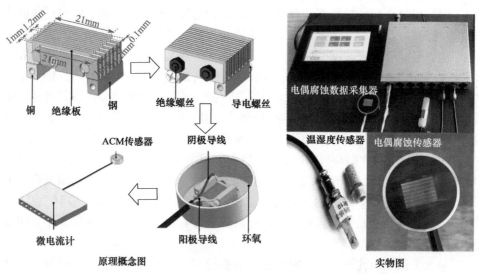

图 12.1　环境腐蚀在线监测技术的原理与实物图

12.2　大气腐蚀监测结果与分析

　　以中国的6个典型气候站环境作为试验环境进行室外大气暴露试验。试验站的地理分布、气候类型和暴露试验的现场如图12.2所示。

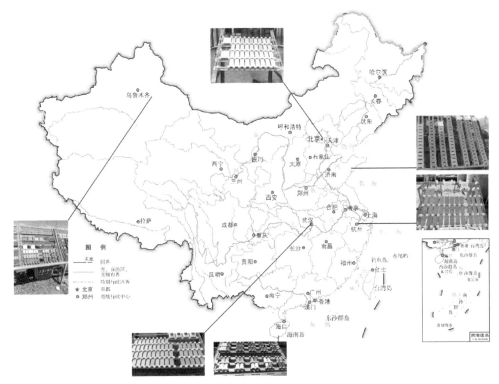

图 12.2　大气环境腐蚀性监测地点的地理位置分布

每个试验站点采用 1 个 BDATA 传感器收集环境腐蚀数据，试验时均安装在离地面 1m 以上并朝南 45°外露，温湿度传感器放置在 BDATA 传感器旁边，以便暴露在腐蚀性相同的环境中。环境监测于 2018 年 7 月初起，至 2019 年 9 月初结束，累计约 1 年。

监测期间内，6 个地点的日均温度变化、每日温度标准差统计、年均温度如图 12.3 所示。从图 12.3 中能够明显地看出：①6 个地点的日均温度变化规律各有各的特色，由于纬度的高度不同，三亚在一年四季内的日均温度变化最小，青岛、武汉、北京、杭州基本一致，吐鲁番由于纬度最高且地处荒漠，一年内日均温度随季节变化最为明显；②6 个地点每天的温度变化标准差值呈现十分离散的统计规律，但是除吐鲁番外，其他 5 个地区每天的温度变化标准差均值又基本趋于一个水平上，说明除吐鲁番外，其他地点大气环境的昼夜温差变化还是相似的；③6 个地点的年均温度水平参差不齐，其中三亚的年均温度最高，且远超于其余 5 个地区。

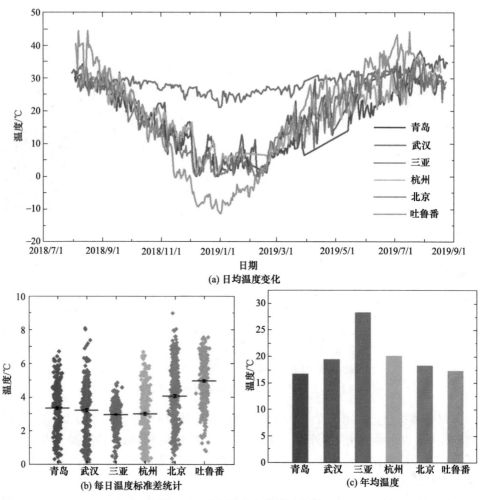

(a) 日均温度变化

(b) 每日温度标准差统计　　　　　　　(c) 年均温度

图 12.3　大气温度变化特征分析

　　6 个地点的日均相对湿度变化、每日相对湿度标准差统计、年均相对湿度如图 12.4 所示。从图 12.4 中能够明显地看出：①6 个地点的日均相对湿度变化规律十分复杂，很难呈现一个稳定的水平或变化趋势；②6 个地点每天的相对湿度变化标准差值和图 12.3 类似，呈现十分离散的统计规律，但同样除吐鲁番外，其他 5 个地区每天的相对湿度变化标准差均值又基本趋于一个水平上，说明除吐鲁番外，其他地点大气环境的相对湿度波动幅度还是相似的，这个波动的幅度可能是绝大多数大气环境相对湿度变化的通用特征；③6 个地点的年均相对湿度并不统一，青岛、武汉、三亚、杭州属于潮湿环境，吐鲁番属于干旱环境。

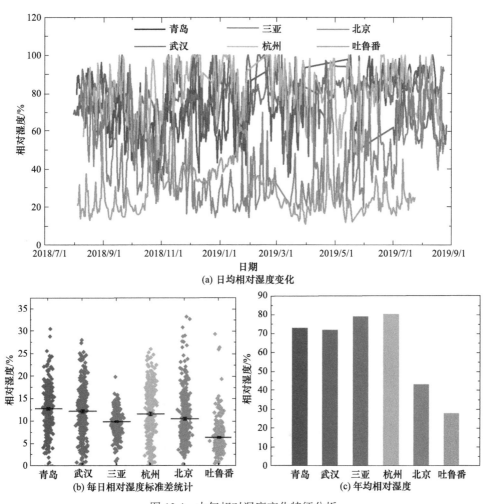

图 12.4　大气相对湿度变化特征分析

图 12.5 为 6 个地区分别在 1 个月、半年、1 年的 BDATA 实时电量-挂片腐蚀量的对应关系图。从图 12.5 中可以明显地看出，绝大多数地区的腐蚀周期内，BDATA 传感器产生的累计电量和挂片腐蚀重有良好的对应关系，拟合优度达 0.996，仅 1 个数据点坐落位置离拟合曲线较远，且该数据点的自身误差较大。由于 BDATA 技术基于电偶腐蚀原理设计，一般环境腐蚀性越强，相对于自腐蚀而言电偶腐蚀越严重，因而挂片腐蚀重与电量的对应关系为幂函数关系，且幂指数小于 1，符合科学规律。图 12.5 说明 BDATA 能够替代腐蚀挂片，反映出环境腐蚀性的大小。

基于图 12.5 的良好幂指数规律，监测期间内，6 个地点的 BDATA 电流实时变化、BDATA 电量累计变化如图 12.6 所示。BDATA 电流反映了环境的实时腐蚀性，BDATA 电量对应了环境从监测起的累计腐蚀性。从图 12.6 中能够明显地看出：①从实时 BDATA 电流来看，6 个地点的环境腐蚀性变化区间极大，呈现出

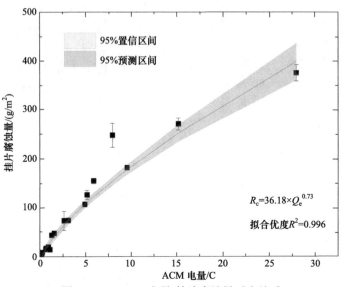

$$R_c = 36.18 \times Q_e^{0.73}$$

拟合优度$R^2 = 0.996$

图 12.5　BDATA 电量-挂片腐蚀量对应关系

R_c 代表腐蚀量；Q_e 代表电量

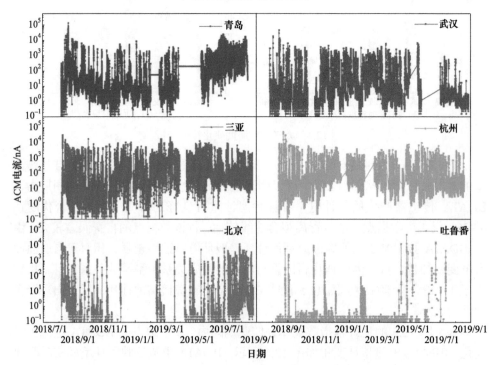

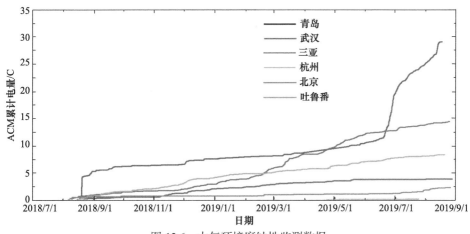

图 12.6 大气环境腐蚀性监测数据

的规律十分复杂，基于吐鲁番的气候特征，环境腐蚀性波动最小；②从 BDATA 累计电量来看，一年内的环境腐蚀性强弱为：青岛>三亚>杭州>武汉>北京>吐鲁番。环境腐蚀性最强的地区为青岛和三亚，由于地处沿海地区，氯离子沉降量较大；季节性腐蚀特征最为明显的地区为青岛、北京，腐蚀主要集中在夏季，其余地区的大气环境腐蚀性在各季节分布较为均匀。

图 12.7 为青岛、三亚地区的月均氯离子沉降速率。氯离子沉降速率同样并不呈现出明显的规律性，且在年均氯离子沉降速率上，青岛小于三亚。从图 12.3 可知，青岛的年均温度小于三亚，从图 12.4 可知，青岛的年均相对湿度小于三亚。但是青岛不仅是海洋气候，同样还是工业气候，受其他腐蚀性因子的影响，因而图 12.6 显示出青岛在一年展现出的环境腐蚀性高于三亚。

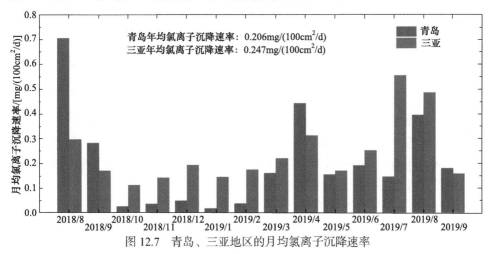

图 12.7 青岛、三亚地区的月均氯离子沉降速率

大气环境腐蚀性的日波动极大,且部分地区呈现季节性腐蚀的特征;环境腐蚀性受地理位置影响极大,蕴含的腐蚀规律十分复杂,各站点均呈现出地区环境腐蚀特色。而这种大气环境腐蚀性的变化能够很灵敏地被 BDATA 技术捕捉到。

12.3　土壤腐蚀监测结果与分析

以中国的 4 个典型土壤站环境作为试验环境进行室外大气暴露试验。试验站的地理分布、土壤特征和暴露试验的现场如图 12.8 所示。

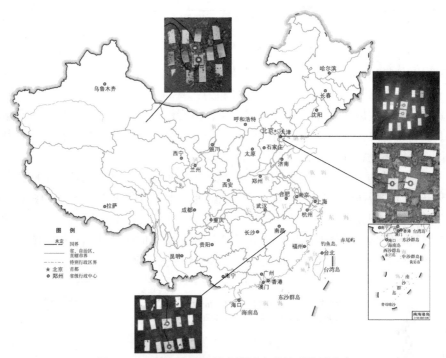

图 12.8　土壤环境腐蚀性监测地点的地理位置分布

每个试验站点采用 1 个 BDATA 传感器收集环境腐蚀数据,试验时均安装在离地面 1m 深度朝上,温湿度传感器放置在 BDATA 传感器旁边,以便暴露在腐蚀性相同的环境中。环境监测于 2019 年 4 月初起,至 2019 年 12 月初结束,每个地点累计约 6 个月。

监测期间内,4 个土壤站的土壤温湿度变化如图 12.9 所示。可以从天津-北科大站和敦煌土壤监测点看出,土壤内部的温度变化会呈现季节性特征,其中夏季温度最高,与大气环境不同的是,土壤每天的温度波动极小,温度给腐蚀带来的影响较为稳定。从这两个站点还可以观察到,在温湿度传感器失效之前,土壤的内湿度较为稳定，且相对于大气环境下湿度极高，因而猜测土壤内的环境腐蚀性要明显高于大气环境。

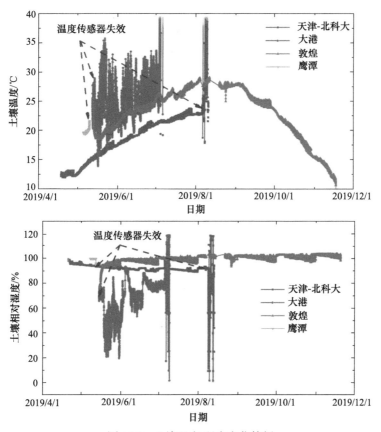

图 12.9 土壤温度/湿度变化特征

图 12.10 为 4 个地点的铜钢型 BDATA 传感器分别在 3 个月、6 个月时的 BDATA 实时电量-挂片腐蚀量的对应关系图。可以看出：①与大气环境不同的是，无论是 BDATA 传感器输出累计电量还是土壤中挂片腐蚀量数据，均表示土壤环境里的环境腐蚀性明显高于大气环境；②土壤环境下 BDATA 传感器电量-挂片腐蚀量类似于线性关系，总体也属于幂指数的范畴，虽然与大气环境下的 BDATA 传感器电量-挂片腐蚀量关系有所不同，但是可以认为土壤环境下铜钢型 BDATA 的电流能够反映土壤的环境腐蚀性。

监测期间内，天津-北科大、大港、敦煌、鹰潭土壤站的铜钢型 BDATA 电流实时变化、BDATA 电量累计变化如图 12.11 所示。基于图 12.9 的温湿度传感器呈现的规律可知，土壤的环境腐蚀性较为稳定，对应的 BDATA 电流波动较为缓和。通过对铜钢型 BDATA 传感器数据进行分析得到，大港在初始时土壤腐蚀性最强，推测由于大港土壤站属于沿海站点，土壤内的含水量和氯离子含量极高，在监测初期极大程度地提升了土壤的腐蚀性；敦煌土壤站的土壤腐蚀性次之，且和天津-北科大站点相比，腐蚀呈现越来越严重的趋势，推测由于敦煌土壤内的可溶盐含量较高，在腐蚀过程中促使材料形成没有保护性能的腐蚀产物，因而在中后期呈现腐蚀加速的特征；天津-北科大站点的土壤腐蚀性适中，土壤腐蚀在线监测数据一直呈稳定趋势。

由于铜钢型 BDATA 传感器存在土壤环境下失效过快的问题，在同一监测时间，尝试采用铜锌型 BDATA 传感器进行 4 个地点的土壤环境腐蚀性监测，监测

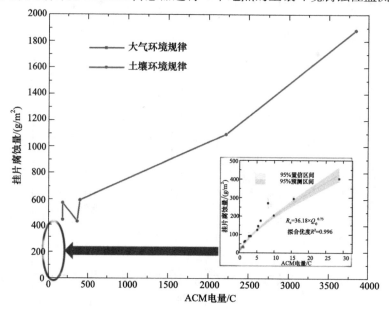

图 12.10　BDATA 电量-挂片腐蚀量对应关系

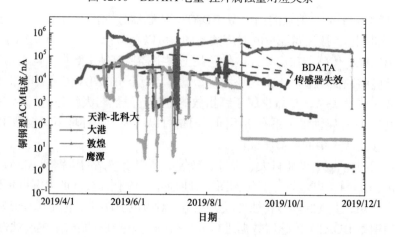

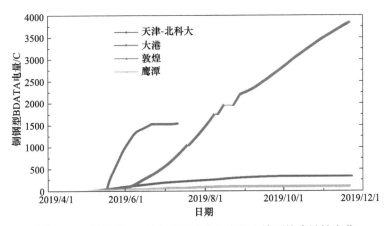

图 12.11　铜钢型 BDATA 表征 4 个地点的土壤环境腐蚀性变化

结果如图 12.12 所示。除大港外，其余 3 个土壤环境均没有出现传感器失效的情况。考虑到大港的土壤位于沿海，推测铜锌型腐蚀传感器失效是因为该土壤环境腐蚀性过于严重，较快地损耗了传感器产生电流的元器件，进而缩短了 BDATA 传感器的使用寿命。

　　铜锌型腐蚀传感器在图 12.12 中呈现的土壤环境腐蚀性更为明显：①土壤环境腐蚀性排序为大港 ≫ 敦煌>天津-北科大>鹰潭，大港由于地处沿海地区，展现出了极强的土壤腐蚀性，敦煌的高可溶盐特点也带来了较强的环境腐蚀性；②土壤环境腐蚀性>大气环境腐蚀性，推测由于土壤距离地表 1m 深的环境下水分不易蒸发，极容易在材料表面形成稳定的薄液膜进而发生腐蚀，而大气环境的薄液膜层厚度并不稳定，发生有效腐蚀的时长较短；③与大气巨大的环境腐蚀性波动相比，土壤的环境腐蚀性更为稳定，推测与图 12.9 中反映的土壤内环境温度/湿度基本保持不变有关。

　　土壤环境腐蚀性的日波动较小，环境腐蚀性受地理位置影响极大，其中沿海地区最为苛刻；铜钢型 BDATA 传感器能够短周期内有效监测土壤环境腐蚀性的波动，当监测时间过长时，铜锌型 BDATA 传感器监测土壤腐蚀性更为稳定和高效。

　　大气和土壤的环境腐蚀性受地理位置影响极大，一般靠近海岸的大气和土壤环境均展现极高的环境腐蚀性。6 个地点的大气环境腐蚀性均远小于 4 个地点的土壤环境腐蚀性。大气环境腐蚀性的日波动极大，且部分地区呈现季节性腐蚀的特征，腐蚀影响因素变化复杂，各站点均呈现出地区环境腐蚀特色。与之相比，土壤的环境腐蚀性更为稳定。大气环境下 BDATA 传感器电量-挂片腐蚀量呈现幂函数关系，且该对应关系十分稳定，表明 BDATA 在大气环境下完全能够替代腐蚀挂片进行环境腐蚀性的监测。BDATA 传感器在土壤环境下能够反映出土壤环境腐蚀性的强弱，也表现出良好的幂指数规律。若要进行长期的土壤腐蚀性监测，推荐 BDATA 传感器的阳极材料选用纯锌替代钢铁材质。

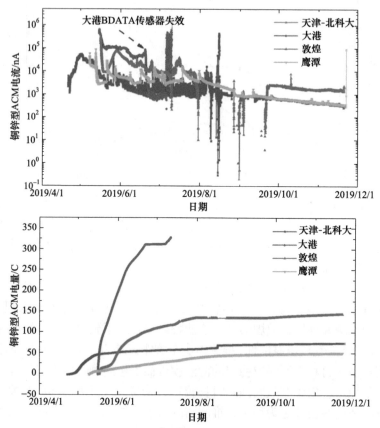

图 12.12　铜锌型 BDATA 表征 4 个地点的土壤环境腐蚀性变化

12.4　土壤腐蚀数据挖掘

土壤腐蚀 BP 人工神经网络模型的建立。试验材料选用 20 钢，大庆地区土壤腐蚀试验现场包括两个区域、四条管道沿线。其中检测区总面积 653km²，包括 LHP、XZ 两个分区，其中 LHP 区的面积 333km²，XZ 区的面积 320km²，4 条线总长度 106.73km。在 30 个试验点进行了现场埋设，共埋设试样 240 件，分为 0.5 年和 1 年两个试验周期，每次分别取平行样 4 件。试样埋设深度根据现场试验点的地势确定，在 0.5～1.2m 之间。土壤电化学性质现场测试主要包括土壤电阻率、金属自然腐蚀电位、土壤电位梯度、土壤氧化还原电位、土壤 pH、含水量、土壤容重、温度。土壤成分分析，现场取样，实验室分析，成分分析内容包括 CO_3^{2-}、

HCO_3^-、SO_4^{2-}、Cl^-、Ca^{2+}、Mg^{2+}、K^+、Na^+、SRB 等含量。

土壤理化性质及腐蚀性参数测试结果如表 12.1～表 12.4 所示。

表 12.1　LHP 区块土壤取样分析数据

编号	pH	$Ca^{2+}+Mg^{2+}$含量/(mg/kg)	CO_3^{2-}含量/(mg/kg)	HCO_3^-含量/(mg/kg)	Cl^-含量/(mg/kg)	SO_4^{2-}含量/(mg/kg)	K^++Na^+含量/(mg/kg)	硫酸盐还原菌含量/(个/g)
053	8.13	261	272	3416	656	540	3199	1.25×10^3
054	6.88	160	0	292	301	660	745	0
055	7.22	586	303	1170	124	1981	1750	2.0×10^1
056	9.08	261	560	4524	301	1081	4332	1.25×10^4
057	7.02	160	0	277	35	781	539	1.5×10^1
L-1	7.03	160	0	215	301	901	891	1.25×10^2
L-2	9.42	411	575	4201	213	1561	4145	2.0×10^0
L-3	6.93	85	0	339	124	480	579	1.25×10^2
L-4	6.89	110	0	215	35	660	500	7.5×10^1
L-5	7.17	135	30	523	124	600	736	0
X-1	7.05	135	0	77	35	720	411	4.5×10^1
X-2	7.04	85	0	108	124	300	284	0
X-3	7.36	135	151	923	35	660	1102	2.0×10^1
X-4	7.07	185	76	954	35	540	827	1.25×10^2
X-5	9.26	436	303	2986	390	2101	3598	4.5×10^2

注：表中的土壤样品 6～7 月取自试验现场

表 12.2　XZ 区块土壤取样分析数据

编号	pH	$Ca^{2+}+Mg^{2+}$含量/(mg/kg)	CO_3^{2-}含量/(mg/kg)	HCO_3^-含量/(mg/kg)	Cl^-含量/(mg/kg)	SO_4^{2-}含量/(mg/kg)	K^++Na^+含量/(mg/kg)	硫酸盐还原菌含量/(个/g)
062	9.24	135	454	923	35	600	1447	3.5×10^2
063	9.07	261	303	2801	124	1021	2648	2.0×10^2
064	9.11	561	636	3416	124	2161	3819	2.0×10^2
065	9.27	235	76	246	301	600	618	1.25×10^1
066	8.26	561	424	3755	213	1501	3320	4.65×10^3

续表

编号	pH	Ca^{2+}+Mg^{2+}含量/(mg/kg)	CO$_3^{2-}$含量/(mg/kg)	HCO$_3^-$含量/(mg/kg)	Cl$^-$含量/(mg/kg)	SO$_4^{2-}$含量/(mg/kg)	K$^+$+Na$^+$含量/(mg/kg)	硫酸盐还原菌含量/(个/g)
067	7.07	135	0	246	35	841	617	2.0×10^2
079	7.06	135	0	431	124	781	784	1.0×10^3
080	7.13	85	0	339	124	600	676	4.5×10^1
081	7.09	185	61	554	124	901	942	4.5×10^1
082	9.26	336	711	1218	213	1741	8471	1.25×10^1
083	7.15	135	0	246	124	600	519	1.25×10^1
084	7.07	135	91	1247	35	480	1083	2.0×10^2
085	8.33	536	378	1493	744	1861	2740	4.65×10^3
086	6.97	110	0	215	124	660	597	1.0×10^2
087	8.86	561	605	3693	479	1261	3615	1.25×10^2

注：表中的土壤样品 6～7 月取自试验现场

表 12.3　土壤腐蚀性测试数据汇总——LHP 区块

编号	土壤电阻率/(Ω·m)	氧化还原电位/mV	金属自然腐蚀电位/mV	含水量/%	容重/(g/cm^3)	总孔隙度/%	空气容量/%	腐蚀速率/(mm/a)
053	9.4	80	−746	21.1	1.57	42.1	8.9	25.2
054	38.9	195	−714	16.4	1.57	42.1	16.3	25.2
055	6.3	258	−736	18.3	1.42	47.0	21.1	20.7
056	5.7	128	−760	21.3	1.57	42.1	8.6	33.0
057	116.2	144	−389	4.3	1.02	60.2	55.8	0.5
L-1	87.9	183	−331	6.2	1.17	55.3	48.0	1.0
L-2	5.7	139	−735	16.6	1.60	41.1	14.4	24.1
L-3	19.5	182	−672	18.8	1.67	38.8	7.4	19.7
L-4	113.0	187	−393	4.6	1.20	54.3	48.7	0.9
L-5	18.8	218	−667	19.6	1.48	45.0	16.0	12.4
X-1	201.0	218	−343	4.7	1.02	60.2	55.4	0.3
X-2	157.0	211	−369	4.7	1.15	55.9	50.6	1.2
X-3	4.4	203	−640	20.8	1.49	44.7	13.6	7.2
X-4	10.7	187	−630	17.5	1.47	45.4	19.5	8.6
X-5	37.7	108	−601	15.0	1.59	41.4	17.5	0.7

注：表中的土壤样品 8～9 月取自试验现场

表 12.4　土壤腐蚀性测试数据汇总——XZ 区块

编号	土壤电阻率/(Ω·m)	氧化还原电位/mV	金属自然腐蚀电位/mV	含水量/%	容重/(g/cm³)	总孔隙度/%	空气容量/%	腐蚀速率/(mm/a)
062	9.4	178	−683	18.0	1.52	43.7	16.3	23.9
063	8.8	170	−707	15.2	1.49	44.7	22.0	7.9
064	0.4	145	−502	17.0	1.50	44.4	18.9	10.0
065	10.0	159	−715	25.4	1.47	45.4	8.0	21.3
066	17.0	218	−745	23.6	1.44	46.4	12.3	21.6
067	11.9	143	−748	26.6	1.42	47.0	9.2	22.4
079	10.0	210	−687	19.5	1.48	45.0	16.2	18.1
080	6.0	216	−639	17.5	1.42	47.0	22.2	7.5
081	5.7	156	−638	19.7	1.52	43.7	13.7	12.1
082	12.6	226	−695	28.0	1.44	46.4	5.9	15.1
083	15.7	228	−549	16.7	1.43	46.7	22.8	55.3
084	5.0	208	−634	22.8	1.42	47.0	14.5	55.1
085	1.3	118	−677	26.7	1.42	47.0	9.0	59.0
086	2.5	95	−512	17.1	1.32	50.3	27.7	20.8
087	3.1	153	−658	18.3	1.47	45.4	18.4	18.2

注：表中的土壤样品 8～9 月取自试验现场

　　试验表明，对于同种材质且表面处理工艺相同的试样，可以观察到同一埋藏地点的 4 个平行试样在腐蚀类型、腐蚀形貌、腐蚀深度等行为上无显著差异，结果如表 12.1～表 12.4 所示，可以看出，同一试验点的平行试样腐蚀速率相差在 5%～25% 之间，所以在进行初步建模分析时，可以粗略地认为，只需要考虑土壤环境因子对碳钢腐蚀的影响，而试样材质及表面处理的差别对腐蚀试验结果的作用则可以忽略。

　　大庆地区的土壤为草甸土，其土壤质地黏重、结构紧实，不利于水分垂向迁移，地下水位相对较为稳定，处于这个深度的土壤持水性比较好，其水分变化不会很大，并且由于淋失作用很弱，所以试验点周边土壤的成分也同样相对稳定。与土壤环境因素变化有关的另外一种情况是冬季冻土，冻土环境条件下液态水含量极低，土壤电阻率很高，一般超过 1000Ω·m，因此土壤中的碳钢腐蚀反应大为减弱，可以忽略不计。此外，非冻土地带地下 0.5～1.0m 深度处土壤的自然温度变化不大，可以不必考虑其影响。土壤质地、土壤结构、土层厚度等因素对土壤腐蚀也有影响。例如，它们直接影响到水分、盐分、氧等在土壤中的存在形式与传质快慢，但是由于它们属于难于量化的因素，且它们的作用可以通过其他因素，如土壤电阻率、空气容量、土壤密度等反映，所以在建立预测模型时不再考虑。

研究证明，在大庆地区的土壤环境条件下，CO_3^{2-} 含量、HCO_3^{2-} 含量、NO_3^- 含量、K^+含量、Na^+含量、Ca^{2+}含量、Mg^{2+}含量等单个因素对腐蚀的直接作用较小，它们与 Cl^-含量、SO_4^{2-} 含量共同产生的离子导电作用可以用溶盐总量来代替。因此可以认为，用含水量、空气容量、pH、Cl^-含量、SO_4^{2-} 含量、溶盐总量等 6 种因素建立的腐蚀预测模型具有客观性，这与通过传质过程分析得出的结论一致，下面将用 BP 人工神经网络对所构建的预测模型进行检验。

BP 人工神经网络设计只考虑 3 层 BP 网络(包括输入层、隐藏层及输出层)，将归一化处理后的数据分成训练样本、仿真样本两部分。输入层的神经元数目为碳钢土壤腐蚀中的影响因素(含水量、溶盐总量、pH、Cl^-含量、SO_4^{2-} 含量、空气容量)总数，即输入层有 6 个神经元节点；输出层为碳钢的腐蚀速率，即输出层有 1 个神经元节点；隐藏层节点数取为 5。

数据样本均来自现场土壤环境因素测试及埋片试验，训练样本采用前 24 组数据，仿真样本采用后 6 组数据。

训练样本矩阵(包括输入样本矩阵 P_1 及目标样本矩阵 T_1)：

$$P_1 = \begin{bmatrix} 21.08 & 16.41 & 18.26 & 21.26 & 4.32 & 18.01 & 15.23 & 16.99 \\ 42.07 & 42.07 & 47.02 & 42.07 & 60.22 & 43.72 & 44.71 & 44.38 \\ 8.92 & 16.27 & 21.05 & 8.64 & 55.8 & 16.3 & 21.99 & 18.85 \\ 8.13 & 6.88 & 7.22 & 9.08 & 7.02 & 9.24 & 9.07 & 9.11 \\ 656 & 301 & 124 & 301 & 35 & 35 & 124 & 124 \\ 540 & 660 & 1981 & 1081 & 781 & 600 & 102 & 2131 \\ 5154 & 1421 & 4171 & 6736 & 1260 & 2158 & 4518 & 6903 \end{bmatrix}$$

$$\begin{matrix} 25.37 & 23.61 & 26.63 & 19.47 & 17.46 & 19.72 & 28.02 & 16.71 \\ 45.38 & 46.36 & 47.02 & 45.04 & 47.02 & 43.72 & 46.36 & 46.69 \\ 8 & 12.3 & 9.15 & 16.18 & 22.18 & 13.17 & 5.93 & 22.76 \\ 9.27 & 8.26 & 7.07 & 7.06 & 7.13 & 7.09 & 9.26 & 7.15 \\ 301 & 212 & 35 & 124 & 124 & 124 & 213 & 124 \\ 600 & 1501 & 841 & 781 & 600 & 901 & 1741 & 600 \\ 1468 & 6462 & 1256 & 1478 & 1155 & 1832 & 4229 & 1113 \end{matrix}$$

$$\begin{bmatrix} 22.85 & 26.73 & 17.1 & 18.32 & 6.17 & 16.64 & 18.77 & 4.64 \\ 47.02 & 47.01 & 50.31 & 45.37 & 55.27 & 41.08 & 38.77 & 54.28 \\ 14.52 & 8.99 & 27.69 & 18.4 & 48.04 & 14.42 & 7.39 & 48.7 \\ 7.07 & 8.33 & 6.97 & 8.66 & 7.03 & 9.42 & 6.93 & 6.89 \\ 35 & 744 & 124 & 35 & 744 & 124 & 479 & 301 \\ 480 & 1861 & 660 & 1261 & 901 & 1561 & 480 & 660 \\ 1995 & 5021 & 1117 & 6608 & 1585 & 6970 & 1035 & 1028 \end{bmatrix}$$

T_1 = [13.68 5.13 5.71 12.81 3.30 3.18 7.15 6.62 3.30 2.80 2.74 6.28 13.44 6.84 4.82
13.35 4.29 3.41 6.07 17.63 6.32 8.41 2.79 2.46]

检验样本及测试样本矩阵(包括输入样本矩阵 P_2 及目标样本矩阵 T_2):

$$P_2 = \begin{bmatrix} 19.61 & 4.74 & 4.67 & 20.82 & 17.55 & 15.04 \\ 45.04 & 60.22 & 55.93 & 44.71 & 45.37 & 41.41 \\ 15.97 & 55.37 & 50.55 & 13.63 & 19.53 & 17.46 \\ 7.17 & 7.05 & 7.07 & 7.36 & 7.07 & 9.26 \\ 124 & 35 & 124 & 35 & 35 & 399 \\ 600 & 720 & 300 & 660 & 540 & 2101 \\ 1420 & 975 & 624 & 1913 & 1798 & 6225 \end{bmatrix}$$

T_2=[6.93　2.61　1.12　7.56　7.57　17.84]

通过传质过程及土壤环境因素分析确定了含水量、空气容量、pH、Cl⁻含量、
SO_4^{2-} 含量、溶盐总量等 6 种土壤环境因素为影响本地区碳钢土壤腐蚀的主要因素，并以这 6 种因素为输入变量，构建人工神经网络预测模型。

图 12.13 是学习次数为 5000 及 10000 时人工神经网络的训练过程，其他参数

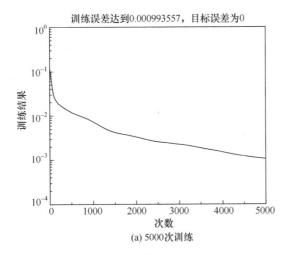

(a) 5000次训练

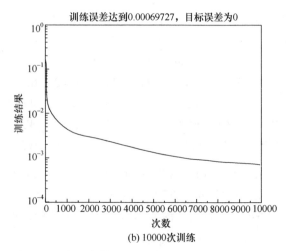

图 12.13　学习次数为 5000 次和 10000 次的误差曲线

取缺省值，表 12.5 和表 12.6 是相应的预测结果。

表 12.5　经过 5000 次训练后的预测结果

取样点编号	实测值	预测值	误差率/%
25 号	6.93	5.69	17.89
26 号	2.61	2.78	6.51
27 号	1.12	1.15	2.68
28 号	7.56	7.85	3.84
29 号	7.57	5.23	30.91
30 号	17.84	18.45	3.42

表 12.6　经过 10000 次训练后的预测结果

编号	实测值	预测值	误差率/%
25 号	6.93	6.06	14.35
26 号	2.61	2.82	7.44
27 号	1.12	1.31	14.50
28 号	7.56	9.31	18.80
29 号	7.57	6.08	24.51
30 号	17.84	17.37	2.71

把上述计算结果与现场试样实际腐蚀数据对比，可以看出，预测结果与实际腐蚀数据较为吻合，同时也发现，经过 10000 次训练后的人工神经网络比 5000 次训练的神经网络预测精度要高，10000 次训练后的腐蚀速率预测误差率控制在 25%以内。对有关材料腐蚀研究的神经网络进行了分析，表明神经网络分析对土壤腐蚀这样的复杂腐蚀系统具有明显的优势。建立了基于神经网络研究方法的局部区域土壤中材料的腐蚀性预测模型，为发展普适性较好的土壤腐蚀性预测模型和土壤腐蚀数据挖掘提供了很好的范例。

12.5　结　　语

土壤腐蚀大数据属于腐蚀大数据的一个分支，其理论体系与腐蚀大数据一致，也包括：建库、建模、仿真与共享四个方面。通过建立标准化的"土壤腐蚀大数据"数据仓储，并运用神经网络、随机森林等数据发掘技术，实现材料土壤腐蚀数据的仿真与共享。

数据挖掘是通过分析每个数据，从大量数据中寻找其规律的技术，主要有数据准备、规律寻找和规律等步骤。数据准备是从相关的数据源中选取所需的数据并整合成用于数据挖掘的数据集；规律寻找是用某种方法将数据集所含的规律找出来；规律表示是尽可能以用户可理解的方式(如可视化)将找出的规律表示出来。数据挖掘的任务有关联分析、聚类分析、分类分析、异常分析、特异群组分析和演变分析等。数据挖掘通常利用如下领域的思想：一是来自统计学的抽样、估计和假设检验，二是人工智能、模式识别和机器学习的搜索算法、建模技术和学习理论。另外，也迅速地接纳了来自最优化、进化计算、信息论、信号处理、可视化和信息检索等领域的最新方法。分布式技术也能帮助处理海量数据，并且当数据不能集中到一起处理时更是至关重要。以大庆地区 30 个有代表性地段进行的碳钢现场埋片腐蚀试验数据，验证了含水量、空气容量、pH、Cl^-含量、SO_4^{2-}含量、溶盐总量等 6 种土壤环境参数为影响本地区土壤中碳钢腐蚀的主要影响因素。运用人工神经网络，通过积累的碳钢土壤腐蚀数据，大量训练后建立了稳定性好、泛化能力强的土壤腐蚀预测模型，较好地预测了大庆地区碳钢在土壤中的腐蚀速率，误差率在 25%以内。

土壤腐蚀模型分为两类：一种是利用土壤环境因子与材料腐蚀量建立模型，属于环境影响演化规律研究；另一种则是利用土壤环境因子、材料腐蚀量及时间建立模型，属于动力学演化规律。前者常用来进行局部区域土壤腐蚀性评价，后者则用于土壤腐蚀寿命评估和安全评定。材料土壤腐蚀是世界上最复杂的腐蚀系统，研究材料在土壤环境中的腐蚀影响因素非常困难，这是因为影响因素众多，各地土壤性质差别很大。将"大数据"理论和技术有效地应用于土壤腐蚀研究，对管道建设和地下构筑物建设工程具有重要意义，发展"土壤腐蚀大数据"理论和技术是非常具有前景的，也是未来发展必然的研究方向。

参 考 文 献

陈健飞. 美丽中国之健康的土壤. 广州: 广东科技出版社, 2013.

陈旭, 杜翠薇, 李晓刚, 等. 2007. 含水率对 X70 钢在鹰潭酸性土壤中腐蚀行为的影响. 石油化工高等学校学报, (4): 55-58.

陈旭, 杜翠薇, 李晓刚, 等. 2008. 含水量对 X70 钢在大港滨海盐渍土壤中腐蚀行为的影响. 北京科技大学学报, (7): 730-734.

陈旭, 杜翠薇, 梁平, 等. 2008. 酸性土壤环境中 X70 钢缝隙腐蚀行为的研究. 科学通报, (23): 2839-2847.

陈旭, 李晓刚, 杜翠薇, 等. 2008. 阴极极化条件下 X70 钢的缝隙腐蚀行为. 金属学报, 44(12): 1431-1438.

陈旭, 李晓刚, 杜翠薇, 等. 2010. 溶液环境对模拟剥离涂层下 X70 钢腐蚀行为的影响. 中国腐蚀与防护学报, 30(1): 35-40.

杜翠薇, 李晓刚, 武俊伟, 等. 2004. 三种土壤对 X70 钢腐蚀行为的比较. 北京科技大学学报, (5): 529-532.

杜翠薇, 刘智勇, 梁平, 等. 2008. 不同组织 X70 钢在库尔勒含饱和水土壤中的短期腐蚀行为. 金属热处理, (6): 80-84.

范林, 刘智勇, 杜翠薇, 等. 2013. X80 管线钢高 pH 应力腐蚀开裂机制与电位的关系. 金属学报, 49(6): 689-698.

贾志军, 杜翠薇, 刘智勇, 等. 2011. 3Cr 低合金钢在含饱和 CO_2 的 NaCl 溶液中的腐蚀电化学行为. 材料研究学报, 25(1): 39-44.

贾志军, 李晓刚, 梁平, 等. 2010. 成膜电位对 X70 管线钢在 $NaHCO_3$ 溶液中钝化膜电化学性能的影响. 中国腐蚀与防护学报, 30(3): 241-245.

李超, 杜翠薇, 刘智勇, 等. 2011. X100 管线钢在水饱和酸性土壤中的电化学阻抗谱特征. 中国腐蚀与防护学报, 31(5): 377-380.

李晓刚. 2004. 我国典型自然环境中腐蚀数据积累及规律性研究进展. 腐蚀与防护青年学者走入宝钢学术交流论文集. 中国腐蚀与防护学会青年工作委员会、上海宝山钢铁股份公司技术中心、上海宝山钢铁集团公司科学技术协会、上海宝山钢铁集团公司金属学会: 中国化工防腐蚀技术协会: 29-39.

李宗书, 刘智勇, 杜翠薇, 等. 2016. 酸性土壤环境中剥离涂层下 X80 钢应力腐蚀行为及机理. 表面技术, 45(7): 1-7.

梁平, 杜翠薇, 李晓刚. 2011. 库尔勒土壤模拟溶液的模拟性和加速性研究. 中国腐蚀与防护学报, 31(2): 97-100.

梁平, 李晓刚, 杜翠薇, 等. 2008. Cl⁻ 对 X80 管线钢在 $NaHCO_3$ 溶液中腐蚀性能的影响. 北京科技大学学报, (7): 735-739.

刘继旺. 1979. 油田地下金属管道及容器的腐蚀与防腐. 油田地面工程, (3): 1-86.

刘智勇, 杜翠薇, 李晓刚, 等. 2010. X70 钢在库尔勒土壤环境中的腐蚀特征. 中国腐蚀与防护学报, 30(1): 46-50.

刘智勇, 李晓刚, 杜翠薇, 等. 2008. 管道钢在土壤环境中应力腐蚀模拟溶液进展. 油气储运, (4): 34-39.

刘智勇, 李宗书, 湛小琳, 等. 2016. X80 钢在鹰潭土壤模拟溶液中应力腐蚀裂纹扩展行为机理. 金属学报, 52(8): 965-972.

刘智勇, 王力伟, 杜翠薇, 等. 2013. Q235 钢和 X70 管线钢在北美山地灰钙土中的短期腐蚀行为. 北京科技大学学报, 35(8): 1021-1026.

刘智勇, 王长朋, 杜翠薇, 等. 2011. 外加电位对 X80 管线钢在鹰潭土壤模拟溶液中应力腐蚀行为的影响. 金属学报, 47(11): 1434-1439.

刘智勇, 翟国丽, 杜翠薇, 等. 2008. X70 钢在酸性土壤模拟溶液中的应力腐蚀行为. 金属学报, (2): 209-214.

刘智勇, 翟国丽, 杜翠薇, 等. 2008. X70 钢在鹰潭酸性土壤中的应力腐蚀行为. 四川大学学报 (工程科学版), (2): 76-81.

刘智勇, 郑文茹, 王力伟, 等. 2014. 库尔勒土壤环境中 X70 管线钢剥离涂层下的腐蚀特征. 北京科技大学学报, 36(11): 1483-1489.

聂向晖, 杜翠薇, 李晓刚. 2009. 温度对 Q235 钢在大港土中腐蚀行为和机理的影响. 北京科技大学学报, 31(1): 48-53.

聂向晖, 杜鹤, 杜翠薇, 等. 2008. 大港土电阻率的测量及其导电模型. 北京科技大学学报, (9): 981-985.

聂向晖, 李晓刚, 杜翠薇, 等. 2009. Q235 在不同含水量滨海盐土中腐蚀的电化学阻抗谱分析. 材料工程, (6): 15-19.

聂向晖, 李晓刚, 杜翠薇, 等. 2010. Q235 碳钢在滨海盐土中腐蚀的电极过程特点. 材料科学与工艺, 18(1): 38-42.

聂向晖, 李晓刚, 李云龙, 等. 2011. 土壤腐蚀加速试验的加速比与动力学相关性研究. 中国腐蚀与防护学报, 31(3): 208-213.

聂向晖, 李晓刚, 李云龙, 等. 2012. 碳钢的土壤腐蚀模拟加速实验. 材料工程, (1): 59-65.

曲良山, 李晓刚, 杜翠薇, 等. 2009. 运用 BP 人工神经网络方法构建碳钢区域土壤腐蚀预测模型. 北京科技大学学报, 31(12): 1569-1575.

曲良山, 李晓刚, 杜翠薇, 等. 2011. 区域土壤电阻率参数的空间分析软件开发与应用. 中国腐蚀与防护学报, 31(1): 23-27.

王力伟, 杜翠薇, 刘智勇, 等. 2011. Fe₃C 和珠光体对低碳铁素体钢腐蚀电化学行为的影响. 金属学报, 47(10): 1227-1232.

王永红, 鹿中晖, 文杰. 聚乙烯, 聚氯乙烯及尼龙 12 在南方赤红壤中的腐蚀性能分析比较. 中国腐蚀与防护学会成立 20 周年暨 99 学术年会. 中国腐蚀与防护学会, 1999.

武俊伟, 杜翠薇, 李晓刚, 等. 2004. 低碳钢在库尔勒土壤中腐蚀行为的室内研究. 腐蚀科学与防护技术, (5): 280-283.

武俊伟, 李晓刚, 杜翠薇, 等. 2005. X70 钢在库尔勒土壤中短期腐蚀行为研究. 中国腐蚀与防护学报, (1): 16-20.

张亮, 杜翠薇, 李晓刚. 2008. 温度、pH 值和氧浓度对 X70 管线钢电化学行为的影响. 金属热处理, (11): 36-39.

张亮, 李晓刚, 杜翠薇, 等. 2008. X70管线钢在含CO₂库尔勒土壤模拟溶液中的腐蚀行为. 金属学报, 44(12): 1439-1444.

张亮, 李晓刚, 杜翠薇, 等. 2008. X70管线钢在库尔勒土壤环境中应力腐蚀研究. 材料热处理学报, (3): 49-52.

张亮, 李晓刚, 杜翠薇, 等. 2009. 外加电位对X70管线钢在库尔勒土壤模拟溶液中应力腐蚀开裂敏感性的影响. 中国腐蚀与防护学报, 29(5): 353-359.

张亮, 李晓刚, 杜翠薇, 等. 2009. 温度对X70管线钢在碱性溶液中应力腐蚀开裂行为的影响. 机械工程材料, 33(6): 10-13.

张亮, 李晓刚, 杜翠薇, 等. 2009. 应变速率对管线钢在碱性溶液中应力腐蚀行为的影响. 钢铁研究学报, 21(10): 55-59.

赵博, 杜翠薇, 刘智勇, 等. 2012. Cl⁻和HCO₃⁻对N80钢阳极电化学行为的协同作用. 北京科技大学学报, 34(12): 1385-1390.

赵博, 杜翠薇, 刘智勇, 等. 2012. 剥离涂层下的X80钢在鹰潭土壤模拟溶液中的腐蚀行为. 金属学报, 48(12): 1530-1536.

赵博, 杜翠薇, 刘智勇, 等. 2013. 酸性土壤中的模拟滞留液溶液对X80钢腐蚀行为的影响. 腐蚀与防护, 34(5): 371-375.

中国科学院南京土壤研究所. 土壤发生与系统分类. 北京: 科学出版社, 2007.

周建龙, 李晓刚, 杜翠薇, 等. 2010. X80管线钢在NaHCO₃溶液中的阳极电化学行为. 金属学报, 46(2): 251-256.

Chen X, Du C W, Li X, et al. 2009. Effects of solution environments under disbonded coatings on the corrosion behaviors of X70 pipeline steel in acidic soils. International Journal of Minerals, Metallurgy and Materials, 16(5): 525-533.

Chen X, Li X G, Du C W, et al. 2009. Effect of cathodic protection on corrosion of pipeline steel under disbonded coating. Corrosion Science, 51(9): 2242-2245.

Cheng Y F, Niu L. 2007. Application of electrochemical techniques in investigation of the role of hydrogen in near-neutral pH stress corrosion cracking of pipelines. Journal of Materials Science, 42(10): 3425-3434.

Cui Z Y, Liu Z Y, Wang L W, et al. 2015. Effect of pH value on the electrochemical and stress corrosion cracking behavior of X70 pipeline steel in the dilute bicarbonate solutions. Journal of Materials Engineering and Performance, 24(11): 4400-4408.

Cui Z Y, Liu Z Y, Wang L W, et al. 2016. Effect of plastic deformation on the electrochemical and stress corrosion cracking behavior of X70 steel in near-neutral pH environment. Materials Science and Engineering: A, 677: 259-273.

Cui Z Y, Liu Z Y, Wang X Z, et al. 2016. Crack growth behaviour and crack tip chemistry of X70 pipeline steel in near-neutral pH environment. Corrosion Engineering, Science and Technology, 51(5): 352-357.

Cui Z Y, Wang L W, Liu Z Y, et al. 2015. Influence of alternating voltages on passivation and corrosion properties of X80 pipeline steel in high pH 0.5 mol·L⁻¹ NaHCO₃ +0.25 mol·L⁻¹ Na₂CO₃ solution. Corrosion Engineering, Science and Technology, 50(3): 248-255.

Cui Z Y, Wang L W, Liu Z Y, et al. 2016. Anodic dissolution behavior of the crack tip of X70 pipeline steel in near-neutral pH environment. Journal of Materials Engineering and Performance, 25(12): 5468-5476.

Decoste J B. Effect of soil burial exposure on the properties of plastics for wire and cable. The Bell Sysem Technical Journal, 1972, 51: 63-85.

Dong C F, Li X G, Liu Z Y, et al. 2009. Hydrogen-induced cracking and healing behaviour of X70 steel. Journal of Alloys and Compounds, 484(1-2): 966-972.

Dong C F, Liu Z Y, Li X G, et al. 2009. Effects of hydrogen-charging on the susceptibility of X100 pipeline steel to hydrogen-induced cracking. International Journal of Hydrogen Energy, 34(24): 9879-9884.

Dong C F, Xiao K, Liu Z Y, et al. 2010. Hydrogen induced cracking of X80 pipeline steel. International Journal of Minerals, Metallurgy, and Materials, 17(5): 579-586.

Du C W, Li X G, Liang P. 2008. Crevice corrosion behavior of the steel X70 under cathodic polarization. Acta Metallurgica Sinica, 44(12): 1431-1438.

Du C W, Zhao T L, Liu Z Y, et al. 2016. Corrosion behavior and characteristics of the product film of API X100 steel in acidic simulated soil solution. International Journal of Minerals, Metallurgy, and Materials, 23(2): 176-183.

Fan L, Du C W, Liu Z Y, et al. 2013. Stress corrosion cracking of X80 pipeline steel exposed to high pH solutions with different concentrations of bicarbonate. International Journal of Minerals, Metallurgy, and Materials, 20(7): 645-652.

Fan L, Liu Z Y, Guo W M, et al. 2015. A new understanding of stress corrosion cracking mechanism of X80 pipeline steel at passive potential in high-pH solutions. Acta Metallurgica Sinica, 28(7): 866-875.

Li X, Zhang D, Liu Z Y, et al. 2015. Materials science: Share corrosion data. Nature, 527(7579): 441-442.

Liang P, Du C W, Li X, et al. 2009. Effect of hydrogen on the stress corrosion cracking behavior of X80 pipeline steel in Ku'erle soil simulated solution. International Journal of Minerals, Metallurgy and Materials, 16(4): 407-413.

Liang P, Li X, Du C W, et al. 2009. Stress corrosion cracking of X80 pipeline steel in simulated alkaline soil solution. Materials & Design, 30(5): 1712-1717.

Liu H, Cheng Y F. 2018. Microbial corrosion of X52 pipeline steel under soil with varied thicknesses soaked with a simulated soil solution containing sulfate-reducing bacteria and the associated galvanic coupling effect. Electrochimica Acta, 266: 312-325.

Liu Z Y, Cui Z Y, Li X G, et al. 2014. Mechanistic aspect of stress corrosion cracking of X80 pipeline steel under non-stable cathodic polarization. Electrochemistry Communications, 48: 127-129.

Liu Z Y, Du C W, Li X G, et al. 2011. Effect of applied potentials on stress corrosion cracking of X80 pipeline steel in simulated Yingtan soil solution. Acta Metallurgica Sinica, 47(11): 1434-1439.

Liu Z Y, Du C W, Zhang X, et al. 2013. Effect of pH value on stress corrosion cracking of X70 pipeline steel in acidic soil environment. Acta Metallurgica Sinica, 26(4): 489-496.

Liu Z Y, Li X G, Cheng Y F. 2010. In-situ characterization of the electrochemistry of grain and grain boundary of an X70 steel in a near-neutral pH solution. Electrochemistry Communications,

12(7): 936-938.

Liu Z Y, Li X G, Cheng Y F. 2011. Effect of strain rate on cathodic reaction during stress corrosion cracking of X70 pipeline steel in a near-neutral pH solution. Journal of Materials Engineering and Performance, 20(7): 1242-1246.

Liu Z Y, Li X G, Cheng Y F. 2011. Electrochemical state conversion model for occurrence of pitting corrosion on a cathodically polarized carbon steel in a near-neutral pH solution. Electrochimica acta, 56(11): 4167-4175.

Liu Z Y, Li X G, Cheng Y F. 2012. Mechanistic aspect of near-neutral pH stress corrosion cracking of pipelines under cathodic polarization. Corrosion Science, 55: 54-60.

Liu Z Y, Li X G, Cheng Y F. 2012. Understand the occurrence of pitting corrosion of pipeline carbon steel under cathodic polarization. Electrochimica Acta, 60: 259-263.

Liu Z Y, Li X G, Du C W, et al. 2008. Stress corrosion cracking behavior of X70 pipe steel in an acidic soil environment. Corrosion Science, 50(8): 2251-2257.

Liu Z Y, Li X G, Du C W, et al. 2009. Effect of inclusions on initiation of stress corrosion cracks in X70 pipeline steel in an acidic soil environment. Corrosion Science, 51(4): 895-900.

Liu Z Y, Li X G, Du C W, et al. 2009. Local additional potential model for effect of strain rate on SCC of pipeline steel in an acidic soil solution. Corrosion Science, 51(12): 2863-2871.

Liu Z Y, Li X G, Du C W, et al. 2010. Effect of dissolved oxygen on stress corrosion cracking of X70 pipeline steel in near-neutral pH solution. Corrosion, 66(1): 015006.

Liu Z Y, Li X G, Zhang Y, et al. 2009. Relationship between electrochemical characteristics and SCC of X70 pipeline steel in an acidic soil simulated solution. Acta Metallurgica Sinica, 22(1): 58-64.

Liu Z Y, Li Z S, Zhan X L, et al. 2016. Growth behavior and mechanism of stress corrosion cracks of X80 pipeline steel in simulated Yingtan soil solution. Acta Metallurgica Sinica, 52(8): 965-972.

Liu Z Y, Lu L, Huang Y Z, et al. 2014. Mechanistic aspect of non-steady electrochemical characteristic during stress corrosion cracking of an X70 pipeline steel in simulated underground water. Corrosion, 70(7): 678-685.

Liu Z Y, Wang X Z, Du C W, et al. 2016. Effect of hydrogen-induced plasticity on the stress corrosion cracking of X70 pipeline steel in simulated soil environments. Materials Science and Engineering: A, 658: 348-354.

Liu Z Y, Zai G L, Du C W, et al. 2008. Stress corrosion behavior of X70 pipeline steel in simulated solution of acid soil. Acta Metallurgica Sinica, 44(2): 209-214.

Liu Z Y, Zhai G L, Li X G, et al. 2009. SCC of X70 and its deteriorated microstructure in simulated acid soil environment. Journal of Materials Sciences and Technology, 25(2): 169-174.

Nie X H, Li X G, Du C W, et al. 2009. Temperature dependence of the electrochemical corrosion characteristics of carbon steel in a salty soil. Journal of Applied Electrochemistry, 39(2): 277-282.

Nie X, Li X, Du C W, et al. 2009. Characterization of corrosion products formed on the surface of carbon steel by Raman spectroscopy. Journal of Raman Spectroscopy, 40(1): 76-79.

Parkins R N, Blanchard W K, Delanty B S. 1994. Transgranular stress corrosion cracking of high-pressure pipelines in contact with solutions of near neutral pH. Corrosion, 50(5): 394-408.

Parkins R N. 1990. Environment sensitive cracking (low pH stress-corrosion cracking) of high-pressure pipelines. Battelle, Columbus, OH (USA).

Qian H C, Wang L T, Wang H R, et al. 2016. Electrochemical behavior and stress corrosion sensitivity of X70 steel under disbonded coatings in Korla soil solution. Journal of Materials Engineering and Performance, 25(11): 4657-4665.

Qu L S, Du C W, Li X G, et al. 2010. Spatial variability of soil resistivity and rational sampling for corrosion assessment of carbon steel in Daqing area. Acta Metallurgica Sinica, 23: 396-400.

Sun M, Xiao K, Dong C F, et al. 2014. Effect of stress on electrochemical characteristics of pre-cracked ultrahigh strength stainless steel in acid sodium sulphate solution. Corrosion Science, 89: 137-145.

Wang L W, Du C W, Liu Z Y, et al. 2013. Influence of carbon on stress corrosion cracking of high strength pipeline steel. Corrosion Science, 76: 486-493.

Wang L W, Liu Z Y, Cui Z Y, et al. 2014. *In situ* corrosion characterization of simulated weld heat affected zone on API X80 pipeline steel. Corrosion Science, 85: 401-410.

Wang L W, Wang X H, Cui Z Y, et al. 2014. Effect of alternating voltage on corrosion of X80 and X100 steels in a chloride containing solution: Investigated by AC voltammetry technique. Corrosion Science, 86: 213-222.

Wang X Z, Liu Z Y, Ge X, et al. 2014. Growth behavior of stress corrosion cracks of X80 pipeline steel in underground water of acidic soil. Corrosion, 70(9): 872-879.

Wu J W, Li X G, Du C W, et al. 2009. Effects of Cl^- and SO_4^{2-} ions on corrosion behavior of X70 steel. Journal of Materials Sciences and Technology, 21(1): 28-32.

Xin S Y, Du C Z, Li X G. 2009. Influence of Cl^- concentration on crevice corrosion of X70 pipeline steel. Acta Metallurgica Sinica, 45(9): 1130-1134.

Zhang G A, Cheng Y F. 2009. Micro-electrochemical characterization and Mott-Schottky analysis of corrosion of welded X70 pipeline steel in carbonate/bicarbonate solution. Electrochimica Acta, 55(1): 316-324.

Zhang H, Li X G, Du C W, et al. 2009. Raman and IR spectroscopy study of corrosion products on the surface of the hot-dip galvanized steel with alkaline mud adhesion. Journal of Raman Spectroscopy, 40(6): 656-660.

Zhou J L, Li X G, Du C W, et al. 2010. Anodic electrochemical behavior of X80 pipeline steel in $NaHCO_3$ solution. Acta Metallurgica Sinica, 46(2): 251-256.

Zhu M, Du C W, Li X G, et al. 2014. Effect of AC on stress corrosion cracking behavior and mechanism of X80 pipeline steel in carbonate/bicarbonate solution. Corrosion Science, 87: 224-232.

Zhu M, Liu Z Y, Du C W, et al. 2013. Stress corrosion cracking behavior and mechanism of X65 and X80 pipeline steels in high pH solution. Acta Metallurgica Sinica, 49(12): 1590-1596.

索　引

后　记

　　本书是我们"材料腐蚀与防护"研究团队在"土壤腐蚀与防护"研究方向上阶段性成果的总结与报道，是150余位科技工作者历时40年集体智慧的结晶，目的是将我们的研究成果回馈社会，尤其是为"土壤腐蚀和土壤用材"研究、设计、生产和使用单位或个人提供参考，力图提升我国土壤腐蚀与防护学科水平，保障埋地设施的安全服役。

　　本书可能存在各种疏漏，若读者发现，请及时赐教与指正。

　　本系列工作是在国家科学技术部、国家自然科学基金委员会、北京市材料基因工程高精尖创新中心、中国石油大庆油田、南京钢铁股份有限公司、鞍山钢铁集团有限公司、首钢集团等单位的资助下完成的，在此一并致谢！特别感谢国家科学技术部国家科技基础条件平台建设项目"材料自然环境腐蚀试验台站建设与共享"和973项目"海洋工程装备材料腐蚀与防护关键技术基础研究"的支持，其中，李晓刚教授作为以上项目的首席科学家、主要参与者，直接领导和参加了"土壤腐蚀与防护"研究方向，产生了本书的成果。

　　国家材料环境腐蚀平台的同事们对该项研究给予了大力支持。北京科技大学国家材料环境腐蚀与防护科学数据中心的杜翠薇教授、刘智勇教授是土壤腐蚀研究方向的主要学术带头人，刘智勇教授近年来专注于土壤应力腐蚀研究，编写了第7章；杜翠薇教授近年来专注于土壤杂散电流腐蚀，编写了第8章；其余各章由李晓刚教授编写。董超芳教授、程学群教授、张达威教授、肖葵研究员、黄运华教授、吴俊升教授、高瑾研究员、卢琳副教授、马宏驰讲师、聂向辉博士、宋义全博士、王力伟博士、刘超博士、赵天亮博士、郝文魁博士、梁平博士等提供了大量的试验结果；裴梓博博士、孙美慧博士、贾静焕博士、杨颖博士、吴伟博士、杨小佳博士等参加了部分工作；大庆油田设计院李双林高工、何树全高工、中国科学院金属研究所孙成研究员、南京钢铁股份有限公司吴年春高工、赵柏杰高工、陈林恒高工、范益高工、尹雨群高工、鞍山钢铁集团公司任子平高工、王长顺高工、武裕民高工、陈义庆高工、首都钢铁集团公司杨建炜高工等一线科技人员对本工作给予了直接支持，在此一并致谢！

　　谢建新院士、毛新平院士、薛群基院士、王海舟院士和翁宇庆院士等长期给予了大力支持与帮助，再次深表感谢！